KB102071

하리하라, 미드에서 과학을 보다

살림Friends

미드보다 재밌는 과학 드라마에 접속하라!

사람들마다 직업병이 있습니다. 여기서 말하는 직업병이란 위험한 업무를 하다가 다치거나 반복적인 노동으로 신체적인 손상을 입는 산업 재해를 말하는 것은 아닙니다. 정확히 말하자면 한 가지 일에 집중한 결과로 세상 모든 것을 그 기준에서 보게 되는 무의식의 발로에 가깝지요. 일례로, 알고 지내는 한 출판 편집자는 어떤 종류의 글이든 글만 보면 오탈자부터 찾는 것이 버릇이 되었다고 합니다. 그리고 오탈자가 한 글자라도 발견되면 글 자체에 대한 신뢰도가 급격히 저하되는 느낌이 든다고 해요. 그것이 글의 내용에는 전혀 영향을 미치지 않는 경우에도 말이죠.

나에게도 그런 직업병이 하나 있습니다. 무엇을 보든 "저것이 과학적으로 말이 될까?"를 거의 반사적으로 생각하는 것입니다. 전쟁 영화에서 젊은 군인이 총탄을 맞고 죽어 가는 장면을 보면, 관객들은 안타까움을 느끼며 주인공의 심정에 몰입합니다. 잘생긴 젊은 배우가 간간히 피거품을 뱉으며 꺼져 가는 목소리로 사랑하는 가족들에 대한 절절한 그리움, 젊은 나이에 생을 마감해야 하는 안타까움과 삶에 대한 미련을 힘겹게 이어가면, 관객들은 곧 그의 처지에 연민을 느끼고 감정 이입을 하게 됩니다. 그가 진짜로 죽는 것도 아니며, 그가 털어놓는 구구절절한 사연도 모두 영화 속 허구라는 것을 잘 알면서도 말이죠.

물론 나도 이런 장면이 나오면 주인공에 대해 안쓰러운 감정이 앞서는 것은 사실입니다. 그러나 그다음부터는 곧 직업병이 발병하곤 합니다. "저 부위쯤에 총탄을 맞았으면 심장 부위일 텐데 어떻게 아직도 살아 있지?", "총상을 입었으면 엄청난 통증을 느낄 텐데 저렇게 또박또박 말을 할 수 있을까?", "아냐, 혹시 저런 부상을 입으면 스트레스 반응으로 아드레날린이나 코르티솔이 갑자기 분출되어서 일시적으로 통증을 못 느낄 수도 있어." 등등. 감정 이입은 순간이고 곧 이런 생각에 빠져듭니다. 가끔은 이런 생각들을 머릿속으로만 하는 것이 아니라 입 밖으로 내뱉기도 하지요. 그래서 종종 주변 사람들에게 이런 이야기를 듣습니다.

"그냥 이야기에만 집중하면 안 돼?"

그들의 말이 맞습니다. 영화나 드라마를 볼 때에는 이야기에만 집중하는 것이 맞겠지요. 애초에 아름답고 슬프고 감동적인 이야기를 즐기기 위해 화면을 보기 시작했을 테니까요. 하지만 그렇게 마음먹어도 여전히 머릿속에서는 의문이 꼬리에 꼬리를 물곤 합니다. 그러다가 결국에는 물음표들을 억누르는 것을 포기하고, 대신 그 물음표들이 주는 즐거움에 빠져들기 시작합니다. 그리고 나름대로 위안을 삼습니다. 비록 남들과는 다른 방식이지만, 이것 역시 나에게 있어 영화나 드라마를 보는 즐거움 중 하나라고 말입니다.

이 책에 실린 내용은 미국 드라마, 소위 '미드'를 보면서 생각한 의문들을 모은 것입니다. 때로는 그 의문의 빈칸을 나름대로 채워 놓은 것도 있고, 답안 채우기를 독자들의 몫으로 남기고 물음표만 던져 놓은 곳도 있습니다. 어쩌면 드라마로 머리를 식히려다가 오히려 머리가 더 아파질지도 모르겠습니다. 인생 참 복잡하게 산다고 생각하실지도 모르겠습니다. 하지만 나는 그 과정을 통해 더 많이 생각하게 되었고, 더 많이 고민하게 되었으며, 더 많이 공부하게 되었습니다. 새로운 재미를 찾은 것은 물론이고요. 어떠세요, 여러분도 드라마에서 과학을 보는 재미에 동참해 보시겠어요?

하리하라 이은희

차례

Season 1

인체의 미스터리를 밝혀라!

Season 2

숨어 있는 화학을 찾아라!

Season 3

현대 과학의 치명적인 유혹을 물리쳐라!

Season 1

인체의 미스터리를 밝혀라!

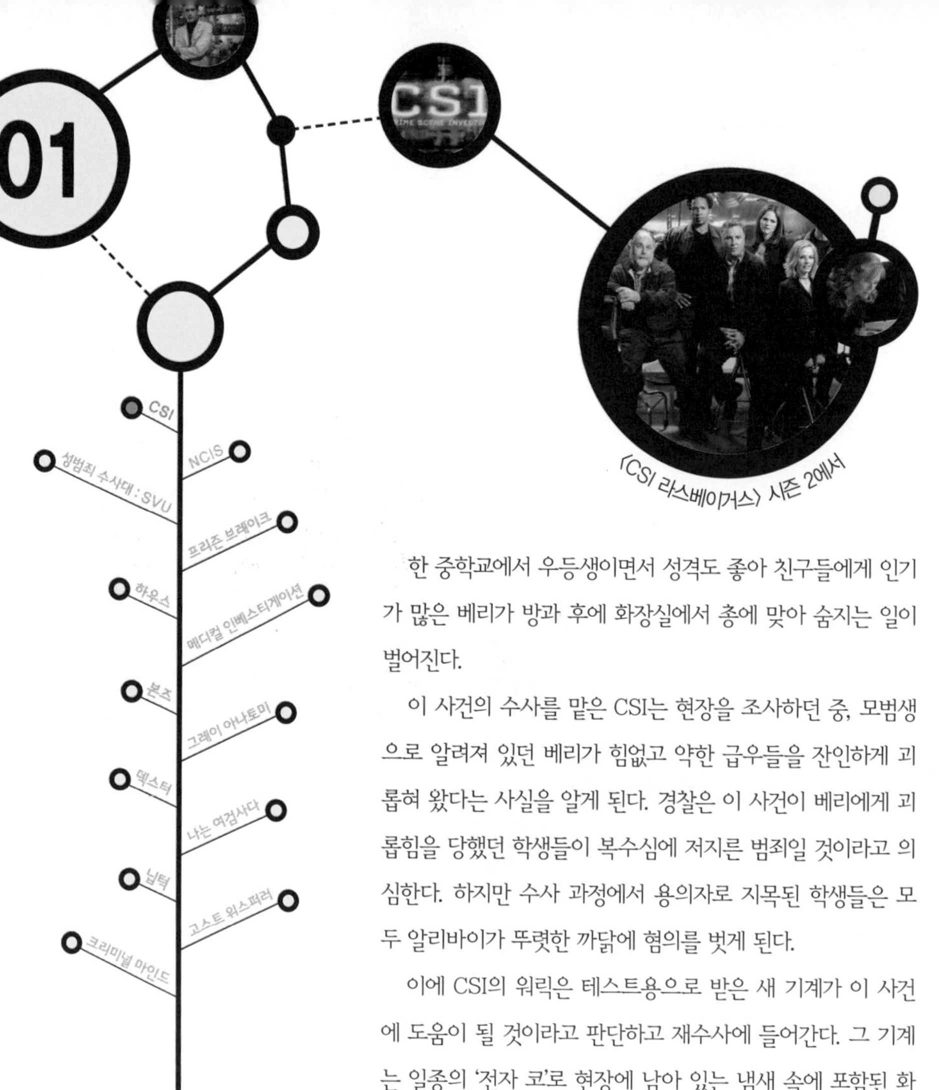

〈CSI 라스베이거스〉 시즌 2에서

한 중학교에서 우등생이면서 성격도 좋아 친구들에게 인기가 많은 베리가 방과 후에 화장실에서 총에 맞아 숨지는 일이 벌어진다.

이 사건의 수사를 맡은 CSI는 현장을 조사하던 중, 모범생으로 알려져 있던 베리가 힘없고 약한 급우들을 잔인하게 괴롭혀 왔다는 사실을 알게 된다. 경찰은 이 사건이 베리에게 괴롭힘을 당했던 학생들이 복수심에 저지른 범죄일 것이라고 의심한다. 하지만 수사 과정에서 용의자로 지목된 학생들은 모두 알리바이가 뚜렷한 까닭에 혐의를 벗게 된다.

이에 CSI의 워릭은 테스트용으로 받은 새 기계가 이 사건에 도움이 될 것이라고 판단하고 재수사에 들어간다. 그 기계는 일종의 '전자 코'로 현장에 남아 있는 냄새 속에 포함된 화학물질을 분석해 주는 장치다. 워릭은 이 기계를 이용해 범행 현장인 남자 화장실을 조사한 결과 여성용 향수가 공기 중에 남아 있다는 것을 알아낸다. 이 전자 코 기계의 성능은 놀라워서 그 향수가 어느 회사의 브랜드 제품인지도 밝혀낼 정도다. 전자 코가 찾아낸 향수는 흔치 않은 브랜드였다. 덕분에 미궁에 빠졌던 사건은 의외로 쉽게 해결된다.

냄새 맡는 전자 코에 꼬리 밟힌 범인

생명체의 뛰어난 화학물질 감지 능력

이 에피소드에서는 '냄새'가 사건 해결의 매우 중요한 실마리가 됩니다. 여성인 범인은 남자 화장실에 당당하게 들어갈 수 없었기 때문에 화장실 문 안쪽에 숨어 베리가 화장실에 홀로 남을 때까지 오랫동안 기다리고 있었습니다. 그래서 남자 화장실에 여성용 향수 냄새가 남게 되었고, 이를 감지한 '전자 코(electronic nose)'가 범인을 찾아냈던 것이죠.

인간에게는 자극을 인지하는 다섯 가지 경로가 있습니다. 바로 시각, 청각, 촉각, 미각 그리고 후각입니다. 이를 통틀어 오감(五感)이라고 부릅니다. 오감은 여러 가지 자극을 감지합니다. 눈은 빛을, 귀는 소리를 감지합니다. 피부는 물리적 자극과 온도를, 혀와 코는 화학물

질을 감지하고 이를 분류하지요.

특히 화학물질을 감지하는 능력은 생명체라면 거의 모두 가지고 있는 기본적인 감각입니다. 가장 하등한 생물체인 박테리아조차도 특정한 화학물질을 구별하여 반응합니다. 예를 들어 짚신벌레는 진한 식염수를 떨어뜨리면 피하고, 약한 산성 용액을 떨어뜨리면 몰려듭니다. 이는 짚신벌레가 식염수와 산성 용액 속에 든 분자를 인식하는 능력이 있다는 것을 나타냅니다. 후각기관을 통해 냄새를 구별하는 고등동물의 경우와는 조금 다른 형태이지만 기본적으로 화학물질 분자를 인식해 구별하는 능력이라는 점에서는 같습니다.

미생물이 화학물질의 농도 차이에 반응하는 움직임을 주화성(走化性, chemotaxis)이라고 합니다. 이처럼 한 개의 세포로 이루어진

단세포 생물조차도 냄새를 맡을 수 있기에, 후각을 가장 원시적인 감각이라고 말하기도 하지요.

냄새와 후각기관의 반응 과정

지금 이 글을 쓰고 있는 중에 벽에 걸어 놓은 자동 향분사기가 향을 뿜어냈습니다. 지난번에 샀던 향은 '상큼한 레몬 향'이라는 설명서와는 달리 표백제를 연상시키는 냄새가 나서 곧 바꿔 버렸습니다. 표백제 냄새라고 인식되니 어쩐지 속이 거북하고 머리가 아파지더군요. 하지만 이번에 새로 산 '부드러운 복숭아 향'은 괜찮습니다. 제법 달콤한 복숭아 향이 나서 기분이 좋아지거든요.

이 두 가지 방향제는 분명 레몬 향과 복숭아 향이라는 이름이 붙어 있지만, 사실 진짜 레몬과 복숭아 성분이 들어 있지는 않습니다. 대신 레몬과 복숭아에 들어 있는 천연향을 모방해 만든 인공 합성향이 첨가되어 있습니다.

이외에도 우리가 일상생활에서 흔히 접하는 향은 실제 향이 아닌 경우가 많습니다. 방향제뿐 아니라 가공된 음식물과 화장품, 향이 나는 섬유 유연제나 정전기 방지제 등에도 인공적으로 합성된 착향료들이 들어 있습니다. 이런 인공 화학물질들이 우리에게 특정 물질의 향으로 느껴지는 것을 이해하기 위해서는 먼저 후각이 자극(냄새)을 인식하는 과정을 알아야 합니다.

냄새를 맡는 과정은 다음과 같습니다. 휘발성이 있는 화학물질의 분자들이 공기에 떠다니다가, 호흡기로 들어오면 코 안쪽의 점막에 있는 후각 수용체들을 자극합니다. 이 자극을 인식한 후각 수용체가 뇌의 후각 영역에 있는 후각 망울에 신호를 전달해 그 종류를 구별하는 것입니다. 즉 공기 중에 떠다니는 화학물질이 인간의 콧속으로 들어와 그 안에 있는 후각 신경을 자극할 때 냄새를 맡게 됩니다.

인간의 코 점막에는 약 1,000 종류의 유전자에 의해 형성된 후각 수용체가 약 500만 개 정도 존재합니다. 후각 유전자는 1,000여 종이지만 인간이 구별할 수 있는 냄새의 종류는 자그마치 300~1만 개에 달합니다. 그래서 학자들은, 인간은 한 종류의 후각 수용체가 여러 가지 종류의 냄새를 구별하는 능력을 가졌다고 생각합니다.

사실 다른 동물에 비하면 인간의 후각은 그리 발달한 편이 아닙니다. 개의 후각 수용체는 무려 2억 2,000만 개에 달하며, 구별할 수 있는 냄새의 가짓수도 월등히 많습니다. 심지어 개는 공기 중에 남아 있는 희미한 냄새만으로도 사람이 움직인 궤적을 찾아낼 수 있기 때문에 범죄 수사에 도움을 주기도 하지요. 개와 사람의 후각 차이는 마치 32만 화소짜리 구형 디지털 카메라로 찍은 사진과 1,000만 화소의 고화질 디지털 카메라로 찍은 사진의 해상도의 차이와 같습니다. 실제 사람과 개의 후각 능력 차이는 이보다 훨씬 더 크지만 말이에요.

같은 사진을 찍더라도 화소의 수가 적어지면 화질은 떨어질 수밖에 없다.

개가 냄새를 잘 맡는 것은 인간과 비교할 수 없을 만큼 많은 후각 수용체를 가지고 있기 때문입니다. 또한 화학물질의 특성상 공기보다는 물속에서 더 잘 인식되기 때문에 개의 코끝은 늘 축축하게 젖어 있어야 합니다. 코가 마르면 개는 냄새를 잘 맡지 못한답니다.

생명체가 냄새를 인지한다는 것은 각종 화학물질들을 인식하고 구별할 줄 안다는 뜻입니다. 이는 생존을 위한, 특히 먹이를 인식하는 가장 기본적인 방법이기 때문에 매우 중요합니다. 이 점에서 후각과 미각은 기본적으로는 같은 메커니즘입니다. 미각 역시 화학물질을 인식하는 과정을 통해 느끼는 감각이니까요.

공기 중에 떠다니던 화학물질이 후각 수용체에 달라붙으면 우리는 냄새를 맡게 됩니다. 이때 화학물질과 후각 수용체는 마치 열쇠와 자물쇠와 같아서 어떤 화학물질이 어떤 후각 수용체에 달라붙을지는 각각의 구조에 따라 달라집니다. 예를 들면, ★ 모양의 화학물질은 ☆ 모양처럼 구멍이 뚫린 후각 수용체에만 달라붙는 것입니다.

이렇게 어떤 화학물질이 특정한 후각 수용체에 달라붙게 되면, 후각 수용체는 활성화되어 '후구(olfactory bulb)'에 신호를 전달합니다. 후구란 대뇌의 앞쪽 아랫부분에 위치하는 납작한 타원체 모양의 기관입니다. 인간의 후구는 약 11mm 정도로 전체 뇌에서 차지하는 비율이 매우 적지만, 쥐와 같은 하등동물은 후구가 상당히 발달해 있습니다. 후각 수용체에서 온 신호는 후구의 사구체(glomerulus)로 모여서 다시 대뇌로 전달됩니다. 그다음 대뇌에서 이 신호를 받아 냄새를 인식하고 어떤 냄새인지 구별하는 것이지요.

지난 2004년, 리처드 액셀과 린다 버크 박사는 인간의 후각 메커니즘을 규명한 공로로 노벨 생리의학상을 수상했습니다. 이들은 인간의 유전자를 조사해 후각 유전자의 수보다 실제 맡을 수 있는 냄새의 가짓수가 훨씬 더 많다는 것을 밝혀냈습니다. 앞서 말했듯 인간의 후각 유전자 한 개는 여러 가지 냄새를 맡을 수 있습니다. 예를 들면 □ 모양 안에 ▤, ▥, ▨ 모양처럼 다양한 형태가 들어갈 수 있다는 뜻입니다. 또한 2~3개의 후각 유전자들이 연합하면 또 다른 냄새를 인식할 수도 있기 때문에 유전자의 종류보다 훨씬 더 많은 냄새를 인식할 수 있는 것이죠.

인간은 두 발로 서서 걷게 되면서, 코가 땅에서 멀어져서인지 후각도 쇠퇴했습니다. 이후에 진행된 연구에 의하면 인간의 1,000개의 후각 유전자 중에서 실제로 기능하는 것은 375개 정도에 불과하다는 것이 밝혀졌습니다.

게다가 인간이 시각에 더 많이 의존하게 되면서 상대적으로 후각 기관은 덜 사용하게 되었습니다. 그만큼 기능도 퇴화하게 되었지요. 그렇다고 해서 후각이 중요하지 않은 것은 아닙니다. 음식물 쓰레기 냄새나 곰팡내처럼 뭔가 좋지 않은 냄새를 맡았을 때 기분이 나쁘고 집중이 잘 안 되는 경험을 해 보았을 것입니다. 후각은 우리의 심신에 큰 영향을 미치고 있는 것입니다. 이외에도 우리가 미처 알지 못하고 있지만 후각이 우리 삶의 많은 것을 결정한다는 연구 보고들이 있답니다.

후각기관의 현대적 진화, 전자 코

고전 탐정소설을 보면, 개에게 범인이 범죄 현장에 떨어뜨린 증거물의 냄새를 맡게 하여 범인을 추적하는 장면이 종종 나옵니다. 앞에서 언급했듯이 개의 후각은 매우 민감해서 예전부터 지금까지 마약 탐지, 인명 구조, 지뢰 탐지, 질병 진단 등의 분야에서 훌륭하게 임무를 수행하고 있습니다. 이처럼 개의 뛰어난 후각을 모방하여 개발되고 있는 것이 바로 전자 코입니다.

전자 코는 특정 냄새를 지닌 화학물질을 인식할 수 있도록 만든 일종의 센서입니다. 전자 코는 원래 군사적인 목적으로 개발되었다고 해요. 지난 2001년 미국의 장비 제조사인 노마딕스(Nomadix)에서 개발된 지뢰 탐지용 전자 코 '피도(Fido)'가 그 대표적인 예입니다. 피도는 1997년부터 미국 국방부가 2,500만 달러의 예산을 들여 개발한 기계로, 지뢰의 화약 냄새를 인식하여 지뢰를 탐지하는 역할을 합니다. 지뢰 탐지 작업 중에 발생할 수 있는 희생을 막는 데 있어 냄새가 단단히 한몫을 하는 셈이지요.

요즘 들어 전자 코는 군사 분야뿐 아니라 진단 의학 분야에서도 커다란 역할을 하고 있습니다. 혹시 사람에게서 나는 냄새만으로 병을 진단할 수 있다는 사실을 알고 있나요? 많은 의사들은 환자의 숨결 속에 묻어 나오는 냄새만 맡아도 무슨 질병인지 진단할 수 있다고 이야기합니다. 만성 축농증 환자에게서는 치즈 냄새가 나고, 당뇨병 환자에게서는 연한 아세톤 냄새나 과일 냄새가 나며, 신장병이 있는 사람에게서는 소변 냄새, 간에 이상이 있는 사람에게서는 썩은 달걀 냄새가 나는 등 질병마다 고유의 냄새가 나기 때문에, 냄새만으로도 몇 가지 질병은 구분이 가능하다는 것이죠.

이 원리를 이용해서 만든 진단 의학용 전자 코는 보통 사람들이 미처 인식하지 못하는 냄새를 맡아서 질병을 가려냅니다. 영국의 과학 전문지 「뉴 사이언티스트(New Scientist)」에 실린 카라도 디 나탈레 박사의 연구 보고에 의하면 의학용 전자 코는 암, 특히나 폐암을 진단할 때 유용하다고 합니다. 의학용 전자 코는 폐암 환자의 숨에 섞여 있는 알케인(alkane) 성분과 벤젠 유도체를 인식해서, 복잡하고 번거로운 폐 조직 생검(조직 샘플을 직접 채취하여 검사하는 것)을 하지 않고도 폐암 여부를 가려내는 데 도움을 줍니다. 또한 전자 코는 이번 에피소드에서처럼 범죄 수사에도 이용할 수 있습니다.

다시 깨닫게 된 후각의 힘

오랫동안 후각은 원시적이고 관능적이며 감정적인 감각으로 치부되어 이성적이고 정돈된 현대 과학의 이미지와는 맞지 않는다는 의견이 지배적이었습니다. 게다가 인간은 진화 과정에서 후각이 많이 퇴화되었기에 더욱 그랬었죠. 그러나 후각은 우리가 잊고 있었을 뿐 결코 잃어버린 감각은 아닙니다. 요즘 들어 웰빙 문화의 확산과 함께 유행하는 온갖 종류의 아로마 요법들을 보면, 우리가 이제 잊고 있었던 향기와 후각의 힘을 다시 깨닫게 된 것이 아닌가 하는 생각이 들기도 합니다.

게다가 첨단의학, 군사학 그리고 범죄학 분야에까지 활용되는 모습을 보면 더욱 그러한 것 같습니다. 무심코 지나쳤던 냄새 속에 이렇게 엄청난 비밀이 숨어 있다니, 세상에는 참으로 놀라운 일이 많죠?

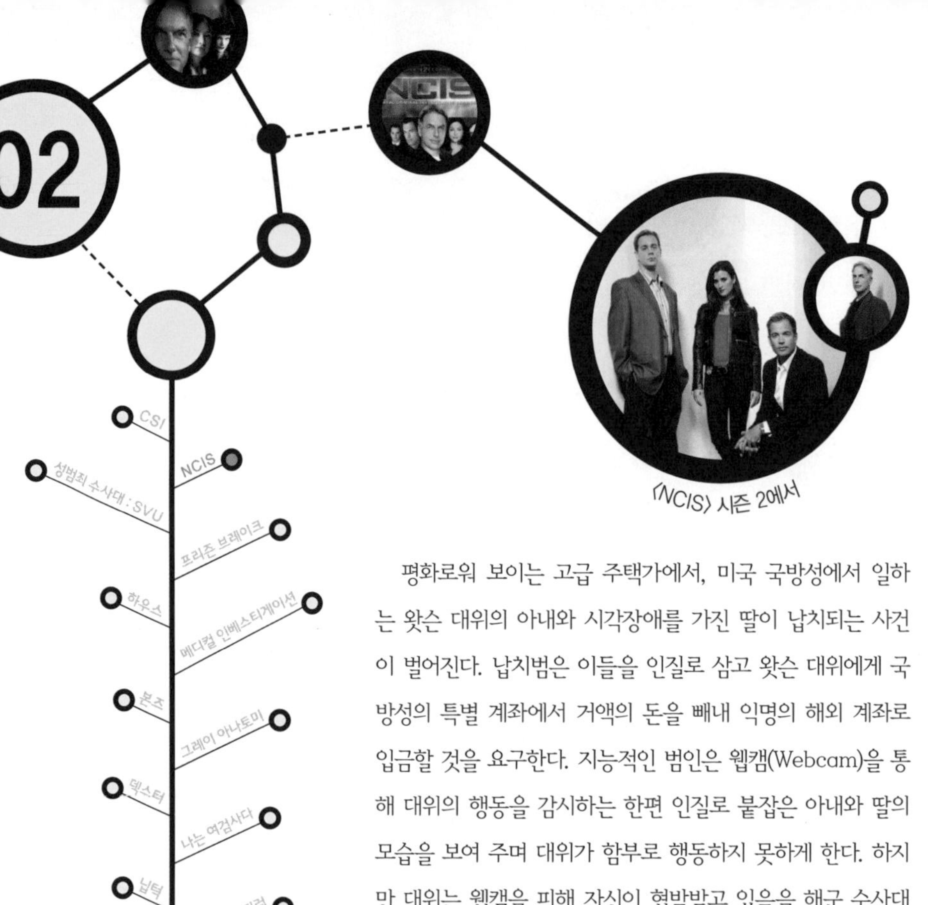

〈NCIS〉 시즌 2에서

평화로워 보이는 고급 주택가에서, 미국 국방성에서 일하는 왓슨 대위의 아내와 시각장애를 가진 딸이 납치되는 사건이 벌어진다. 납치범은 이들을 인질로 삼고 왓슨 대위에게 국방성의 특별 계좌에서 거액의 돈을 빼내 익명의 해외 계좌로 입금할 것을 요구한다. 지능적인 범인은 웹캠(Webcam)을 통해 대위의 행동을 감시하는 한편 인질로 붙잡은 아내와 딸의 모습을 보여 주며 대위가 함부로 행동하지 못하게 한다. 하지만 대위는 웹캠을 피해 자신이 협박받고 있음을 해군 수사대인 NCIS에 은밀하게 알린다.

신고를 받은 NCIS는 수사에 착수하지만, 범인이 얼굴을 가리고 목소리까지 변조한 탓에 신원을 밝히는 일조차 쉽지 않다. 그러던 중에 범인이 선천적으로 눈이 보이지 않는 대위의 딸을 풀어 주는 실수를 저지른다. 그런데 아이에게는 비록 볼 수는 없지만 보통 사람들이 듣지 못하는 미세한 소리까지 듣고, 자신이 들은 소리의 주파수를 헤르츠(Hz) 단위로 구분해 기억할 수 있는 능력이 있었다. 결국 아이의 놀라운 청력 덕분에 납치 현장을 찾아내는데…….

그놈 목소리의 정체

지문처럼 저마다 다른 목소리

이 에피소드의 중요한 소재는 바로 '소리'입니다. 범인은 기계로 변조한 가짜 목소리로 왓슨 대위를 조종합니다. 그런데 범인에게 납치된 대위의 딸은 뛰어난 청력을 가진 시각장애인으로, 자신이 감금되었던 장소에서 들었던 '소리'를 찾아냅니다. 그리고 이것이 범인을 검거하는 데 결정적인 증거가 되지요.

인간이 다른 동물들과 구별되는 가장 큰 특징 중에 하나는 바로 음성(音聲, voice)을 이용해서 대화를 할 수 있다는 것입니다. 음성의 사전적 의미는 '목에 있는 후두의 성대가 진동하면서 나오는 목소리'입니다. 허파에서 나오는 공기가 목의 성대와 입과 코 등의 공간을 통과하면서 목소리로 조정되어 나오는 것이지요. 이 성대는 사람들

아름답지만 슬픈 목소리를 지닌 카스트라토의 일생을 그린 영화 〈파리넬리〉의 한 장면.

이 저마다 서로 다른 목소리를 낼 수 있게 만들어 주는 곳입니다.

목소리의 높낮이는 성대의 길이에 따라 달라집니다. 성대가 길고 굵을수록 저음이 나오고, 짧고 가늘수록 고음이 나옵니다. 어린이(성대 길이 평균 0.9cm)나 여성(1.5cm)에 비해 남성(2cm)의 목소리가 낮은 것은 변성기를 거치면서 성대가 길고 굵어지기 때문입니다.

여성의 사회 활동이 지극히 제한적이던 시절에 유럽에서는 이런 일도 있었습니다. 여자는 오페라 무대에 오를 수 없다는 악습 때문에 변성기 전에 남자아이를 거세하여 오페라 가수로 세우곤 했었지요. 그런 가수들을 '카스트라토'라고 하는데, 남자아이가 변성기를 겪으면 높고 맑은 음색을 낼 수 없어진다는 이유로 거세라는 비인간적인 행위를 저지른 것이었죠. 다행히도 19세기 이후에는 여성들이 높은 음역대를 맡아서 부르게 되어 이런 일은 금지되었습니다. 게다가 남성 중에서 가성을 사용해 알토 영역을 커버하는 '카운터 테너'들도 등장하면서 카스트라토는 역사 속으로 사라졌습니다.

성대의 길이와 두께뿐만 아니라 모양, 떨림, 진동수에 따라 저마다의 개성 있는 목소리가 만들어집니다. 또한 성대는 하나의 소리만 내는 것이 아니라 몇 가지의 소리를 동시에 발생시켜 공명을 통해 독특한 음색을 만들어 냅니다. 목소리는 지문처럼 사람마다 차이를 갖는데 이를 성문(聲紋, voice print)이라고 합니다. 아무리 유명인의 성대모사를 잘하는 개그맨도 특정인의 음색을 100% 완벽하게 따라 할 수는 없습니다. 최근에는 이와 같은 목소리의 특성을 이용해서 신원을 확인하는 음성 인증 시스템도 개발되었습니다. 이번 에피소드에 나오는 범인은 목소리가 신원을 밝히는 데 사용될 수 있다는 사실을 알고 있었나 봅니다. 그래서 기계로 자신의 목소리를 변조했지요.

목소리 변조는 어렵지 않습니다. 놀이 공원에 가면 둥실둥실 떠 있는 가지각색의 풍선을 볼 수 있지요. 이 풍선에 채워진 기체를 들이마신 다음 말을 하면 한동안 우스꽝스러운 목소리가 나옵니다. 아무리 멋들어진 저음을 가진 신사라도 이 기체를 마시면 목소리가 가늘어집니다. 왜 이런 신기한 현상이 나타나는 것일까요?

그건 바로 헬륨 가스 때문입니다. 놀이 공원의 풍선에는 헬륨 가스가 들어 있습니다. 무색무취의 기체인 헬륨은 분자량이 작아 주로 질소와 산소로 구성된 공기보다 밀도가 훨씬 낮습니다. 그래서 이 기체가 들어간 풍선은 둥실둥실 떠다닙니다. 헬륨은 매우 가벼운 기체이기 때문에 공기보다 소리의 전달 속도가 빠릅니다. 때문에 이 기체를 들이마시면 성대에서 공명하는 소리의 진동수가 높아져서 본인 목소리보다 높은 톤이 나오게 되는 것이지요.

나이가 들수록 감퇴하는 청력

우리가 대화를 할 수 있는 것은 성대에서 발생한 진동이 공기를 타고 상대방의 귀로 전달되기 때문입니다. 말을 하면 폐에 있던 공기가 목을 거쳐 성대를 자극하고 입으로 진동을 전달합니다. 이 공기가 매질이 되어 성대의 떨림을 주변으로 전파하고, 이 파동이 상대방의 귀에 닿아 고막을 떨리게 해서 청신경을 자극하는 과정이 바로 대화입니다. 만약 성대가 떨리지 않거나, 공기와 같은 매질(媒質)이 없거나, 고막이나 청신경이 손상되면 대화가 불가능합니다.

그런데 우리가 세상의 모든 소리를 다 들을 수 있는 것은 아닙니다. 사람의 귀가 들을 수 있는 음역은 보통 20~2만Hz(헤르츠) 정도인데 이를 '가청주파수(audio frequency band)'라고 합니다. 가청주파수의 범위를 넘어선 소리는 들을 수 없습니다. 즉 아주 낮은 소리나 아주 높은 소리는 인간의 귀가 인식할 수 없다는 말입니다.

가청주파수의 범위는 개인마다 다르며 또한 연령대에 따라 달라집니다. 나이가 들면 높은 주파수 대역대의 소리를 잘 듣지 못합니다. 평균적으로 20대가 되면 18,000Hz 이상의 소리가 잘 안 들리지요. 나이가 들수록 점점 들을 수 없는 범위가 커져서 30대는 16,000Hz, 40대는 14,000Hz, 50대는 12,000Hz 이상의 높은 소리는 잘 듣지 못하게 됩니다(자신의 청력이 어느 정도인지 알고 싶다면 http://www.ultrasonic-ringtones.com에 들어가서 테스트를 해 보세요).

몇 년 전 한 휴대전화 벨소리 업체에서 재미있는 벨소리를 개발해 화제를 모은 적이 있었습니다. 바로 10대만 들을 수 있는 벨소리였습니다. 높은 음역대를 이용하여, 평균 30대 이상인 선생님은 듣지 못하고 10대 학생들만 들을 수 있게 한 것이었습니다.

안타깝게도 최근에는 이어폰이나 헤드폰의 과도한 사용으로 청소년들의 청력이 저하되고 있어서 10대들조차 10대 전용 벨소리를 듣지 못하는 일이 벌어진다고 합니다. 청력은 한번 소실이 되면 회복이 어렵기 때문에 각별한 주의가 필요합니다.

눈으로 보는 소리의 세계

일반적으로 우리가 말하는 소리란, 인간이 들을 수 있는 가청주파수 범위 안에 있는 것들을 뜻합니다. 그래서인지 오랫동안 '초음파'는 사람들에게 외면을 당했습니다. 들을 수 없는 소리이기 때문이지요. 그런데 최근 들어 초음파는 인간의 삶에서 중요한 역할을 하게 되었습니다. 비록 우리는 초음파를 '들을' 수는 없으나, 초음파를 이용해서 '볼' 수 있기 때문이지요.

정기적인 건강 검진을 받거나 임신부들이 정기 검진을 받을 때엔 대개 초음파 검사를 합니다. 진단할 부위에 차가운 젤을 바르고 플라스틱 주걱처럼 생긴 기계를 문지르면 화면에 신체의 내장이나 태

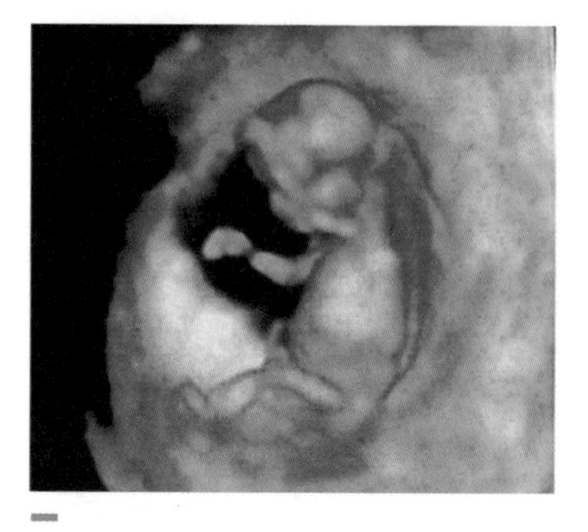

임신 13주가 된 태아의 모습. 최근에는 기술의 발달로 이와 같은 3차원 입체 초음파를 찍는 것도 가능해졌다.

아의 모습이 나타납니다. 피부를 절개하지 않고도 내장이나 태아의 모습을 볼 수 있는 이 마술 같은 기계는 바로 초음파를 이용한 것입니다.

초음파는 말 그대로 음파의 일종으로, 주파수가 너무 높아 인간은 들을 수 없는 대역대의 소리를 말합니다. 앞서 말했듯이 인간의 가청주파수는 20~2만Hz인데 반해 병원에서 진단용으로 사용하는 초음파는 200만~1,500만Hz 정도의 엄청난 고주파입니다. 또한 초음파는 일정한 속도를 가지고 있기 때문에 파동을 다른 곳으로 옮겨 주는 매개물인 매질에 통과시킬 경우 속도가 달라집니다. 매질이 단단하고 딱딱할수록 빠르게 통과하고, 매질이 느슨하고 부드러울수록 천천히 통과합니다. 그래서 인체 내부로 초음파를 통과시키면 뼈처럼 단단하고 밀도가 높은 곳은 빠르게, 그리고 내장처럼 밀도가 낮고 부드러운 곳은 느리게 통과하는 것이지요.

병원에서 사용하는 진단용 초음파 기계는 초음파가 빠르게 통과한 부위는 흰색, 느리게 통과한 부위는 검은색을 띠도록 소리를 이미지로 표현하여 육안으로 구별할 수 있게 만든 기계입니다. 즉 '음파'의 일종인 초음파를 이용해 우리는 몸속 깊숙한 곳까지 볼 수 있게 된 것입니다. 최근에는 이 기술이 한 단계 더 진보하여 내장기관과 태아의 모습을 입체적으로 보여 주는 기술도 개발되었습니다. 현대 과학은 초음파를 '눈에 보이는 소리'로 만든 것이죠.

이번 에피소드는 '소리'에 대해 많은 것을 생각하게 합니다. 우리는 이제 눈에 보이지 않는 소리, 인간이 들을 수 없는 소리까지 영상으로 재현하여 일상에 활용하고 있습니다. 귀를 즐겁게 하는 음악, 귀를 괴롭게 하는 소음, 달콤한 목소리 등 공기처럼 당연하게 여기며 소리에는 별 호기심을 가지지 못했는데, 소리가 할 수 있는 일들이 또 뭐가 있을까를 상상해 보게 하는 에피소드였습니다.

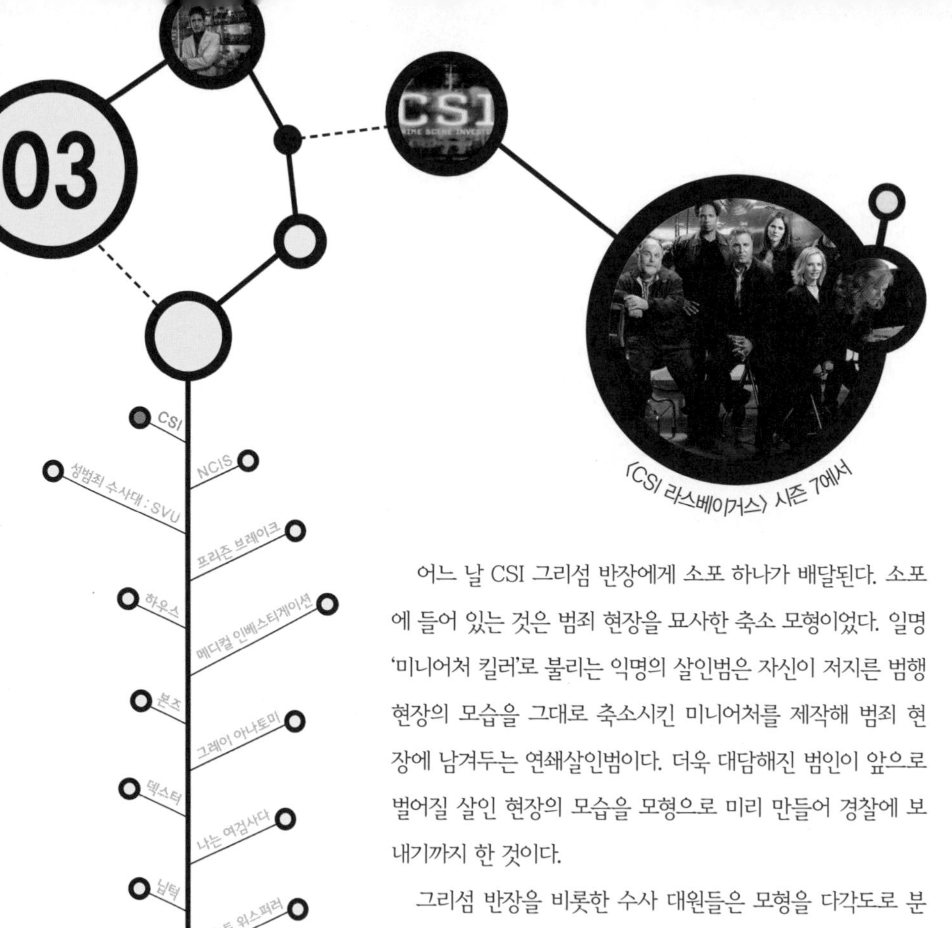

〈CSI 라스베이거스〉 시즌 7에서

어느 날 CSI 그리섬 반장에게 소포 하나가 배달된다. 소포에 들어 있는 것은 범죄 현장을 묘사한 축소 모형이었다. 일명 '미니어처 킬러'로 불리는 익명의 살인범은 자신이 저지른 범행 현장의 모습을 그대로 축소시킨 미니어처를 제작해 범죄 현장에 남겨두는 연쇄살인범이다. 더욱 대담해진 범인이 앞으로 벌어질 살인 현장의 모습을 모형으로 미리 만들어 경찰에 보내기까지 한 것이다.

그리섬 반장을 비롯한 수사 대원들은 모형을 다각도로 분석한 끝에 간신히 동일한 장소를 찾아낸다. 그리고 경찰을 변장시켜 그 장소에 투입시킨다. 범인에게 들키지 않기 위해 피해자로 변장한 경찰은 쿠션으로 얼굴을 가린 채 소파에 누워서 잠든 척하고, 나머지 경찰은 주변에서 모든 준비를 마치고 숨어 있었다. 하지만 하루가 꼬박 지나도 범인은 나타나지 않는다. 일단 현장에서 철수하기 위해, 소파에서 자고 있는 변장한 경찰을 흔들어 깨우지만 이미 숨을 거둔 상태였다. 도대체 현장에 나타나지도 않은 범인이 어떻게 살인을 저지를 수 있었을까?

죽음을 부르는 수상한 기체

산소 배달의 기수, 적혈구

범인은 어떻게 현장에 나타나지도 않고 살인을 저지른 것일까요? 그 답은 현장을 조사하면서 발견됩니다. 범행 현장을 조사하던 수사 대원들은 소파 옆에 있던 벽난로에서 결정적인 단서를 찾아냅니다. 벽난로 안에는 일정 시간이 지나면 안에 든 내용물이 불꽃 위로 쏟아지도록 하는 장치가 부착되어 있었습니다. 범인이 미리 넣어 둔 목탄 가루가 불꽃 위로 떨어지면서 발생한 일산화탄소 때문에 잠복 중이던 경관이 질식해 숨졌던 것이죠. 도대체 어떻게 해서 냄새도 색도 없는 일산화탄소가 사람의 목숨을 앗아갈 수 있었던 걸까요?

일산화탄소가 왜 독가스로 작용하는지 알기 위해서는 먼저 체내의 산소 운반 시스템에 대한 이해가 필요합니다. 산소는 모든 세포가

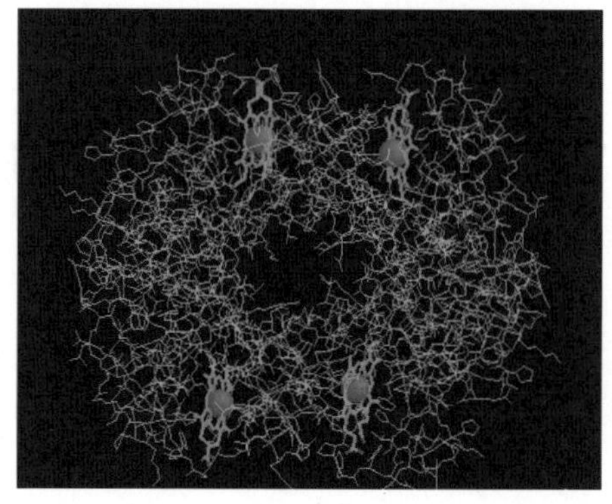

적혈구를 이루는 주요 물질은 헤모글로빈이라는 단백질이다.

살아가는 데 필요한 매우 중요한 물질입니다. 그렇기 때문에 우리 몸에는 공기 중의 산소를 빨아들여 각각의 세포로 전달해 주는 일을 전담하는 기관이 따로 있습니다. 바로 기도(氣道)와 폐(肺)로 구성된 호흡계입니다. 우리가 코와 입으로 들이마신 공기는 기도를 통해 폐로 들어갑니다. 폐는 공기 중의 산소를 흡수해 세포로 전해 주고, 세포에서 불순물로 나온 이산화탄소를 받아 날숨을 통해 밖으로 배출하는 가스 교환이 일어나는 곳입니다.

폐를 현미경으로 크게 확대해 보면 폐포(肺胞)라고 하는 아주 작은 주머니들을 볼 수 있습니다. 사람의 폐 속에는 수십억 개의 폐포가 있습니다. 이들은 거미줄 같은 모세혈관에 감싸여 있습니다. 산소와 이산화탄소의 교환은 바로 폐포와 모세혈관들이 맞닿는 이 부위에서 일어납니다. 이때 가스 교환을 직접 담당하고 산소와 이산화탄소를 배달하는 임무를 띤 '배달의 기수'가 바로 혈액 속에 든 적혈구입니다.

적혈구를 이루는 주요 물질은 헤모글로빈(hemoglobin)이라는 단백질인데, 이것은 4개의 단위로 이루어져 있습니다. 각 단위에는 철(Fe) 성분이 들어 있는데, 이 철이 끈끈이 역할을 해서 산소와 결합합니다. 헤모글로빈 1개에는 철 분자가 4개 들어 있으니 헤모글로빈 분자 1개는 산소 분자 4개를 운반할 수 있지요.

철, 적혈구 생성의 필수 요소

산소를 운반하는 적혈구는 헤모글로빈으로 구성되어 있고, 헤모글로빈이 산소와 결합하기 위해서는 철을 가지고 있어야 합니다. 따라서 철이 부족하면 적혈구가 제대로 만들어지지 않아 산소 운반 능력이 떨어지게 됩니다. 이럴 때 나타나는 증상을 빈혈(貧血)이라고 합니다.

폐포 속에 들어온 산소가 적혈구로 옮겨 가 헤모글로빈과 결합하거나, 적혈구 속 헤모글로빈에 붙어 있던 산소가 떨어져 세포 내로 들어가는 것은 순전히 산소의 분압 차이 때문입니다. 폐포와 결합된 부위의 산소 분압은 100mmHg, 각 조직 세포에서 측정되는 산소 분압은 40mmHg 정도입니다. 헤모글로빈이 산소와 결합하는 정도는 산소 분압에 비례합니다.

분압(分壓)이란 대기와 같은 혼합 기체의 성분들 각각이 지니는 압력을 말합니다. 예를 들어 보통 대기 성분의 78%를 차지하는 질소와 21%를 차지하는 산소의 경우, 1기압의 대기 중에서 질소의 분압은 0.78기압, 산소의 분압은 0.21기압입니다. 1기압은 760mmHg이므로, 이를 다시 환산하면 대기가 1기압일 경우, 산소의 분압은 760×0.21=159.6mmHg입니다. 공기가 폐 속으로 들어와 혈관으로 유입되면, 대기 중의 가스 성분비와는 달라지게 됩니다. 그래서 보통 폐포와 결합된 혈관 부위의 산소 분압은 약 100mmHg, 세포와 결합된 혈관 부위의 산소 분압은 약 40mmHg로 측정됩니다. 이 분압의 차이를 통해 적혈구는 폐에서 산소를 받아 조직으로 전달할 수 있는 것이지요.

이제 구체적으로 계산해 봅시다. 산소 분압이 100mmHg일 경우에는 97%의 헤모글로빈이 산소와 결합하지만, 40mmHg로 떨어지면 75%의 헤모글로빈만이 산소와 결합합니다. 따라서 폐포 근처에서는 산소 분압이 높아 적혈구가 헤모글로빈의 97%를 산소로 채울 수 있습니다. 그렇게 산소로 채워진 적혈구가 혈관을 따라 각 조직 세포에 도달합니다. 조직 세포에 도달하게 되면 산소 분압의 차이로 인해 75%의 산소만을 가질 수 있게 됩니다. 이때 적혈구는 22%의 산소는 세포들에게 전달하고 대신 그만큼을 이산화탄소로 채워서 다시 폐로 돌아갑니다. 이 같은 작업을 되풀이하며 폐와 각 세포들에서 일어나는 산소와 이산화탄소 교환을 매개하는 것이랍니다.

헤모글로빈의 못 말리는 일산화탄소 사랑

만약 헤모글로빈이 산소 외에 다른 기체들과는 결합하지 않는다면 이 에피소드에 등장하는 경찰은 목숨을 잃지 않았을 것입니다. 그러나 헤모글로빈은 상당히 줏대가 없는 편이어서 다른 기체들과 결합하기도 하고, 종류에 따라서는 산소를 미련 없이 버리기도 합니다. 산소보다 더 좋아하는 기체가 있기 때문이지요. 헤모글로빈이 가장 좋아하는 기체는 바로 일산화탄소(CO)입니다. 일산화탄소의 헤모글로빈 결합력은 산소에 비해 200배 이상 강력한 데다가, 한번 달라붙으면 잘 떨어지지도 않습니다.

산소가 희박한 고소에서 지쳐 버린 산악인. 우리 신체는 대기 중의 기체 비중이 조금만 달라져도 이상 증세를 일으킨다.

공기 중에 일산화탄소가 조금이라도 들어 있으면, 적혈구의 헤모글로빈들은 산소를 버리고 일산화탄소를 품으려 합니다. 일산화탄소와 결합한 헤모글로빈들은 산소를 운반할 수 없기 때문에, 결국 세포들은 산소를 공급받을 수 없게 되어 점차 생명 활동이 정지되지요. 헤모글로빈을 유혹하는 일산화탄소의 매력은 엄청나서 공기 중에 일산화탄소가 0.1% 정도만 섞여 있어도 사람은 30분 내에 질식하여 사망에 이릅니다.

일산화탄소에 비해 조금 떨어지지만 이산화탄소 역시 헤모글로빈이 좋아하는 기체 중의 하나입니다. 보통의 대기 중에는 산소가 21%, 이산화탄소가 0.03% 정도로 존재하기 때문에 별다른 이상이 없지만, 이산화탄소 농도가 4%만 되어도 두통과 어지럼증이 생겨나고, 10%가 넘어가면 의식을 잃고 사망에 이를 수 있습니다. 실생활에서 이산화탄소가 10% 이상 넘어가는 경우는 거의 없기 때문에 이산화탄소 중독 현상은 극히 드물게 일어납니다. 그러나 화재를 진압하는 데 사용하는 소화기의 내용물 속에는 이산화탄소가 다량 함유되어 있기 때문에 밀폐된 공간에서 소화기를 사용하거나, 특히 사람에 대고 사용하는 경우에는 질식의 위험이 있을 수 있으니 각별히 주의해야 합니다.

우리 모두 창문을 열자!

지구의 대기는 계속해서 순환하기 때문에 대기를 구성하는 성분의 비율은 크게 달라지지 않습니다. 즉 지구상의 거의 모든 곳의 공기가 78%의 질소와 21%의 산소 그리고 1%의 기타 기체들로 구성되어 있지요. 여기에 맞춰서 우리의 몸도 대기 중에 21%의 산소가 있을 때 가장 효율적으로 작동되도록 진화되어 왔습니다. 평지에 살던 사람들이 갑자기 고지대에 올라가면 고산병에 걸리는 것처럼 대기의 비율이 조금만 달라져도 우리 신체는 균형을 잃고 여러 가지 이상 증세를 나타냅니다.

특히 실내에서 난방을 하거나 담배를 피우거나 오랫동안 문을 꽉 닫아서 공기의 유출입을 막은 경우, 실내 공기는 쉽게 오염되기 때문에 기체들의 비중이 무너져 신체에 이상을 줄 수 있습니다. 따라서 이를 방지하기 위해서는 실내에서 지나친 난방이나 흡연 등을 삼가고, 자주 창문을 열어 공기를 환기시키는 것이 중요합니다. 지금 공기가 실내 깊숙이 들어오도록 창문을 활짝 열어 보는 것이 어떨까요?

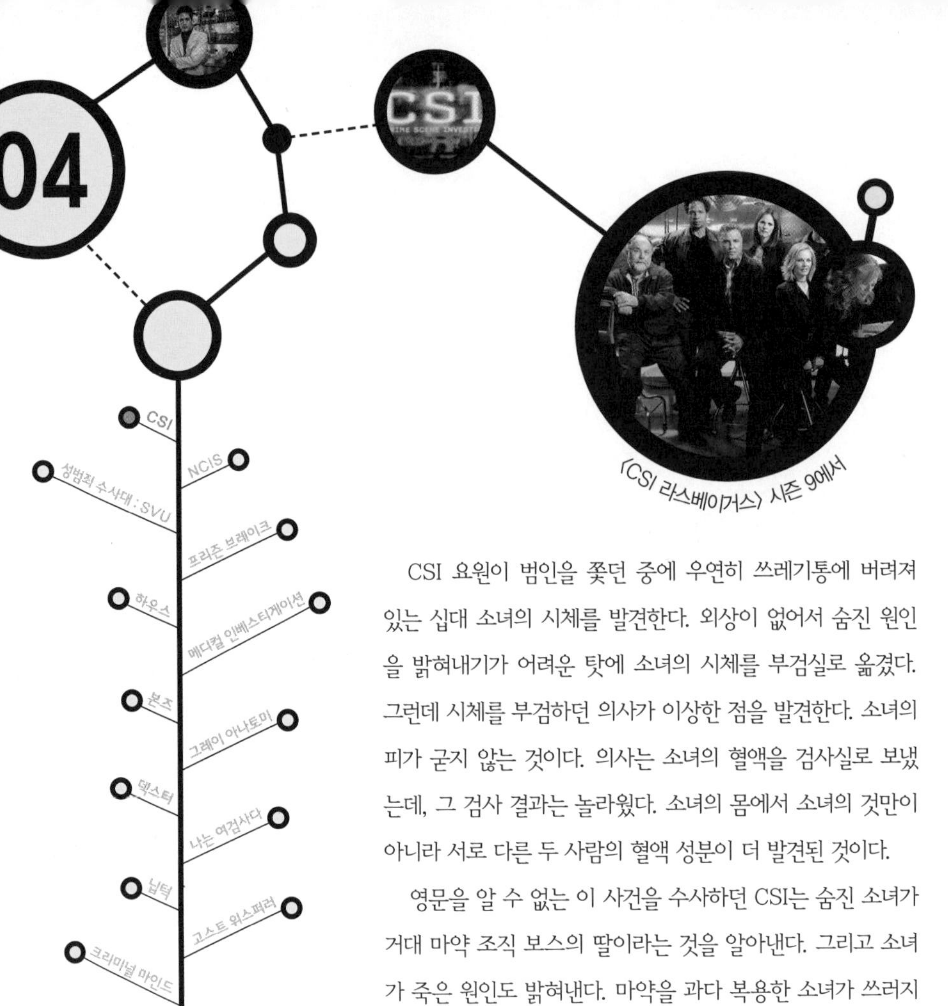

〈CSI 라스베이거스〉 시즌 9에서

CSI 요원이 범인을 쫓던 중에 우연히 쓰레기통에 버려져 있는 십대 소녀의 시체를 발견한다. 외상이 없어서 숨진 원인을 밝혀내기가 어려운 탓에 소녀의 시체를 부검실로 옮겼다. 그런데 시체를 부검하던 의사가 이상한 점을 발견한다. 소녀의 피가 굳지 않는 것이다. 의사는 소녀의 혈액을 검사실로 보냈는데, 그 검사 결과는 놀라웠다. 소녀의 몸에서 소녀의 것만이 아니라 서로 다른 두 사람의 혈액 성분이 더 발견된 것이다.

영문을 알 수 없는 이 사건을 수사하던 CSI는 숨진 소녀가 거대 마약 조직 보스의 딸이라는 것을 알아낸다. 그리고 소녀가 죽은 원인도 밝혀낸다. 마약을 과다 복용한 소녀가 쓰러지자 보스에게 추궁당할 일이 두려웠던 부하들이 궁여지책으로 소녀의 몸에서 피를 빼내고 자신들의 피를 수혈했던 것이다. 이 과정에서 불행하게도 수혈을 한 남자들의 혈액형과 소녀의 것이 맞지 않아 소녀가 숨지게 된 것이다.

무지한 수혈이 부른 살인 사건

혈액형, 누가 발견했나?

혈액형이란 말 그대로 혈액을 구분하는 방식입니다. 혈액은 항원의 종류에 따라 여러 가지로 나뉘는데 그중에서 가장 대표적인 혈액형 구분 방식은 ABO형입니다. ABO형으로 혈액형을 구분하는 방법은 1900년 독일의 란트슈타이너에 의해 알려졌으며, 이것은 적혈구에 존재하는 응집원의 종류에 의해 혈액형을 구별하는 방식입니다. 적혈구는 A와 B로 명명된 두 가지 종류의 응집원을 최대 2개까지 가질 수 있습니다. 물론 안 가질 수도 있고요. 그래서 응집원 A를 하나 혹은 두 개 가지면 A형이고, 응집원 B를 하나 혹은 두 개 가지면 B형이 되며, 하나도 가지지 않으면 O형, A 하나 B 하나를 가지면 AB형이 되는 것이죠.

혈액형이 의학적으로 중요한 이유는 수혈 때문입니다. 피를 많이 흘리면 생명이 위험할 수 있습니다. 피가 몸에서 차지하는 양은 전체 몸무게의 1/13 정도인데, 이 중 1/4~1/3 이상을 잃으면 생명을 잃을 수 있거든요. 따라서 과다 출혈 시에는 일단 출혈 부위를 막아 더 이상의 혈액 손실을 막는 것도 중요하지만, 그것만으로는 부족한 경우에는 모자란 피를 빠른 시간 내에 보충해 주는 것도 중요합니다.

인간은 오래 전부터 피를 많이 흘리면 죽는다는 것을 경험적으로 알고 있었죠. 그래서 피가 모자라면 다른 사람의 피로 보충해 주면 된다는 생각도 오래전부터 가지고 있었습니다. 그런데 여러 가지 문제로 인해 수혈은 쉽지 않았습니다.

수혈이 어려웠던 첫째 이유는, 피가 몸 밖으로 나오면 쉽게 응고되기 때문이었습니다. 선짓국을 먹어 보았다면 알겠지만, 피는 체내를 돌아다닐 때는 액체 상태로 유지되나 몸 밖으로 나오면 응고되어 버립니다. 손가락을 베이거나 무릎이 긁혀서 상처가 날 경우에 처음에는 피가 나지만 얼마 지나지 않아 딱지가 생기고 피가 멎는 것을 경험해 보았을 것입니다. 피에는 혈관 밖으로 유출되면 피를 굳게 만드는 성분이 들어 있답니다. 이는 출혈을 막는 데는 요긴하지만 수혈에는 불리합니다. 굳어 버린 피를 수혈할 수는 없으니까요.

그래서 19세기에는 혈액 제공자의 동맥과 수혈 받는 이의 정맥을 직접 연결해서 피를 넣어 주는 '직접 수혈' 방법을 쓸 수밖에 없었습니다. 그러다 보니 수혈해 줄 사람이 환자의 근처에 없으면 수혈을 할 수 없었고, 얼마나 많은 피가 수혈되었는지 알 방법 또한 없었습니다. 그래서 수혈은 번거롭고 까다로운 일이었습니다. 하지만 피를 뽑아 두었다가 수혈을 하려면 피가 굳어 버리니 어쩔 도리가 없었어요. 이런 불편이 해소된 것은 20세기 중반, 혈액의 응고를 방지하는 항응고제제가 개발된 이후입니다. 덕분에 지금은 미리 피를 뽑아서 보관해 두었다가 나중에 쓰는 것이 가능해졌고, 굳이 헌혈자가 수혈 받을 사람이 있는 곳까지 올 필요 없이 자신이 편한 곳에서 헌혈을 할 수도 있게 되었지요.

수혈의 치명적인 부작용

수혈이 어려웠던 두 번째 이유는 혈액형 때문이었습니다. 19세기의 수혈은 일종의 위험한 도박이었습니다. 당시의 한 연구에 따르면, 48건의 수혈 중 무려 37.5%에 이르는 18건에서 생명을 위협하는 치명적인 부작용이 나타난 것으로 집계되었다고 합니다. 수혈이 이렇게 위험했던 이유는 당시 사람들이 혈액형의 정체에 대해 알지 못했기 때문입니다. 앞서 말했듯이 사람이라면 누구나 적혈구에는 응집원을, 혈장 속에는 응집소를 가지고 있습니다. 이 응집소와 응집원은 서로 짝이 되는 것끼리 만나면 이상을 일으켜 적혈구가 터져 버리는 용혈 현상이 일어납니다. 그래서 정상인의 경우 적혈구의 응집원과 혈장의 응집소는 서로 반대로 들어 있습니다.

A형인 사람의 경우, 적혈구에 응집원 A를 갖고, 혈장 속에 응집소 β를 갖습니다. 반대로 B형은 적혈구에 응집원 B를, 혈장에 응집소 α를 갖게 되지요. 반면 적혈구에 응집원 A와 B를 모두 갖는 AB형은 응집소를 하나도 갖지 않고, 적혈구에 응집원이 없는 O형의 경우에는 응집소 α와 β를 모두 갖습니다.

수혈 시에 이상 반응이 일어나는 경우는 서로 짝이 되는 응집원과 응집소가 만났을 때입니다. 즉 응집원 A와 응집소 α가 만나거나, 응집원 B와 응집소 β가 만나는 경우에 이상 반응이 일어납니다. 그래서 수혈은 기본적으로 같은 혈액형끼리 이루어지는 게 보통입니다.

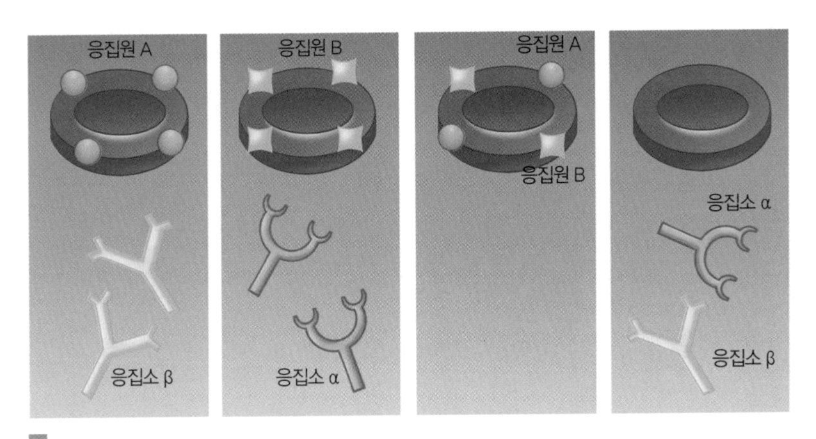

응집원과 응집소의 관계. 왼쪽부터 차례로 A형, B형, AB형, O형이 가진 응집원과 응집소의 모습이다.

또 다른 혈액형, Rh식 혈액형

란트슈타이너가 ABO 혈액형을 구분해 내면서 수혈은 이전보다 덜 위험하고 더 유용한 기술이 되었습니다. 하지만 ABO 혈액형으로 구분하여 수혈을 했는데도 불구하고 여전히 수혈 부작용으로 사망하는 사람들이 생겨났습니다. 란트슈타이너는 다시 이 문제를 해결하기 위해 여러모로 연구하던 끝에, 인도산 붉은털원숭이(Rhesus)의 혈청을 사람의 피와 반응시켜 응집 여부를 통해 혈액형을 구분해 내는 방법을 알아냅니다. 이를 통해 란트슈타이너는 붉은털원숭이의 혈청과 응집이 일어나는 경우를 Rh+, 응집이 일어나지 않는 경우를 Rh-로 명명했습니다. 이 Rh식 혈액형 역시 수혈 관계에서 매우 중요한 역할을 하고 있음이 밝혀집니다. 즉 Rh-는 Rh+에게 수혈

할 수 있지만, 수혈을 받을 때는 Rh- 피만 받을 수 있었던 것이었죠.

서양에서는 Rh-의 혈액형을 가진 사람이 전체 인구의 약 15%에 이르기 때문에 수혈을 할 때 이 문제가 자주 드러났고 다행히 란트슈타이너가 곧 원인을 밝혀낼 수 있었습니다. 그런데 만약 란트슈타이너가 한국에서 연구를 했다면 그가 Rh-를 발견하기는 매우 어려웠을 것입니다. 왜냐하면 한국인의 경우 유독 Rh-의 비율이 낮아 전체 인구의 0.1~0.3%에 불과하기 때문이지요. ABO형과 Rh형 이외에도 수십 가지가 넘는 혈액형이 존재하지만, Cis-AB형, MM형 등 몇 가지를 제외하고는 수혈이나 일상생활에 별다른 지장을 주지 않기 때문에, 일반인들의 경우 굳이 구별할 필요가 없습니다.

소문보다는 과학을 믿자

물론 수혈은 과다 출혈 환자의 목숨을 살리는 지름길입니다. 혈액 속에 미성숙한 유핵 적혈구가 늘어나는 증세인 적아세포증(赤芽細胞症)을 가지고 태어난 아이는 반드시 전신의 피를 모두 교체하는 교환 수혈을 받아야 살 수 있는 경우도 있습니다. 하지만 보통 사람의 피를 빼내고 다른 사람의 피를 대신 주입하는 것은 매우 위험한 일입니다. 피를 통해서 매독이나 에이즈 같은 각종 질병들이 전염될 위험이 있는 데다가 기본적으로 혈액형이 맞지 않을 경우 '용혈성 수혈 부작용'이 일어날 수 있기 때문입니다.

용혈성 수혈 부작용이란 헌혈자와 수혈자의 혈액형이 맞지 않아 적혈구가 터지고 뭉개지는 용혈 현상이 일어나는 경우를 말합니다. 용혈 현상이 일어나면 현기증, 오심, 구토, 빈혈, 붉거나 검은 소변, 저혈압 등의 증상이 나타나고 심한 경우에는 사망에 이를 수도 있습니다.

이번 에피소드의 경우 소녀의 혈액형은 Rh- B형이었는데, 수혈자 중 한 사람은 Rh- O형, 다른 사람은 Rh+ A형이었습니다. 이 중에서 소녀의 혈액은 Rh+ A형인 사람의 혈액과 반응하여 급성 용혈이 일어났고, 적혈구가 모조리 파괴되어 결국 죽음에 이르렀던 것이죠. 이 에피소드의 두 남자는 마약에 찌든 한 록 스타가 신선한 피로 자신의 몸을 정화했다는 근거 없는 소문을 듣고 일을 저질렀다고 합니다. 만약 이 두 남자가 임의로 교환 수혈을 하는 대신 소녀를 병원으로 옮겼다면 생명을 살렸을 것이고, 이 두 남자도 목숨만은 건졌을 것입니다(드라마 말미에서 자신의 딸을 죽인 데 화가 난 조직의 보스가 이 남자들을 살해하는 장면이 나옵니다). 소문보다는 과학을 믿는 것이 사람의 목숨을 살리는 데 더 유용하답니다.

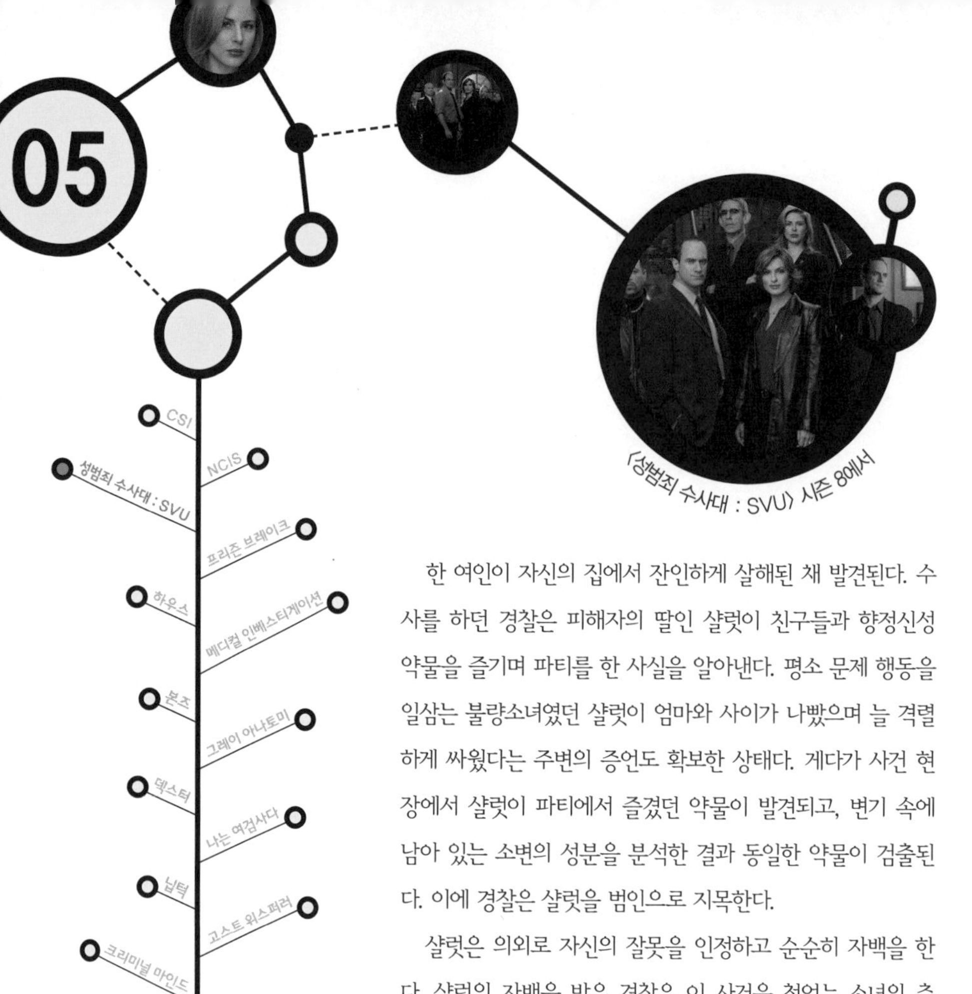

〈성범죄 수사대 : SVU〉 시즌 8에서

한 여인이 자신의 집에서 잔인하게 살해된 채 발견된다. 수사를 하던 경찰은 피해자의 딸인 샬럿이 친구들과 향정신성 약물을 즐기며 파티를 한 사실을 알아낸다. 평소 문제 행동을 일삼는 불량소녀였던 샬럿이 엄마와 사이가 나빴으며 늘 격렬하게 싸웠다는 주변의 증언도 확보한 상태다. 게다가 사건 현장에서 샬럿이 파티에서 즐겼던 약물이 발견되고, 변기 속에 남아 있는 소변의 성분을 분석한 결과 동일한 약물이 검출된다. 이에 경찰은 샬럿을 범인으로 지목한다.

샬럿은 의외로 자신의 잘못을 인정하고 순순히 자백을 한다. 샬럿의 자백을 받은 경찰은 이 사건을 철없는 소녀의 충동적 범죄로 결론 내리려 한다. 그런데 그때 변기 속의 소변을 정밀 검사한 성범죄 수사대가 소변의 주인은 여성이 아닌 남성이라는 것을 밝혀내면서 수사는 다시 원점으로 돌아간다.

소변에서 사건 해결의 단서를 찾다

우리 몸속의 독성, 암모니아

우리는 하루에 몇 번씩 소변을 봅니다. 추워서 활동이 적은 겨울에는 물을 많이 마시면 한 시간이 멀다 하고 화장실을 들락거리게 되고, 중요한 시험이라도 있는 날에는 소변이 유난히 더 자주 마렵지요. 소변을 보기 위해 화장실을 들락거리는 일을 기꺼운 마음으로 받아들이는 이들은 많지 않습니다. 오히려 많은 사람들이 이를 귀찮아합니다. 도대체 소변은 어떻게 만들어지는 것이며, 왜 우리는 하루에도 몇 번씩이나 소변을 보도록 진화해 온 것일까요?

우리는 살아가기 위해 음식물을 섭취합니다. 음식물 속에는 열량을 내는 탄수화물, 지방, 단백질, 각종 무기질과 비타민 등이 있습니다. 이 중에서 열량원인 탄수화물, 지방, 단백질 등은 고분자 화합물이므로 소화 및 대사되는 과정에서 분자 및 원자 단위로 쪼개지기 마련입니다. 이들은 모두 탄소(C)와 산소(O) 및 수소(H)를 포함하고 있기 때문에 이들의 대사 과정에서 이산화탄소(CO_2)와 물(H_2O)이 부산물로 발생됩니다.

이산화탄소는 호흡을 통해 배출되고, 물은 재흡수되거나 소변과 땀을 통해 배출되므로 별다른 문제가 없습니다. 하지만 탄수화물이나 지방과 달리, 단백질은 질소(N)를 포함하기 때문에 문제가 발생합니다. 단백질이 대사되는 과정에서는 질소(N_2)에서 유래한 부산물, 암모니아(NH_3)가 발생할 수 있으니까요.

암모니아는 강력한 염기성을 띠는 물질이기 때문에 신체에 독성을 나타냅니다. 강한 염기성 물질은 단백질을 녹이고 효소를 변성시키기 때문에 조직에 심각한 해를 미치거든요. 따라서 암모니아는 생성 즉시 배출시키는 것이 좋습니다.

어류 등 물속에 사는 생물들은 생성되는 암모니아를 그때그때 물속으로 배출합니다. 물에 잘 녹는 암모니아는 배출 즉시 물과 섞여 희석되고, 그 사이에 물고기들은 다른 데로 가 버리면 되니 별 문제가 없습니다.

하지만 육지에 사는 동물은 암모니아를 그대로 배출할 수 없습니다. 따라서 암모니아를 모아 두었다가 한꺼번에 버려야 하는데, 앞서 말한 대로 암모니아는 조직에 해를 끼칠 만큼 독성이 강하기 때문에 어려움이 있습니다. 따라서 육지에 사는 생물들은 암모니아를 독성이 적은 요산이나 요소로 바꾸는 시스템을 가지고 있기 마련입니다.

요소, 암모니아의 안전화 버전

사람을 비롯한 포유류는 세포 내 대사에서 생성된 암모니아를 요소[Urea, $CO(NH_2)_2$]로 전환하여 배출합니다. 요소 역시 무독성의 물질은 아니지만, 암모니아에 비하면 독성이 1/10,000에 불과하여 덜 위험하기 때문입니다. 단백질 대사로 인해 만들어진 암모니아는 간에서 '오르니틴 회로(Orinithine Cycle)'을 통해 요소로 전환됩니다. 오르니틴 회로는 총 다섯 단계의 반응으로 구성되는데, 각 단계마다 특정 아미노산들이 필요하며 5단계 이후 최종적으로 남는 아미노산이 바로 오르니틴입니다. 오르니틴 회로란 여러 가지 아미노산들을 이용해 암모니아에 이산화탄소를 결합시켜 요소와 물로 바꾸어 독성을 줄이는 과정이라고 정리할 수 있습니다.

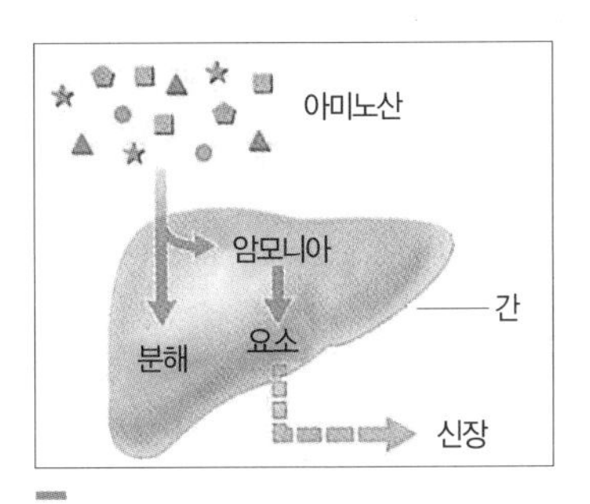

요소의 생성. 암모니아는 자극성이 강하고 악취가 나는 기체로서 물에 잘 녹는다. 암모니아는 간에서 요소로 전환된다.

암모니아가 요소로 전환되는 화학식 $2NH_3 + CO_2 \rightarrow CO(NH_2)_2 + H_2O$

몸 밖으로 배출되는 요소

이렇게 만들어진 요소는 혈액과 함께 신장으로 옮겨집니다. 신장은 크게 피질, 수질, 신우의 세 부분으로 나뉘게 되는데, 피질에서는 혈액을 일차적으로 걸러 원뇨(原尿)를 만들고, 수질에서는 수분을 재흡수합니다. 이렇게 만들어진 소변은 신우에 모였다가 수뇨관을 통해 방광으로 모입니다. 이를 폐기물 수거에 비유하면, 피질이 일상생활에서 나오는 쓰레기들을 모두 걸러 내고, 수질은 이 중에서 재활용이 가능한 물질을 다시 수거하는 것이라고 할 수 있습니다.

피질은 혈액을 일차적으로 걸러 내는 곳이므로 혈관이 많이 모여 있습니다. 그렇기 때문에 짙은 자주색을 띱니다. 신장을 강낭콩에 비유하는 것은 둘이 모양도 비슷하지만, 색깔 역시 비슷한 자줏빛이기 때문입니다. 피질을 크게 확대해 보면 작은 공 모양을 띤 조직들이 많이 관찰되는데 이것은 네프론(nephron)이라고 하는 신장의 기본 단위로 소변이 만들어지는 곳입니다.

네프론은 1개의 신장에 약 100만~150만 개 정도가 있으며, 매일 약 180l의 혈액을 걸러 냅니다. 혈액을 거르는 원리는 혈관의 길이와 너비에 따른 압력의 차이에 있습니다. 네프론 안쪽의 혈관은 매우 가늘고 꼬불꼬불하게 꼬여 있습니다. 주사기에 물을 넣고 피스톤을 누르면, 누르는 쪽은 상대적으로 넓지만 나가는 쪽은 좁기 때문에 출구 쪽에 압력이 강하게 걸리면서 물이 세차게 뿜어지게 됩니다. 마찬가지로 신장 안으로 들어가는 혈관에 비해 안쪽 혈관은 좁고 구부러져 있기 때문에 네프론을 통과하는 혈액들은 강한 압력을 받게 마련이고 이 압력으로 인해 혈액이 걸러지게 되는 것입니다.

네프론에서 하루 동안 걸러 내는 혈액은 180*l*에 달하지만, 이 중에서 실제 소변으로 배출되는 양은 약 1~2*l* 정도입니다. 이는 원뇨가 수질에 존재하는 세뇨관을 통과하는 과정에서 거의 대부분의 수분이 다시 재흡수되기 때문입니다. 때문에 세뇨관을 지나 신우에 모인 소변 속에는 요소를 비롯해 다양한 종류의 노폐물들이 농축되어 있습니다. 각종 무기염류, 크레아틴, 요색소 등이 포함되어 있지요.

그리고 수용성 비타민을 지나치게 섭취하면 남은 양이 소변으로 배출되는데, 어떤 종류의 약물은 완전히 분해되지 못하고 소변에 섞여 배출되기도 합니다. 이런 물질들이 배출되는 것은 자연스러운 일입니다. 또한 이 물질 외에 다른 물질이 소변에 섞여 있다면 이는 신체의 어딘가에 이상이 있다는 것을 의미하는 것입니다.

소변 검사를 통해 알 수 있는 것들

몸에 이상이 생겨 병원에 가면 가장 기본적으로 하는 검사가 소변 검사입니다. 소변 검사는 소변의 색과 산성도와 비중을 검사하고, 소변 속에 적혈구와 백혈구와 세균이 검출되지 않는지를 살피며 당과 단백질, 갑상선 호르몬을 비롯한 호르몬의 양을 측정하여 신체에 이상이 있는지를 살핍니다. 먼저 정상인의 소변에는 유로크롬이라는 황색 색소가 들어있어서 노르스름한 색을 띠는데, 농축 정도나 섭취한 음식 및 약물의 종류에 따라서 색이 달라질 수 있습니다. 하지만 적색이나 짙은 갈색(혈뇨)이나 자주색(포르피증) 혹은 흰색(신우염) 소변이 나올 경우 질병을 의심해 보아야 합니다.

또한 소변 속에는 적혈구와 백혈구, 세균이 없어야 하며, 당과 단백질 역시 검출되지 않아야 합니다. 적혈구가 존재한다는 것은 신장에서 방광 그리고 요도로 이어지는 비뇨기계 어딘가에 출혈이 있다는 증거이며, 백혈구와 세균이 발견된다는 것은 이 부위에 세균 감염과 염증 반응이 나타났다는 뜻이기 때문입니다.

또한 소변 속에서 당이 검출되는 경우는 당뇨병을, 단백질이 검출되는 경우는 신장 기능 이상(임신 중일 경우는 임신중독증)이 있지 않은지를 의심해야 합니다. 그 밖에 체내에서 분비되는 호르몬들이 배출되는 경우가 있으므로 이들의 양을 통해 호르몬 균형이 제대로 유지되고 있는지를 간접적으로 측정할 수 있습니다.

배설에 대한 오해들

배설 현상은 생명체가 살아가는데 꼭 필요한 행위이지만 소화나 호흡, 순환과는 달리 오해를 많이 받는 현상이기도 합니다. 먼저 배설 현상은 더럽다는 편견이 있습니다. 아마도 이는 배설물이 지닌 이미지 때문일 것입니다. 하지만 이것은 순전히 편견일 뿐입니다. 배설 현장은 그 무엇보다도 깨끗한 일이지요. 우리는 배설 현상을 통해 소화시키고 남은 음식물 찌꺼기들과 대사 과정에서 만들어진 독성 성분들을 몸 밖으로 배출합니다.

만약 이런 물질들이 몸 안에 그대로 쌓여 있다면 우리는 이들로부터 발생되는 독소에 중독되어 사망하게 될 것입니다. 배설 현상은 몸에 해로운 물질들을 몸 밖으로 배출함으로써 신체 내부를 깨끗하게 만들어 줍니다. 청소하며 나온 먼지가 아무리 많더라도 청소 행위 자체를 더럽다고 할 수는 없지요.

사람들은 배설 현상을 그저 '버리는 일'로 생각합니다. 하지만 배설은 몸 안의 노폐물뿐 아니라 체내의 항상성을 조절하는 일을 합니다. 물을 많이 먹으면 소변이 자주 마렵고, 땀을 많이 흘리면 소변 색이 짙어지면서 양이 줄어드는 것은 체내의 수분과 염분의 균형을 맞추기 위해서입니다. 즉 생명체의 배설 현상이란 단순한 배출이 아니라 신체의 균형을 지키고 항상성을 유지하기 위한 미묘한 조절 현상인 것입니다.

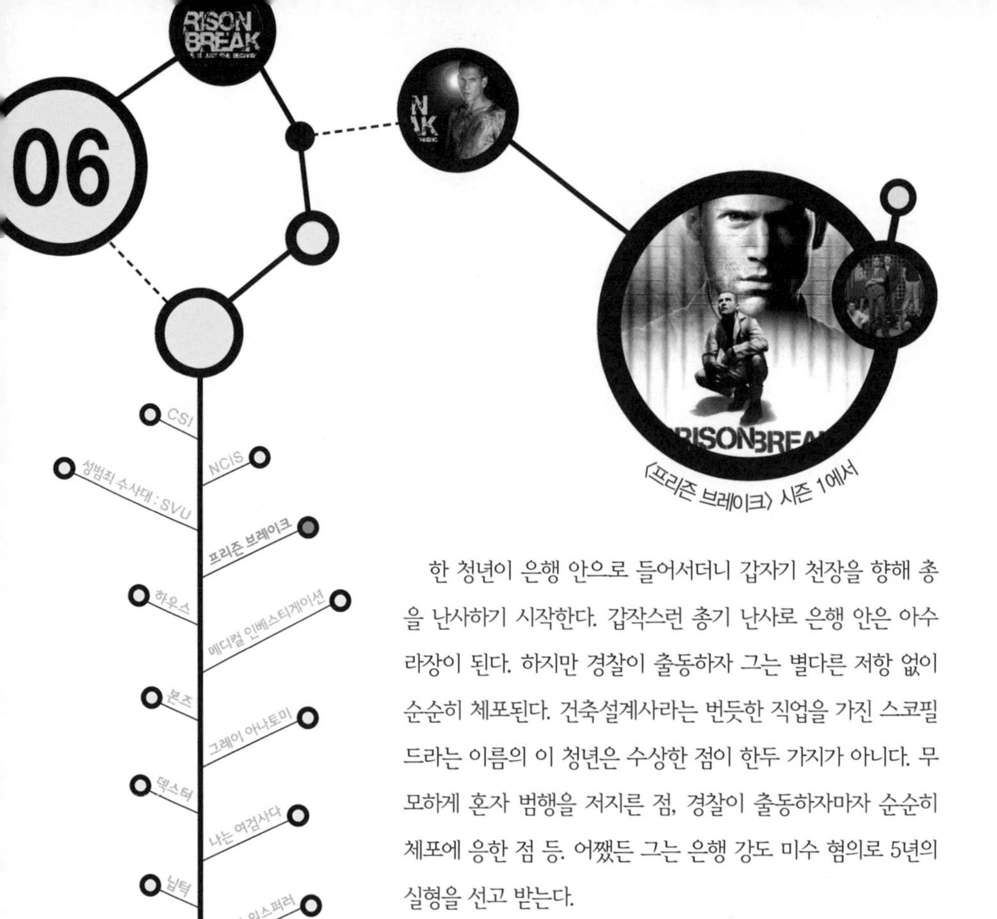

〈프리즌 브레이크〉 시즌 1에서

한 청년이 은행 안으로 들어서더니 갑자기 천장을 향해 총을 난사하기 시작한다. 갑작스런 총기 난사로 은행 안은 아수라장이 된다. 하지만 경찰이 출동하자 그는 별다른 저항 없이 순순히 체포된다. 건축설계사라는 번듯한 직업을 가진 스코필드라는 이름의 이 청년은 수상한 점이 한두 가지가 아니다. 무모하게 혼자 범행을 저지른 점, 경찰이 출동하자마자 순순히 체포에 응한 점 등. 어쨌든 그는 은행 강도 미수 혐의로 5년의 실형을 선고 받는다.

실형이 선고되자 청년은 왠지 안심하는 표정이다. 사실 이 청년은 억울한 누명을 쓰고 사형수가 되어 감옥에 갇혀 있는 형을 구하기 위해 일부러 범행을 저지른 것이었다. 뛰어난 지능을 가진 이 청년은 몸 전체에 형과 함께 탈옥하기 위한 정보를 문신으로 새긴 채 감옥으로 들어간다.

문신은 새기는 것보다 지우는 것이 어렵다

문신, 영원히 지워지지 않는 흔적

〈프리즌 브레이크〉는 동생이 억울한 누명을 쓴 형을 구하기 위해 일부러 감옥에 들어가는 것으로 시작하는 드라마입니다. 이 드라마가 처음 시작되었을 때, 가장 인상적인 장면은 바로 주인공의 몸 전체에 빽빽하게 새겨진 문신이었습니다. 어떤 것도 소지할 수 없는 감옥에서 형을 탈옥시키기 위해 필요한 모든 정보를 피부 위에 새겨둔 것이지요. 온몸에 새긴 문신은 그의 집념을 한눈에 볼 수 있게 합니다.

문신(文身)이란 피부에 상처를 내서 그 틈으로 피부 안쪽에 먹물이나 색소를 넣어 여러 가지 무늬를 새기는 행위를 말합니다. 보통은 바늘 끝에 색소를 묻혀 피부의 진피층에 찔러 넣어 색소를 피부에 고정시킵니다.

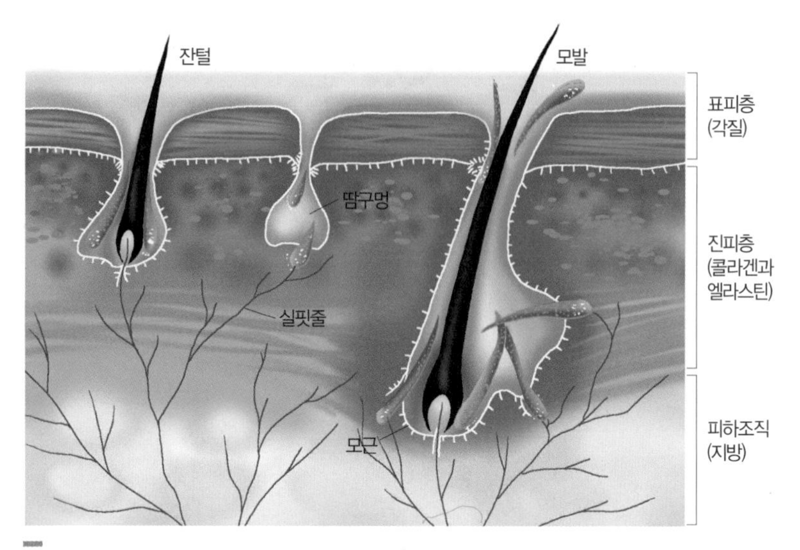

피부의 단면도. 표면부터 표피층, 진피층, 피하조직 순으로 구성되어 있다.

사람 피부의 단면을 보면 표면부터 차례로 표피층, 진피층, 피하조직으로 층층이 쌓여 있습니다. 이 중에서 제일 바깥쪽에 위치한 표피층은 약 4주에 걸쳐 세포가 교체됩니다. 교체 주기에 따라 죽은 표피 세포는 자연스럽게 떨어져 나가고 건강한 표피 세포가 그 자리를 메우는 것이지요. 우리들이 목욕탕에서 때수건으로 미는 '때'가 바로 죽은 표피 세포들의 흔적이라고 할 수 있습니다.

피부 표면에 염료로 그림을 그리면 염료는 표피층에만 남게 됩니다. 그래서 아무리 잘 지워지지 않는 염료를 사용하더라도 표피 세포의 교체로 인해 한 달 정도가 지나면 감쪽같이 사라지지요. 흔히 '지워지는 문신'이라고 알려진 헤나 문신은 이처럼 염료가 표피층에만 침투하기 때문에 시간이 지나면 저절로 지워지는 것입니다. 하지만 문신은 시간이 지나도 지워지지 않습니다. 그 이유는 문신을 할 때에 염료를 표피가 아니라 피부의 더 깊숙한 곳인 진피층까지 집어넣기 때문입니다.

보통의 경우에 진피층이 겉으로 드러나는 경우는 거의 없습니다. 따라서 염료를 집어넣기 위해서는 피부에 일부러 상처를 내야만 하지요.

먹물을 묻힌 바늘이 문신을 그리는 가장 오래되고 보편적인 수단이 된 것은, 바로 피부의 진피층까지 침투할 수 있기 때문이었지요. 이렇게 피부 속 깊숙이 들어간 염료는 진피층에 존재하는 세포나 단백질과 결합하여 거의 영구적으로 남아 있게 됩니다.

문신에 대한 인식의 변화

인류 역사에서 문신이 처음 나타난 것은 기원전 6,000년경으로 알려져 있습니다. 문신은 피부에 상처를 내서 지워지지 않는 그림을 그리는 것이기 때문에 성인(成人)의 표식, 주술적 의미, 사랑의 표식 등과 같은 상징성을 갖게 되었습니다. 또한 징벌의 하나로도 사용되었지요.

우리나라에서는 전통적으로 문신이 형벌의 일종이었습니다. 기록

에 의하면, 고려시대에는 절도범들에게 매를 때리고 귀양을 보냈는데 만약 귀양 중에 죄인이 도망을 치면 다시 잡아다가 얼굴에 문신을 하였다고 합니다. 문신을 형벌로 사용하는 것은 조선시대에도 마찬가지였습니다. 이때에는 특히 얼굴에 뚜렷한 죄상을 새겼다고 하니, 고려시대와 조선시대를 통틀어 문신 형벌은 매우 가혹한 형벌이었다는 것을 알 수 있습니다.

그런 전통으로 인해 우리나라에서 문신은 죄인의 표시라는 인식이 강해서, 문신 자체에 대한 부정적인 시선이 심했습니다. 따라서 문신이 더 이상 형벌로 행해지는 시대가 아님에도 문신을 한 사람을 곱게 보지 않는 풍토가 있어 왔지요.

하지만 최근에는 미용을 목적으로 문신을 시술하는 경우가 점점 늘어나고 있습니다. 아름다워지기 위해서 신체에 약간의 변형을 가하는 것, 그 자체는 특별히 문제가 되지 않습니다. 다만 문신을 하기 위해서 신체에 상처를 내야 한다는 점에서 우려가 생기는 것입니다. 인체의 피부, 특히 표피는 외부의 침입자에 대한 1차적 방어선이기 때문에 꽤 탄탄한 수비력을 지니고 있습니다. 보통 미생물들은 손상되지 않은 건강한 표피로는 체내로 침투하지 못합니다. 하지만 어떤 이유로든 표피가 손상되어 진피가 드러나게 되면 그때부터는 미생물의 침투에 속수무책입니다.

손상된 피부를 통해 미생물이 침투하여 염증 반응이 생길 수도 있고, 이 틈을 비집고 들어온 물질들이 알레르기 반응을 일으킬 수도 있습니다. 더욱이 피부에는 수없이 많은 모세혈관들이 존재하기 때문에 작은 상처라도 이를 건드려 피가 날 수 있고, 손상된 혈관을 통해 전염병을 일으키는 각종 세균이나 바이러스 등이 체내로 유입될 수도 있습니다.

한 신문 기사에 따르면 C형 간염을 앓고 있는 미국인들의 약 40%가 문신으로 인해 전염된 것이라는 보고가 있다고 합니다. 또한 문신에 사용되는 각종 염료들 중에는 알레르기를 일으키는 물질이 포함된 경우가 많이 있어서, 자칫하다가는 아름다워지기는커녕 알레르기 반응만을 일으킬 수도 있습니다. C형 간염은 백신이 개발되어 있는 B형 간염과는 달리 백신이 없어서 예방이 불가능합니다. 그렇기 때문에 전염되지 않도록 평소에 조심해야 합니다.

주로 혈액을 통해 전염되는 C형 간염의 전염 경로는 주로 소독되지 않은 주사 바늘입니다. 수혈용 혈액의 C형 간염 바이러스 검사가 실시되기 이전인 1992년 이전에는 수혈도 주요 감염 경로 중 하나였고요. 수혈의 문제가 사라진 지금은 C형 간염의 전염 경로 중 하나가 바로 불법 문신입니다. 실제로 문신을 한 사람은 그렇지 않은 사람에 비해 C형 간염에 걸리는 비율이 3~4배 정도 높게 나타났습니다. 불법 문신이 C형 간염의 주요 전염 경로라는 사실을 뒷받침해 주는 자료이지요.

문신은 이처럼 피부에 상처를 내서 이물질을 투여하는 일이기 때문에 이 과정에서 부작용이 일어날 가능성이 분명히 있습니다. 물론 아프기도 하지요. 비록 요즘에는 다양한 종류의 국소 마취제들이 나와 있어서 통증을 경감시키고 항생제 연고들이 감염의 위험성을 낮춰 주기는 하지만, 그래도 문신을 하기 위해서는 피부에 상처를 내야한다는 점은 변함이 없습니다.

따라서 문신은 반드시 자격 있는 의사의 지도하에 철저하게 고압 멸균된 바늘과 인체에 안전한 색소로 만들어진 염료들을 사용해서 이루어져야 합니다. 그래야만 본래의 목적인 미용 효과를 얻을 수 있습니다. 그렇지 않으면 아름다움은 고사하고 건강도 망치고 외모도 망치는 이중고를 겪을 수도 있답니다.

문신, 새기는 것보다 지우는 것이 더 어렵다

최근 들어서는 문신을 새기는 것에 대한 관심이 높아짐과 동시에 예전에 시술 받았던 문신을 지우기 위해 노력하는 사람들도 많아졌습니다. 하지만 문신은 새기는 것보다 지우기가 훨씬 어렵습니다. 아무리 문질러도 이미 진피에 흡수된 잉크는 지워지지 않기 때문입니다. 예전에는 부식성 화학물질 등을 사용해 피부를 벗겨 내는 식으로 문신을 지웠습니다. 하지만 이 방법은 문신에 사용된 색소뿐 아니라 이들 색소가 결합된 피부 세포 자체에도 해를 끼치기 때문에, 문신은 지워져도 이 부위에 흉터를 남기곤 했었지요.

그래서 최근에는 이런 단점을 보완하고자 레이저를 사용하곤 합니다. 레이저는 특성상 특정한 구조물에만 반응하도록 파장을 조절할 수 있습니다. 이 원리를 이용해서 레이저가 문신에 사용된 염료하고만 반응하도록 파장을 조절하면 주변의 다른 세포나 단백질에는 영향을 미치지 않고 염료만 파괴시킬 수 있습니다. 이 원리는 문신뿐 아니라, 기미나 주근깨, 오타모반(젊은 사람의 얼굴 특히 뺨이나 눈 주위에 생기는 갈색 혹은 푸른색 반점), 여드름 흉터 등 색소의 침착으로 인해 주변 피부색과 달라진 부위의 색소를 제거하는 데도 사용할 수 있답니다.

그런데 이 시술 방법은 문신이나 피부의 색소 침착을 제거하는 데 매우 효과적이긴 하나 1회만으로 원하는 효과를 보기가 어렵고,

가격이 비싸다는 단점을 갖고 있어요. 또한 아무리 염료에만 선택적으로 작용한다고 하더라도 레이저 자체가 가지고 있는 에너지가 워낙 강하기 때문에 부작용을 최소로 줄이기 위해서는 피부의 재생 작용을 고려해 4주 내지 6주 간격으로 반복적으로 실시해야 한다고 하니 시간적, 경제적 손실이 문신을 할 때와 비할 바가 아닙니다.

문신은 예부터 고통을 참아가며 피부에 무늬를 새김으로써 주술적인 의미와 미용적인 목적을 갖는 경우가 많았습니다. 하지만 시간이 지나면서 주술의 의미는 퇴색되었고, 또한 현대에 이르러서는 피부를 상하게 하지 않고도 신체를 장식할 수 있는 다양한 방법들이 많이 나오면서 이제 문신은 그저 개인적 취향의 문제가 되었지요. 문신 그 자체를 반대하는 것은 아니지만, 건강을 지키고 아름다움을 지키기 위해서는 적절한 수준에서 즐기는 것이 좋지 않을까 하는 생각이 듭니다.

문신을 하면 덜 아프다?

지난 2006년에 「과학동아」에 흥미로운 기사 하나가 실렸습니다. 미국 신경과학회의 한 교수가 "문신을 한 피부는 그렇지 않은 피부에 비해서 촉각이 무뎌진다."라는 연구 결과를 발표했거든요. 이 말은 문신을 하게 되면 그 부위가 다른 부위에 비해 감각이 둔해진다는 것입니다. 이 연구를 발표한 교수에 따르면 문신을 하는 과정은 피부에 상처를 내는 과정을 수반하기 때문에 이 과정에서 자극을 감지하는 수용체가 손상되거나 문신에 사용되는 염료가 신경으로 가는 신호들을 방해해서 이런 결과가 나온다고 합니다.

문신을 하면 정말 피부 감각이 둔해질까요? 그럼 영화에서 전신에 문신을 한 건달들이 치고 박고 싸워도 아픔을 덜 느끼는 것처럼 보이는 게 혹시 문신 때문일까요? 그러나 감각이 둔해지는 정도는 그리 크지 않다는 것이 연구자의 설명입니다. 즉 아주 약간만 둔해질 뿐 몸으로 차이를 확연히 느낄 정도는 아니랍니다. 혹시 통증에 무뎌질 생각으로 문신을 하려고 한다면, 문신을 하는 고통에 비해 감각이 둔해지는 정도는 그리 크지 않다는 사실은 미리 알고 있어야 할 거예요.

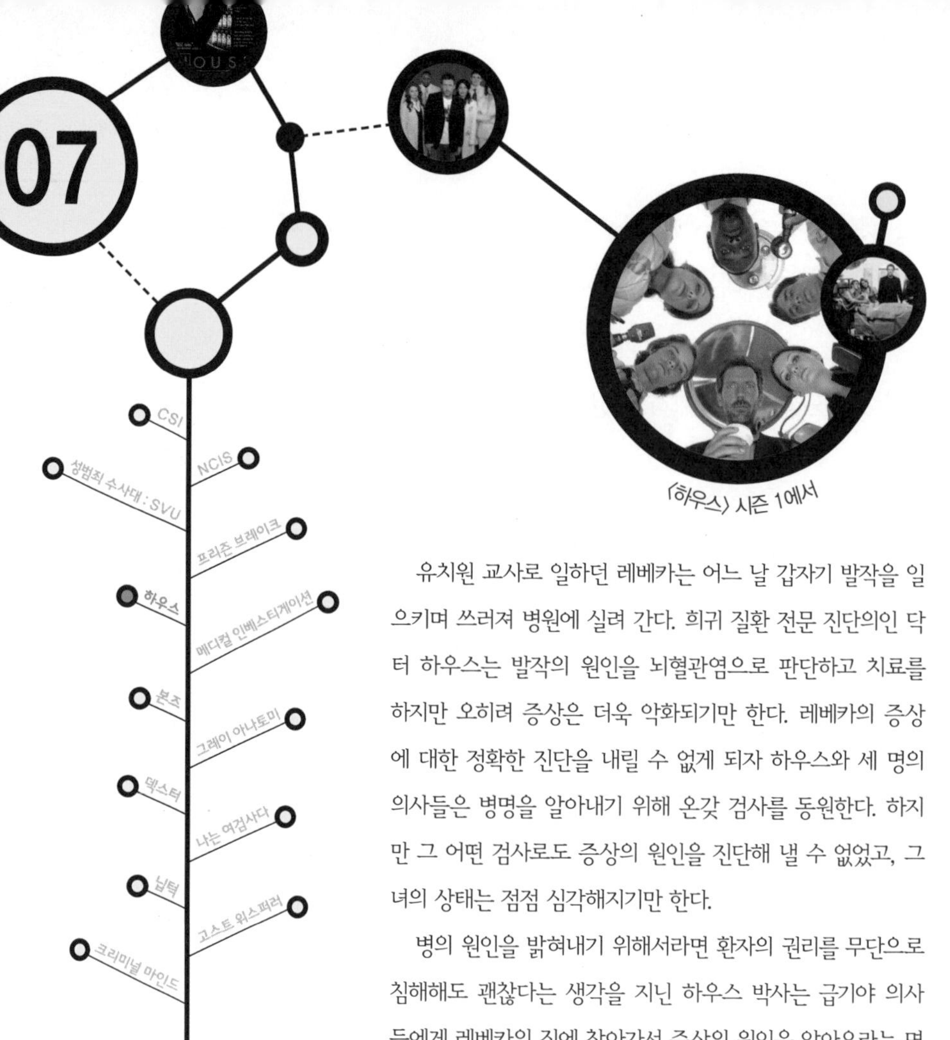

〈하우스〉 시즌 1에서

유치원 교사로 일하던 레베카는 어느 날 갑자기 발작을 일으키며 쓰러져 병원에 실려 간다. 희귀 질환 전문 진단의인 닥터 하우스는 발작의 원인을 뇌혈관염으로 판단하고 치료를 하지만 오히려 증상은 더욱 악화되기만 한다. 레베카의 증상에 대한 정확한 진단을 내릴 수 없게 되자 하우스와 세 명의 의사들은 병명을 알아내기 위해 온갖 검사를 동원한다. 하지만 그 어떤 검사로도 증상의 원인을 진단해 낼 수 없었고, 그녀의 상태는 점점 심각해지기만 한다.

병의 원인을 밝혀내기 위해서라면 환자의 권리를 무단으로 침해해도 괜찮다는 생각을 지닌 하우스 박사는 급기야 의사들에게 레베카의 집에 찾아가서 증상의 원인을 알아오라는 명령을 내린다. 결국 레베카의 집에 찾아간 의사들은 뜻밖의 장소에서 그 원인을 밝혀낸다. 그녀가 발작을 일으킨 원인은 바로 기생충의 일종인 촌충의 유충 때문이었다. 덜 익힌 돼지고기 햄 속에 있던 촌충의 유충이 레베카의 뇌로 들어가 뇌신경을 자극한 것이다. 결국 생명이 위독할 정도로 심각한 증세를 보였던 레베카에게 내려진 치료법은 겨우 '구충제 2알'이었다.

발작을 일으킨 원인은 바로 기생충

생명체가 에너지를 얻는 방법

기생충에 대한 에피소드를 접하니 대학 시절 동물해부학 실습 시간에 했던 회충 해부가 기억나네요. 해부 접시 위에 떡하니 올라가 있던 하얀색 전깃줄 같은 회충의 모습이 아직도 생생하게 떠오릅니다. 대학에 들어온 이후 많은 동물들을 해부했지만 유독 회충 해부가 기억에 남는 것은, 배를 갈랐을 때 보이는 너무도 단순한 내부 모습 때문이었습니다.

회충은 약 30cm 길이의 반질반질한 모습인데, 회충과 같은 기생충들은 소화액에 의해 소화되는 것을 막기 위해 표면이 보호제로 코팅되어 있습니다. 몸속은 입에서부터 항문까지 한 줄로 이어진 소화관을 제외하고는 온통 꼬불꼬불한 실 같은 조직들로 가득 차 있습니다. 그게 바로 생식기관이죠. 즉 회충은 생명을 유지하기 위해 영양분을 섭취하는 일을 제외하고는 모든 에너지를 오로지 생식에만 쏟아 붓는, 그야말로 "존속하라. 그리고 번성하라."는 유전자 본능에 가장 충실한 생물이었던 것입니다.

생물들은 살아가기 위해서 에너지를 필요로 합니다. 에너지를 얻는 방법에는 크게 세 가지가 있습니다. 첫 번째는 스스로 에너지를 만드는 방법입니다. 거의 대부분의 식물과 엽록체를 가진 미생물이 여기에 속하는데, 이들은 햇빛을 연료로 사용하여 주변 환경에 존재하는 이산화탄소와 물을 가지고 포도당을 합성해서 살아갑니다. 빛을 이용하기 때문에 이 과정을 광합성(光合成)이라고 하지요. 식물은 광합성 과정 중에 우리가 숨 쉬는 데 필요한 산소까지 만들어 주는 고마운 존재입니다.

두 번째는 스스로 에너지를 만들어 내지 못하는 생물이 다른 생물을 섭취하는 방법입니다. 이들 생물은 소화 과정을 통해 먹이를 잘게 쪼개어 에너지원으로 이용합니다. 모든 동물들과 많은 미생물, 심지어는 일부 식물도 이 경우에 속하죠.

여기 메뚜기가 있습니다. 이 녀석은 하루 종일 풀밭에서 풀잎을 갉아먹는 것이 주요 일과입니다. 메뚜기가 풀잎 다섯 장을 갉아먹는 것은, 풀잎 다섯 장분의 광합성 저장 에너지를 먹어 치우는 것과 같습니다. 다시 이 메뚜기 다섯 마리를 개구리 한 마리가 잡아먹으면 개구리는 '풀잎 다섯 장×메뚜기 다섯 마리', 즉 풀잎 25장분의 광합성 에너지를 먹어 치우는 것이 되지요. 이처럼 초식동물이건 육식동물이건 모든 동물은 그 에너지를 식물에 의존합니다. 생물학 시간에 배웠던 먹이 피라미드에서 식물을 생산자, 동물을 소비자로 표현한 것은 바로 이런 이유 때문이지요.

에너지를 얻는 세 번째 방법은, 다른 생물들이 만들어 낸 에너지를 말 그대로 중간에서 가로채는 것입니다. 동물이 다른 동식물을 잡아먹는 것은 그래도 소화 과정이라도 거치지만, 이 경우에는 소화 과정도 없이 다른 생물들이 흡수하기 좋게 잘라 놓은 영양분들을 말 그대로 '손도 안 대고 날름' 가로챕니다. 앞에서 이야기한 회충을 비롯해 이번 에피소드에 등장한 촌충과 십이지장충, 요충, 사상충 등 다양한 기생충들이 여기에 속하는 대표적인 생물입니다.

진화의 원동력이 된 기생충과 숙주의 관계

기생충은 말 그대로 다른 생물에 기대어 피해를 주면서 살아가기 때문에, 기생 대상이 반드시 존재해야 합니다. 기생충이 빌붙어 사는 생물을 '숙주'라고 하는데, 기생충에게 있어 숙주는 에너지 공급원이자 거주 공간이며, 환경 전체라고 할 수 있습니다. 기생충과 숙주의 관계는 매우 미묘한 균형을 이루고 있습니다. 숙주의 입장에서 기생충은 하등의 도움이 되지 않는 존재입니다. 아무것도 주는 것

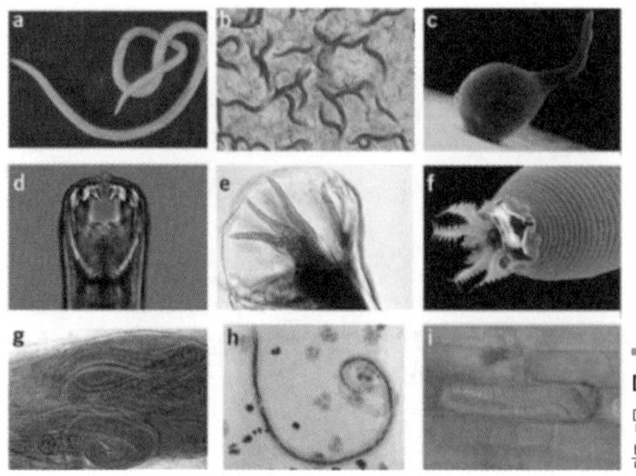

다양한 종류의 기생충들. 모습은 다르지만 이들은 모두 숙주에게 기생하여 영양분을 가로채는 방식으로 살아간다.

없이 찰싹 달라붙어서는 어렵게 얻은 영양분을 빼어가기만 하니까요. 따라서 숙주의 입장에서는 기생충을 없애 버리는 것이 생존에 유리하기 때문에 기생충을 공격하는 면역 세포들을 발달시킵니다.

반면 기생충의 입장에서는 숙주가 자기를 구박하건 말건 무조건 숙주에게 달라붙어야 합니다. 그래야 자기가 살 수 있으니까요. 그래서 기생충은 숙주의 소화 효소에 저항하는 물질로 온몸을 코팅하고, 숙주의 면역 세포들의 공격을 피하기 위해 교묘하게 위장하는 기술을 발달시켰습니다. 한쪽은 끊임없이 상대방을 공격하고 다른 한쪽에서는 방어합니다. 이 싸움에서 숙주와 기생충은 놀랄 만큼 빠른 속도로 발전합니다.

매트 리들리는 진화론에 대한 저서 『붉은 여왕』을 통해 숙주와 기생충의 끊임없는 경쟁 관계가 생물의 진화를 가속화시키는 원인 중의 하나였다고 지목하기도 했답니다. 기생충과 숙주의 경쟁 관계에 대한 설명이 바로 '붉은 여왕 이론(The Red Queen Theory)'입니다.

붉은 여왕 이론은 진화의 원동력을 설명하는 이론 중 하나인데, 이 명칭은 루이스 캐럴의 『거울 나라의 앨리스』에 등장하는 '하트의 붉은 여왕'에서 따온 것입니다. 어릴 적 보았던 텔레비전 만화에서는 "저 놈의 목을 자르라!"라고 소리치던 무서운 여왕으로 등장했었지요.

붉은 여왕의 나라는 땅이 끊임없이 뒤로 움직이고 있기 때문에 제자리에 서 있기 위해서는 항상 뛰어야 합니다. 매트 리들리는 붉은 여왕의 영토의 특성을 기생충과 숙주의 경쟁 관계에 빗대어 설명했습니다. 기생충과 숙주가 제자리에 있기 위해서는, 즉 생존하기 위해서는 끊임없이 서로를 공격하고 방어해야 하는데, 이렇게 경쟁을 통한 변화 과정을 진화의 원동력이라고 본 것이죠.

기생충과 숙주의 관계는 다분히 일방적입니다. 숙주는 기생충이 없어도 살 수 있지만 기생충은 숙주가 없이는 살 수 없습니다. 그렇기 때문에 기생충은 숙주의 영양분을 뺏어 먹으면서도 그 정도를 조절합니다. 다시 말해 기생충은 숙주에게서 '빼앗아도 괜찮을 정도의 양'만 가로채는 중용의 도를 유지해야 합니다. 만약 기생충이 숙주의 영양분을 모조리 빼앗아 먹는다면 당장은 배부를지 모르지만, 숙주는 죽어 버릴 테고 숙주가 죽으면 그 숙주에 기대어 사는 기생충 역시 살 수 없게 되기 때문입니다. 그래서 대부분의 경우, 기생충은 기본적으로 숙주의 영양분을 가로채 영양실조를 일으키게 할지언정 숙주의 생명을 위협하지는 않습니다. 예를 들어, 장 속에 회충이 산다면 먹는 것의 일부를 회충에게 빼앗기기 때문에 몸이 허약

해지기는 해도 이로 인해 죽지는 않는다는 것이죠.

그런데 간혹 숙주를 죽음으로 몰아가는 도를 넘어선 기생충이 있습니다. 간충의 한 종류는 유충 때에는 곤충의 몸속에서 살지만, 자신이 성충이 되기 위해서는 새의 몸속으로 들어가야 합니다. 그런데 어떻게 그 기생충이 새의 몸속으로 들어갈 수 있을까요? 혹시 곤충의 몸에서 독립해 나와 제 발로 새를 찾아갈까요? 이렇게 독립적이라면 이미 기생충으로서의 본분을 잃은 것이죠.

간충은 우리의 생각보다 훨씬 더 잔인하고 무시무시한 방법을 사용합니다. 유충 시절 곤충의 몸속에서 영양분을 얻으며 살던 간충은 성충이 될 시기가 다가오면 곤충의 뇌 속으로 이동하여 곤충의 행동을 제어합니다. 간충에게 뇌를 침범당한 곤충은 이때부터 간충의 좀비가 되는 것이지요. 간충은 곤충의 뇌를 조종해서 풀잎 제일 꼭대기로 기어 올라가 새에게 잡아먹히도록 합니다. 즉 간충은 자신이 들어와 있는 곤충을 새에게 제물로 바치는 것이죠. 그리고 이 곤충을 새가 잡아먹으면 다시 새의 몸속으로 들어가 성충으로 변한답니다. 번식하고자 하는 유전자의 욕망과 이기심이 섬뜩할 정도로 잔인합니다.

한 알의 구충제가 삶의 질을 바꾼다?

다시 본론으로 돌아와서, 이 에피소드에서 등장한 기생충은 촌충(寸蟲), 그중에서도 갈고리촌충입니다. 촌충은 1mm 정도의 작은 것부터 15m 이상의 거대한 것까지 그 종류가 다양한데, 사람을 비롯한 척추동물의 간이나 소화관에 기생하여 살아갑니다. 숙주의 몸속으로 들어온 촌충은 빨판과 갈고리를 사용해 숙주의 몸에 단단히 달라붙은 뒤 온몸을 덮고 있는 큐티클 층을 통해 영양분을 흡수합니다. 즉 입이나 소화관도 없이 몸 전체가 마치 창자처럼 기능하는 것이지요. 갈고리촌충은 돼지의 살 속에 숨어 살다가 인간에게 전파되기 때문에 돼지고기를 완전히 익히지 않고 먹으면 감염될 수 있습니다.

이 에피소드에서 레베카는 덜 익힌 돼지고기 햄 요리를 통해 갈고리촌충에 감염된 것으로 나옵니다. 보통의 촌충은 소화관이나 간

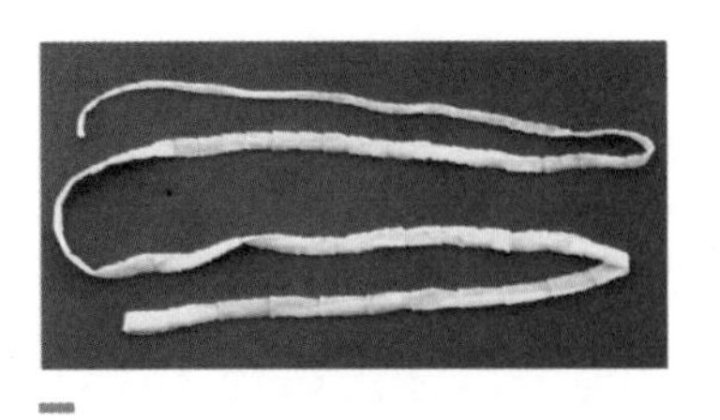

기생충의 일종인 촌충의 모습. 촌충 중에서 긴 것은 15m에 달하는 것도 있다.

에서 영양분만을 빼어서 섭취하며 사는데, 어떤 경우에는 촌충의 알이 혈관을 타고 뇌로 들어가고 거기서 부화하여 자리를 잡기도 합니다. 이런 현상을, 촌충의 유충을 뜻하는 낭미충의 이름을 따서 낭미충증이라고 합니다. 뇌로 들어간 낭미충은 자리 잡은 범위에 따라서 경련, 뇌염, 동공 이상, 안면 마비, 간질, 뇌경색 등을 일으킬 수 있으며 심한 경우 그로 인해 목숨을 잃을 수도 있습니다. 레베카도 낭미충이 뇌 속으로 침범하여 발작을 일으키고 사경을 헤매게 된 것이죠. 촌충 외에도 민물고기로 인해 감염되는 디스토마 류도 인체의 뇌로 들어가 심각한 합병증을 일으킬 수 있답니다.

이런 끔찍한 일을 막는 방법은 의외로 간단합니다. 돼지고기나 민물고기는 반드시 완전히 익혀 먹으며, 흙을 만진 뒤에는 피부를 깨끗이 씻고, 정기적으로 구충제를 먹는 것만으로도 거의 완벽하게 막을 수 있지요.

요즘 나오는 구충제는 플루벤다졸과 알벤다졸 성분이 많은데, 이 제품은 한 알만 먹어도 구충 효과를 볼 수 있습니다. 이 플루벤다졸이나 알벤다졸은 기생충이 살아가는 데 필요한 당(glucose)의 대사를 억제시켜 기생충을 굶겨 죽이는 방식으로 구충 효과를 발휘합니다. 원래 살아 있는 기생충은 인간의 소화관 내에서도 버틸 수 있도록 큐티클 층으로 덮여 있지만, 죽은 기생충은 큐티클 층을 유지하지 못하여 소화액이나 효소에 의해 흔적도 없이 사라지게 되지요. 한마디로 구충제를 먹으면 기생충이 굶어 죽게 되고, 이것이 소화액 등에 녹아서 다시 인간에게 흡수되거나 배설물과 함께 배출되는 것입니다.

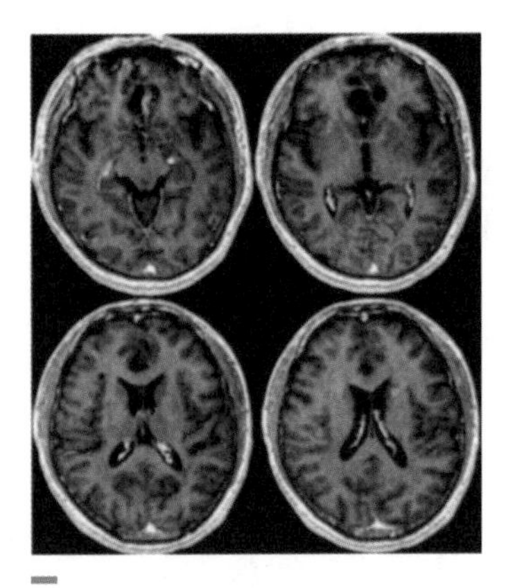

뇌 속에 기생하는 낭미충의 모습을 찍은 사진. 사진을 자세히 보면 뇌실 속에 기생하고 있는 낭미충의 모습을 볼 수 있다.

그동안 위생 상태가 많이 개선되고, 변을 거름으로 쓰던 전통적인 농업 방식이 사라지면서 기생충 감염률은 극적으로 떨어졌습니다. 하지만 최근 들어서 유기농 혹은 자연주의 농법의 재등장으로 기생충 감염 위험이 다시 올라가고 있다고 합니다. 그러니 지금부터라도 정기적으로 구충제를 먹는 습관을 들이는 것이 좋습니다. 한 알의 구충제가 삶의 질을 완전히 바꿔 놓을 수도 있으니까요.

〈메디컬 인베스티게이션〉 시즌 1에서

레이먼드 공군 기지의 주택가에 임신부 6명이 연달아 이유 없이 자연유산을 하는 일이 벌어지자 미국 국립 보건원에서 조사단이 파견된다. 이곳은 군사 지역으로 외부와의 접촉이 많지 않은 조용하고 평화로운 마을이었다. 자연유산이 거의 일어나지 않는다는 임신 중·후반기에 한 명도 아닌 무려 6명의 임신부들이 동시에 유산의 아픔을 겪은 것은 결코 우연한 일이 아니다. 이를 수상하게 여긴 조사단은 주택가의 땅과 수도 등을 샅샅이 검사하지만 원인을 찾아내지 못한다.

조사가 미궁에 빠져 있는 사이, 다른 임신부 한 명이 또다시 유산 증세를 보이기 시작한다. 조사단은 그녀의 유산을 막기 위해 안간힘을 쓴다. 처음에는 환경오염 물질이 유산을 일으키는 것이라고 생각했으나, 조사 결과 아무것도 검출되지 않았다. 이제 조사단은 방향을 바꿔 임신부들이 먹은 음식의 종류를 조사하기 시작한다. 그리고 입덧이 유난히 심했던 한 여성이 임신 기간 내내 먹은 것이라고는 아이스크림과 애플소스밖에 없었다는 이야기를 토대로 두 음식 중 하나가 유산의 원인일 것이라고 추측하게 된다.

임신부를 유산시킨 아이스크림의 정체

작은 세균의 무서운 힘

처음 아기를 가졌을 때 몇 달 동안 참 걱정이 많았습니다. 오랫동안 기다린 끝에 얻은 아기라 배라도 좀 아플라치면 혹시나 무슨 일이 있는 건 아닐까 싶어서 얼마나 걱정했는지 모릅니다. 그렇게 조마조마한 임신 초기를 보내고 중기에 들어서면서, 아기가 배 속에서 태동을 시작하자 조금 안심이 되었지요. 자연유산의 80%가 초기 3개월 내에 일어난다고 하니 이제는 안심해도 된다는 생각이 들어서였습니다. 그래서인지 이 에피소드에서는 등장인물들의 아픔이 더욱 생생하게 다가왔습니다. 임신이 안정되었다고 생각했던 시기에 아이를 잃으면 얼마나 하늘이 무너지는 것 같을지 아주 조금 짐작할 수 있게 되었기 때문입니다.

이 에피소드에서 조사단은, 임신부들의 유산이 '리스테리아'라는 세균에 감염되었을 때 나타나는 리스테리아증 때문이었다는 사실을 결국에는 밝혀냅니다. 리스테리아의 정확한 학명은 리스테리아 모노사이토제네스(Listeria monocytogenes)이며, 이 세균은 익히지 않은 음식에서 흔히 발견됩니다. 리스테리아균 자체는 희귀하지 않지만 이 세균에 의해 발병되는 리스테리아증은 꽤 희귀한 질환입니다. 왜냐하면 면역체계가 정상적으로 작동하는 대부분의 사람들은 리스테리아균이 몸속에 들어오더라도 병에 잘 걸리지 않으니까요.

하지만 신생아나 노인, 환자 혹은 임신부들의 경우 면역계가 약해져 있어서 리스테리아증에 걸릴 위험이 높습니다. 특히 임신 중에는 면역계가 평소에 비해 약해집니다. 면역학적으로 보았을 때, 태아는 엄마의 면역계와 동일하지 않기 때문에, 엄마의 면역계가 태아를 이물질로 인식하고 공격하는 것을 피하기 위해 면역계의 작용이 느슨해집니다. 따라서 여성들은 임신 중에는 면역계가 약해져 있어서 질병에 쉽게 노출되며, 병에 걸렸을 경우에 치료할 수 있는 방법도 제한적이므로 미리미리 예방하는 것이 좋습니다.

리스테리아균이 체내에 들어오게 되면 평균 약 3주 정도의 잠복기를 거친 후, 발열, 두통, 근육통, 구역질과 설사 등의 위장병과 유사한 증상이 나타납니다. 심하면 몸에 기운이 빠지고 두통, 목근육 경직, 혼란, 경련 등이 발생할 수 있으며 혼수에 이르렀다가 사망할 수도 있습니다. 특히나 임신부가 리스테리아증에 걸리면 태아가 유

산되거나 조산, 사산될 수 있습니다. 이 에피소드에서도 같은 동네에 살던 6명의 임신부들이 모두 리스테리아증에 걸려서 아이를 잃었습니다. 그렇다면 이들에게 리스테리아균을 전파시킨 식품은 무엇이었을까요?

그것은 바로 아이스크림이었습니다. 정확히 말하자면 아이스크림을 만들 때 살균되지 않은 우유가 사용된 것이지요. 사실 리스테리아균은 자연계에서 흔히 발견되는 세균입니다. 가축이나 야생동물들은 흔히 이 세균을 가지고 있고, 흙이 묻은 채소나 과일에서도 발견됩니다. 그래서 리스테리아균은 날고기, 살균되지 않은 우유, 씻지 않은 야채나 과일, 익히지 않은 해산물에 붙어 있을 가능성이 큽니다.

이처럼 리스테리아균에 감염된 음식을 먹게 되면 리스테리아증에 걸릴 수 있는 것이죠. 6명의 임신부들이 리스테리아증에 걸리게 된 것은 집에서 만든 아이스크림을 팔던 아이스크림 트럭 때문이었습니다. 이 아이스크림 가게 주인은 집에서 기른 젖소에서 직접 짠 우유를 이용해 아이스크림을 만들어 팔았던 것이죠. 이 과정에서 제대로 살균되지 않은 우유에 남아 있던 리스테리아균이 임신부들에게 전염되어 비극적인 결과를 가져왔던 것입니다. 이 에피소드는 일곱 번째 임신부가 다행히 리스테리아 감염이라는 것을 알게 되어 항생제 치료를 한 끝에, 무사히 아이를 낳는 것으로 마무리됩니다.

리스테리아증은 일단 걸리면 위험한 병이지만 예방법이 그리 어렵지는 않습니다. 리스테리아균은 열에 비교적 약해서 70℃에서 2분간, 75℃에서 24초간 가열하면 사멸되고, 85℃에서는 순식간에 죽어 버립니다. 그러니 일단 고기와 해산물 등의 동물성 식품은 완전히 익혀서 먹고, 야채와 과일은 깨끗이 씻고, 제대로 살균되지 않은 우유나 이를 이용해 만든 유제품 등을 피한다면 걱정하지 않아도 됩니다. 날고기와 접촉했던 조리기구, 예를 들어, 도마나 칼, 그릇은 다른 음식들을 담기 전에 깨끗이 씻어 내고 아울러 손도 씻어 주는 것이 좋습니다. 그렇게만 한다면 리스테리아증은 크게 염려하지 않아도 됩니다. 다만 리스테리아균은 열에 약한 만큼 냉기에는 강해서 냉장식품이나 냉동식품에서도 검출되므로 냉장고에 보관한 음식이라도 먹기 전에 다시 한 번 깨끗이 씻거나 익혀 먹는 것이 좋답니다.

이 에피소드에서도 아이스크림이 리스테리아증의 매개가 된 것은 리스테리아가 이처럼 저온에 강한 특성을 지니고 있기 때문입니다.

임신 중에 더욱더 위험한 질환들

앞서도 말했지만, 리스테리아균은 건강한 사람들에게는 별다른 해를 주지 않습니다. 다만 임신부들처럼 평소보다 면역력이 저하된 사람들에게는 치명적일 수 있습니다. 이처럼 평소에는 그저 단순한 질병이거나 별다른 이상이 없이 넘어가는 질환의 경우에도 임신 중에는 위험한 질환으로 돌변하기도 합니다. 그리고 대개 엄마보다는 아직 자라나고 있는 태아에게 더 큰 영향을 미칩니다.

이렇게 임신부에겐 가볍지만 태아에겐 위험한 대표적인 질병이 풍진입니다. 임신하지 않은 사람에게 풍진은 가볍게 지나가는 질환에 불과하지만 임신 중에 걸리게 되면 자연유산이나 선천성 이상을 일으키는 '선천성 풍진 증후군'을 일으킬 수 있답니다. 임신 12주, 그러니까 임신 3개월 내에 임신부가 풍진에 걸리면 태아의 80%에서 풍진 증후군이 발생합니다. 선천성 풍진 증후군의 발병률은 임신 4개월에 걸린 경우에는 54%, 임신 5~7개월에 걸린 경우에는 25%로 임신 주수가 늦어질수록 발병할 확률은 낮아지기는 하지만, 그래도 임신부가 풍진에 걸리는 것은 매우 위험합니다.

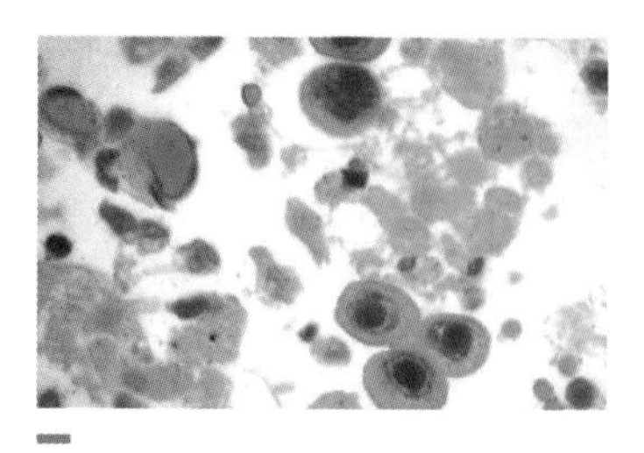

거대세포바이러스에 감염된 세포(붉은 원). 세포의 크기가 정상적인 것들에 비해 커지고 핵 부위가 검게 변한 모습이 관찰된다.

선천성 풍진 증후군에 걸린 아기의 경우, 청력 손상, 중추신경 이상 등 다양한 이상 증세를 나타내게 된답니다. 이렇게 태아에게 끔찍한 영향을 미치는 풍진은, MMR이라는 예방주사를 통해 간단하게 예방할 수 있기 때문에 임신을 계획하기 전에 풍진 항체를 검사해 보고 없다면 MMR을 맞아두는 것이 좋습니다. 주의해야 할 것은 MMR 주사를 맞은 뒤에 최소 1개월은 피임을 해야 하며, 임신 기간에는 절대 맞아서는 안 된다는 것이죠. MMR 백신은 풍진 바이러스를 이용해 만들기 때문에 자칫 태아를 고스란히 풍진 바이러스에 노출시키는 꼴이 될 수도 있거든요.

또한 거대세포바이러스에 감염된 경우에도 태아에게 치명적입니다. 건강한 사람이라면 거대세포바이러스에 감염되어도 별다른 증상이 없거나 몸살 같은 증상만 나타납니다. 사람들은 살아가면서 한두 번쯤 거대세포바이러스에 감염되고, 이로 인해 가벼운 몸살 증상을 겪기도 하지만 대체로는 아무 일 없이 넘어갑니다. 하지만 태아나 신생아가 이 바이러스에 감염되면 치명적입니다.

거대세포바이러스는 이 바이러스를 가지고 있는 사람의 침, 소변, 출산 시의 분비물, 정액, 모유, 눈물, 혈액 등에서 모두 검출될 수 있습니다. 엄마가 거대세포바이러스에 감염되어 있는 경우, 아기는 태아 시절부터 혹은 엄마의 젖을 먹으면서 이 바이러스를 넘겨받게 됩니다. 거대세포바이러스는 신생아 감염의 가장 주요한 원인으로, 일부 보고에 의하면 전체 신생아의 0.2~2%에서 거대세포바이러스 감염이 발견되었다고 합니다. 다행히도 이들 중 95%는 별다른 이상 없이 지나가지만, 5% 정도는 지능 저하, 시각 장애, 청각 장애, 저체중, 황달, 혈소판 감소, 피부의 반점 등 이상을 일으키게 되니 조심하는 것이 좋답니다. 이 밖에도 수두나 홍역, 인플루엔자처럼 보통 때는 가볍게 앓고 지나가는 질병일지라도 임신 중에 걸리게 되면 태아에게 좋지 못한 영향을 줄 수도 있습니다.

임신과 출산은 새로운 생명을 맞이하는 매우 행복한 경험입니다. 그런데 평소에는 별로 신경 쓰지 않는 가벼운 질환들로 인해 임신과 출산이 매우 고통스러운 경험이 될 수도 있습니다. 그렇지 않기 위해서는 임신 중에 느슨해진 면역계를 달랠 수 있는 충분한 휴식과 건강관리를 꼼꼼히 하는 것이 필요합니다. 건강한 아기와 행복한 첫 만남을 위해서라도 말이죠.

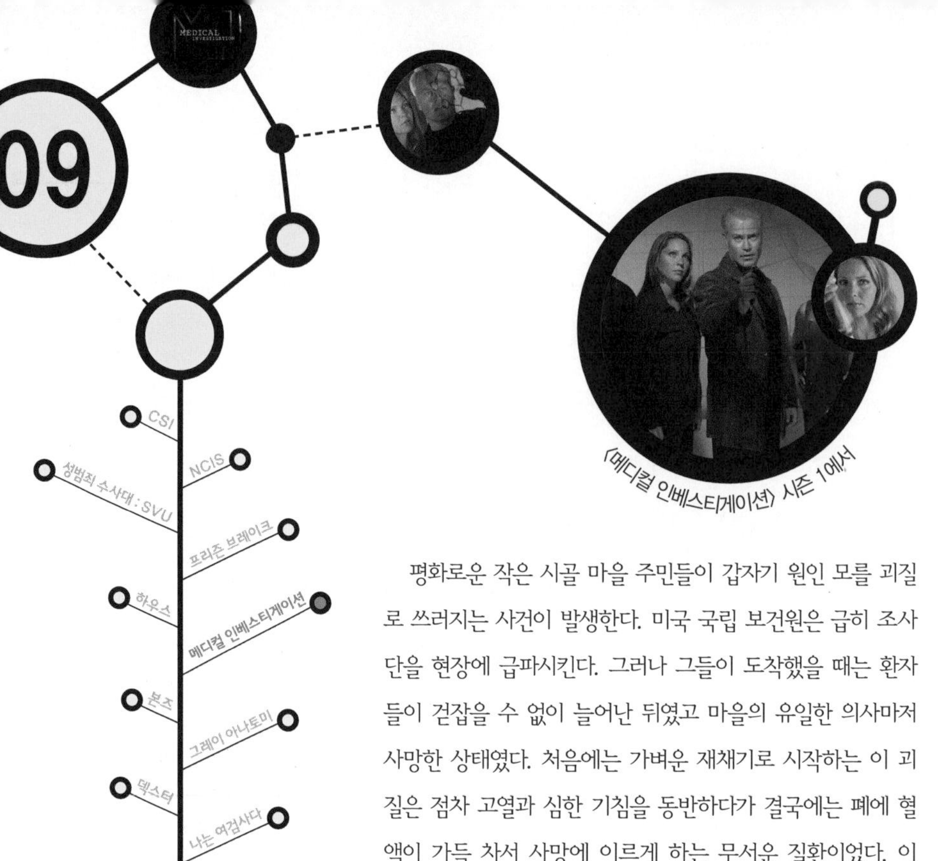

〈메디컬 인베스티게이션〉 시즌 1에서

평화로운 작은 시골 마을 주민들이 갑자기 원인 모를 괴질로 쓰러지는 사건이 발생한다. 미국 국립 보건원은 급히 조사단을 현장에 급파시킨다. 그러나 그들이 도착했을 때는 환자들이 걷잡을 수 없이 늘어난 뒤였고 마을의 유일한 의사마저 사망한 상태였다. 처음에는 가벼운 재채기로 시작하는 이 괴질은 점차 고열과 심한 기침을 동반하다가 결국에는 폐에 혈액이 가득 차서 사망에 이르게 하는 무서운 질환이었다. 이 질환이 더욱 무서운 이유는 이 일련의 과정들이 불과 며칠에서 몇 주에 이르는 짧은 시간 동안 일어난다는 것이었다.

괴질의 정체를 밝히기 위해 현장을 조사하던 요원들은 괴질에 걸린 사람을 접한 이들 중에서 유일하게 80대 할아버지만이 괴질에 걸리지 않았다는 사실을 발견한다. 더 놀라운 것은 이 할아버지가 괴질에 걸린 아내 곁에서 한시도 떨어지지 않았음에도 불구하고 전염되지 않는다는 것이다. 요원들은 과거에 할아버지가 이 병에 걸린 적이 있기 때문에 자연 면역을 가지고 있는 것이라고 추정하기에 이르는데…….

평화로운 시골 마을을 덮친 전염병

독감, 생명을 위협하는 병

갑자기 평화로운 시골 마을을 덮쳐서 온 마을 사람들을 죽음의 위기에 몰아넣은 괴질. 이는 지난 2003년 전 세계를 공포에 몰아넣었던 사스(SARS)를 떠올리게 합니다. 하지만 이 에피소드에서 다루고 있는 것은 사스가 아니라 1918년 전 세계를 강타했던 스페인 독감입니다. 오랫동안 사라진 것으로 여겨졌던 스페인 독감 바이러스에 마을 사람 중 한 명이 감염되었고, 이로 인해 온 마을에 스페인 독감이 퍼지게 된 것이죠. 마을에서 유일하게 독감에 걸릴 위험이 없는 사람이 있었습니다. 이 할아버지는 나이가 두 살이던 1918년에 스페인 독감을 앓은 뒤로 항체를 가지고 있었기 때문에 마을을 휩쓴 괴질에 영향을 받지 않았던 것이죠.

우리 몸은 어떤 종류의 바이러스나 세균이 일으키는 질환을 한 번 앓고 나면, 그 바이러스나 세균을 물리칠 수 있는 항체가 생겨서 다시는 같은 병에 걸리지 않게 됩니다. 이것이 바로 '면역'의 과정이고, 이를 인위적으로 이용한 것이 백신 예방접종입니다.

독감은 우리말로 풀면 '독한 감기'이지만, 감기와 독감은 같은 호흡기감염 증상임에도 그 원인은 조금 다릅니다. 감기는 워낙 다양한 바이러스에 의해 발병되어 어떤 바이러스가 원인인지 분명하게 파악하기가 힘들지만, 독감은 인플루엔자 바이러스라는 비교적 분명한 원인에 의해 발생합니다. 이 인플루엔자 바이러스가 호흡기로 유입되어 여러 가지감염 증상을 일으키는 것이죠. 감기와 비슷하지만 감기에 비해 증상이 '독하다는' 특징도 가지고 있습니다.

독감은 주로 춥고 건조한 겨울철에 잘 발생합니다. 인플루엔자라는 말 또한 이탈리아어의 'Influenza di freddo', 즉 '추위의 영향'이라는 단어에서 유래되었습니다. 날씨가 추워지는 겨울철이면 독감 환자가 많이 생겨나기 때문에 이런 이름을 붙인 것입니다. 그런데 실은 독감은 추위보다는 독감 환자가 재채기를 할 때 분비되는 침과 함께 독감 바이러스가 배출되면서 공기 중에 떠돌다가 전염됩니다. 따라서 아무리 날씨가 춥더라도 독감 바이러스를 접하지 않는다면 독감에 걸릴 일은 없겠지요.

사람들은 독감에 걸리면 고열과 두통, 근육통, 기침 등의 증상으로 며칠간 고생하긴 하지만, 목숨을 잃을 것이라고는 생각하지 않습

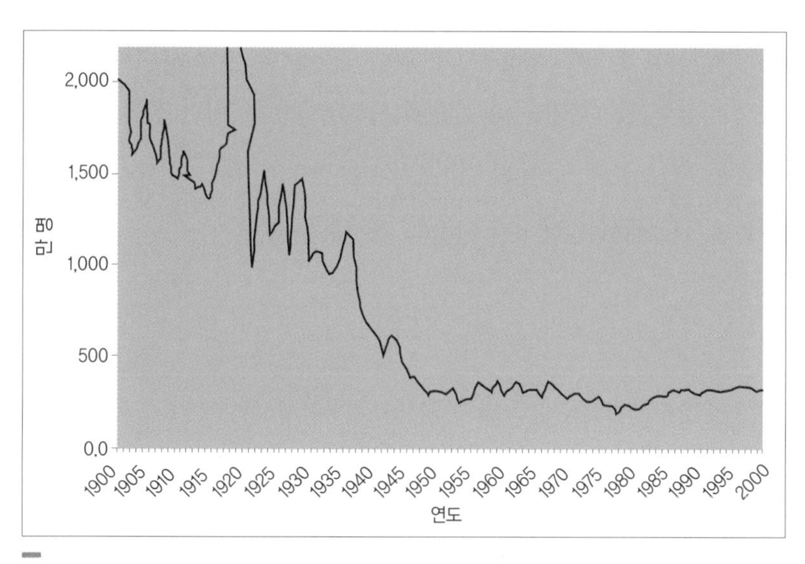

독감과 그 합병증인 폐렴으로 인한 사망자 수의 변화. 지난 한 세기 동안의 독감 사망자 숫자는 크게 줄어드는 추세지만, 1920년 근처를 보면 갑자기 독감의 사망률이 높아지는 모습이 보인다. 이때가 바로 전 세계적으로 스페인 독감이 유행하던 시기이다.

니다. 하지만 이 '가벼운' 병이 한때는 무려 2,000만 명(누군가는 사망자를 1억 명 이상으로 추정하기도 합니다)의 생명을 앗아갈 정도로 악명을 떨쳤던 적도 있습니다. 제1차 세계대전이 한창이었을 때의 전사자 수가 920만 명 정도였으니 그 피해가 얼마나 큰지 짐작할 수 있습니다.

1918년 세계를 휩쓸었던 스페인 독감의 사망률은 2.5%였습니다. 2.5% 정도야 별것 아니라고 생각하기 쉽지만 보통 독감의 사망률은 0.01%에 불과합니다. 게다가 독감은 전염력이 매우 강한 병입니다. 당시 세계 인구의 약 20%가 독감에 걸렸으니 다른 치명적인 질환에 비해 사망률이 높지 않을지 몰라도, 사망자의 숫자는 엄청났던 것이죠.

이렇게 전 세계를 휩쓸면서 수많은 사상자를 냈던 스페인 독감은 마치 밀물이 빠져나가듯 순식간에 사라졌습니다. 이런 경험 탓에 사람들은 최근 들어 무섭게 번지는 신종 플루가 혹시 스페인 독감의 악몽을 현실에서 되살리지 않을까 걱정하는 것이지요.

신종 플루, 다시금 살아나는 공포

2009년에 스페인 독감의 악몽이 되살아났습니다. 전 세계를 강타한 인플루엔자 A형 바이러스, 소위 신종 플루 때문입니다. 독감 바이러스의 종류는 유전자의 모양에 따라 사람의 혈액형을 나누듯이 A, B, C, D, 이렇게 네 가지로 구분합니다. 이 중에서 사람이나 동물에게 독감을 일으키는 것은 주로 A형 독감 바이러스입니다. 몇 년 전부터 해마다 겨울이 다가오면 올해는 홍콩 A형 독감이 유행한다느니 파나마 A형 독감이 유행한다느니 하는 이야기가 나오던 것을 기억하실 거예요. 독감은 해마다 독감 바이러스가 최초로 발견된 곳의 지명을 따서 이름을 짓기 때문이랍니다. 즉 홍콩 A형 독감은, 바이러스가 홍콩 지역에서 제일 먼저 발생했고 A형 독감 바이러스에 의해 병에 걸린다는 뜻입니다.

독감은 어떤 바이러스가 병을 일으키는지를 알고 있기 때문에, 이에 대한 예방약을 만들 수 있습니다. 그래서 해마다 날이 추워지기 시작하면 독감 예방 주사를 맞는 것입니다. 우리나라에서도 2009년 11월부터 신종 플루 예방백신이 보급되어 접종에 들어갔습니다. 그런데 여기서 이상한 점이 하나 있습니다. 독감 예방 백신은 매년 접종 받아야 한다는 것이죠. 결핵 예방 주사(BGC)는 평생 1번, B형 간염 예방 주사는 3번 접종에 추가 접종 한 번이면 평생 동안 면역이 지속된다는데, 왜 독감 예방 주사는 해마다 맞아야 하는 것일까요? 또한 신종 플루 역시 독감의 일종인데, 왜 백신 보급 일자가 독감이 가장 유행하는 11월이었을까요? 해마다 독감 예방 백신을 만들듯이 미리 만들어 두지 않고 말이에요.

그 이유는, 독감 바이러스의 종류가 다른 병을 일으키는 바이러스나 세균과는 달리 너무 다양하기 때문입니다. 앞서 말했듯이 인플루엔자 A형 바이러스는 종류가 매우 다양합니다. 보통 바이러스는 유전 물질로서 DNA 혹은 RNA를 가지며, 이 유전 물질을 단백질로 구성된 일종의 캡슐로 둘러싸 보호합니다. 인플루엔자 A형 바이러스 역시 단백질 캡슐과 유전 물질인 RNA로 구성되어 있지요. 그런데 이 단백질 캡슐 표면을 자세히 살펴보면, 매끈하지 않고 못처럼 생긴 물질들이 촘촘히 박혀 있는 것이 보입니다.

바이러스가 지닌 단백질 못은 크게 두 종류로, 각각 헤마글루티닌(hemagglutinin, HA)과 뉴라미니다아제(neuraminidase, NA)라는 이름을 가지고 있습니다. 이들은 모양뿐 아니라 하는 역할도 못과 같습니다. 바이러스가 기생할 숙주 세포를 만나게 되면 이 못들이 숙주 세포 표면에 바이러스를 콱 달라붙게 하는 역할을 하거든요. 즉 공기 중에 떠돌던 인플루엔자 A형 바이러스가 호흡기를 통해 폐로 들어가 인간의 폐 세포와 만나게 되면, 바이러스 표면에 있는 HA와 NA가 대못처럼 사람의 폐 세포를 콱 찍어, 그 내부로 자신의 유전 물질을 집어넣는 것이죠.

독감 바이러스의 표면에 존재하는 HA는 16종, NA는 9종이 알려져 있는데, 조류 독감 바이러스는 HA와 NA를 1개씩 가지므로, 이론상으로는 16×9=144, 즉 144가지 종류의 조류 독감 바이러스가 존재할 수 있습니다. 지난 4월 13일 멕시코에서 처음 발견된 신종 플루의 경우 H1N1형으로 파악되었습니다. 즉 신종 플루 바이러스는 단백질 캡슐 표면에 HA 1번 타입과 NA 1번 타입을 가지고 있다는 것이죠. 역사적으로 많은 피해를 일으켰던 독감 바이러스들은 저마다 특징들을 가지고 있었는데, 1957년에 전 세계적으로 유행해 약 100만 명의 사망자를 발생시켰던 아시아 독감(Asian Flu)의 경우 H2N2 타입의 바이러스였으며, 1968년에 70만 명의 희생자를 낸 홍콩 독감(Hong Kong Flu)의 경우에는 H3N2형이었습니다. 또한 지난 2000년대 초, 동남아에서 많은 희생을 낸 조류 독감의 경우는 H5N1형이었고, 가장 많은 피해를 입혔던 1918년 스페인 독감은 H1N1형이었습니다.

공교롭게도 가장 끔찍했던 스페인 독감과 최근 유행하는 신종 플루가 똑같이 H1N1형 바이러스입니다. 그래서 신종 플루 유행 초기,

당시와 같은 전 세계적 재앙이 오는 것은 아닐까 하고 걱정했던 것도 사실입니다. 하지만 인플루엔자 바이러스들은 유전적인 변이가 매우 심해서, 같은 형에 속하는 바이러스라도 완전히 같지는 않습니다. 이는 이번 신종 플루가 스페인 독감과 같은 형이라 해도 스페인 독감처럼 증상이 심각하지는 않을 것이며, 위의 에피소드에서와 같이 1918년에 독감을 앓았다고 해서 신종 플루에 대한 면역을 가지고 있지는 않는다는 뜻을 포함하고 있답니다.

1918년과 2009년 사이에는 달라진 점이 많습니다. 가장 큰 차이점은 치료법도 예방법도 알지 못했던 한 세기 전에 비해, 지금 우리는 치료제와 백신이라는 두 가지 무기를 모두 가지고 있다는 사실입니다. 일단 우리는 독감에 걸리지 않도록 도와주는 백신을 개발해 이미 접종에 들어갔습니다. 앞서 말했듯이 해마다 유행하는 독감 바이러스의 종류는 조금씩 달라집니다. 그래서 매해 봄이 되면 전 세계의 과학자들은 그 해에 유행할 독감 바이러스에 대한 유전자를 분석해 이를 바탕으로 백신 제조에 들어갑니다. 올해에는 신종 플루 바이러스의 발견이 예전에 비해 늦었기 때문에 분석과 백신 제조가 다소 늦어진 감이 있지만, 제조 방식은 매년 사용하는 독감 백신 제조법과 동일했습니다.

보통 독감 예방 백신은 달걀을 이용해 만듭니다. 수정된 달걀은 살아 있는 생명체이기 때문에, 바이러스가 들어오면 이를 물리치기 위해 면역 물질인 항체를 만들어 냅니다. 즉 신종 플루 바이러스의 유전자를 분리해 이를 인큐베이터에 있는 수정된 달걀에 넣습니다. 달걀 속에서 자라던 병아리 태아는 바이러스 유전자를 인식하고 이를 물리칠 항체를 만들어 내기 시작합니다. 달걀 내부에 항체가 만들어진 것이 확인이 되면 달걀을 깨뜨려서 그 안의 내용물을 얻습니다. 그것을 깨끗이 소독하고 여러 가지 공정을 거쳐 분리하여 사람에게 주입할 수 있는 백신을 만들어 내는 것입니다.

이처럼 독감 백신은 달걀의 희생을 통해 만들어집니다. 달걀을 이용해 백신을 만드는 방법은, 비교적 싼 값에 대량으로 백신을 제조하는 것이 가능하기 때문에 널리 이용되는 방법이긴 하지만, 대신 달걀에 대한 알레르기가 있는 사람들에게는 맞지 않을 수도 있습니다. 즉 달걀을 먹으면 두드러기가 나는 증의 알레르기를 가진 사람들이라면 독감 예방 백신을 맞기 전에 반드시 의사에게 이를 알려야 부작용을 막을 수 있습니다.

백신 외에도 우리는 두 번째 무기인 치료제를 가지고 있습니다. 스위스 제약 회사인 로슈 사에서 만든 타미플루와 영국의 글락소 스미스클라인 사에서 만든 릴렌자가 대표적인 인플루엔자 치료제입니다. 이들은 모두 인플루엔자 바이러스 표면의 단백질 못, 즉 HA와 NA에 작용해서 이들을 무디게 만드는 기능을 통해 인플루엔자 치료에 효과를 나타냅니다. 바이러스는 인간의 세포에 침입하지 않으면 더 이상 분열하지 못하기 때문에 이들을 사용하면 바이러스가 더 이상 늘어나는 것을 막을 수 있습니다. 다만 이 약들은 바이러스의 인체

세포 침입만을 막아줄 뿐 기존의 바이러스를 죽이거나 없애는 것은 아니라서, 감염 초기에는 매우 유용하지만 감염이 진행되어 거의 대부분의 세포에 이미 인플루엔자 바이러스가 침투해 있는 경우에는 치료 효과가 급격히 떨어집니다. 이번에 신종 플루가 확산되던 초기에, 멕시코 등지에서 신종 플루 사망자의 비율이 매우 높았던 것은 초기 치료가 미흡했던 탓으로 알려져 있습니다. 인플루엔자 감염에서 초기 치료를 중요하게 여기는 것은, 바로 이 치료제들이 감염 초기에 사용해야 효과가 크기 때문입니다.

또 하나의 공포, 조류 독감

신종 플루의 위세에 눌려 잠시 잊혔지만, 사실 신종 플루보다 더 무서운 독감도 있습니다. 바로 닭을 비롯한 조류에게서 발병하는 조류 독감입니다. 오랫동안 조류 독감은 인간에게는 무해한 것으로 알려져 있었습니다. 그 이유는 조류 독감의 원인이 되는 바이러스들은 조류의 호흡기 세포에 존재하는 효소와 작용하여 질병을 일으키는데, 인간의 폐에는 그런 효소가 없기 때문이었지요.

그러나 몇 년 전부터 이런 믿음이 흔들리게 되는 일들이 벌어지고 있습니다. 1997년에 홍콩에서 처음으로 조류 독감에 감염된 사망자가 나온 이후, 2008년 2월까지 전 세계적으로 376명이 감염되어 그

중 238명이 사망한 것으로 보고되고 있습니다. 치사율이 63%라니! 현재 유행하는 신종 플루의 사망률은 0.1%에서 1%를 넘지 않습니다. 게다가 중세 유럽을 붕괴시켰던 흑사병의 치사율이 30~70%였고, 무시무시한 질병의 대명사로 여겨지는 천연두의 치사율도 50% 정도였으니, 사람에게도 전염되는 조류 독감이 대규모로 유행한다면 그 결과는 그 어떤 질병보다 더 끔찍할 것입니다.

왜 사람에게 전염되었는가?

원래 조류 독감을 일으키는 바이러스는 사람의 독감 바이러스와는 달라서, 조류의 세포에만 감염될 수 있는 바이러스입니다. 이렇게 대부분의 바이러스는 특정 종류의 종(種)에게만 특화된 종특이성(highly species-specific)을 갖기 때문에 다른 종에게는 영향을 미치지 않는 경우가 많습니다. 하지만 바이러스는 돌연변이가 매우 잦은 개체이기 때문에 갑자기 돌연변이가 생겨나 한순간에 종특이성이 무너지는 경우가 발생할 가능성도 있답니다. 가끔씩 조류 독감 바이러스가 인간에게 전염되는 경우가 있는데, 이 경우 인간은 이 바이러스에 대한 저항력이 전혀 없기 때문에 치사율이 매우 높게 나타나는 것이죠.

많은 학자들이 조류 독감 바이러스가 돌연변이를 일으켜 인간에게 감염되는 이유를 연구하고 있습니다. 지금까지 많은 연구 결과가 보고되었으나 그 중 흥미로운 것은 로버트 웹스터 박사와 케네디 쇼트리지 박사의 주장입니다. 그들은 조류 독감과 인간 사이의 넘지 못할 장벽을 무너뜨린 것이 바로 돼지라고 말합니다. 돼지는 조류 독감 바이러스와 인간 독감 바이러스에 동시에 감염될 수 있기 때문입니다.

조류 독감에 걸린 닭. 이 병에 걸리게 되면 벼슬이 푸르게 변하고 부풀어 오르며 암탉의 경우 산란율이 급격히 감소하다가 심하면 폐사에 이르게 된다.

그들의 가설은 이렇습니다. 닭과 돼지가 동시에 사육되는 농장에서 우연히 닭은 조류 독감에, 사람은 독감에 걸렸고, 둘의 몸속에서 나온 바이러스들이 동시에 돼지에 유입되었습니다. 이런 경우는 극히 드물겠지만 만약 이런 일이 일어난다면 돼지의 몸은 바이러스들의 공동 인큐베이터가 되고, 이 과정에서 바이러스들끼리의 유전자 재조합이 일어날 수 있습니다.

술집에서 우연히 만난 사람들이 친구가 되어 서로의 나쁜 술버릇을 배우는 것처럼, 돼지 몸에서 만난 조류 독감과 인간 독감의 바이러스들이 서로의 유전 정보를 교환하여 새로운 돌연변이 바이러스가 생겨났을 거라는 주장이지요. 조류와 인간에게 모두 감염될 수 있고, 그 효과 또한 치명적인 바이러스가 말이죠.

이들의 주장에 의하면 1918년에 일어난 스페인 독감 역시 이처럼 돼지의 몸에서 변형된 조류 독감이 인체에 감염된 경우라고 합니다.

이들의 주장은 많은 공감을 얻어 냈지만, 돼지와는 상관없는 바이러스들에 의해 조류 독감에 감염된 환자들도 있어서, 아직까지는 조류 독감이 인체에 감염된 경로가 분명하게 밝혀지지 않았습니다. 그러나 어쨌든 인간이 조류 독감에 감염되면 치명적인 결과를 가져올 수 있다는 것만은 변하지 않는 사실입니다.

이번 에피소드는 오래전에 사라졌다고 여겼던 스페인 독감이 다시 발생했고, 이로 인해 마을 주민들이 죽어 간다는 내용이었습니다. 다행히 이 치명적인 질환이 발생한 마을은 외부와 고립된 곳이었고, 이 감기 바이러스에 대한 항체를 가지고 있던 할아버지의 피를 채취해서 면역 혈청을 만들어 사람들에게 주사하여 질병을 퇴치한다는 긍정적인 결말을 보여 줍니다. 하지만 현실은 드라마와 달리 긍정적이지 않을 수 있다는 점을 주시해야 합니다. 조류 독감을 단지 새들만의 문제로 보지 않고, 이에 대해 더 많은 연구를 해야 할 필요가 바로 여기에 있답니다.

끝나지 않은 인간과 바이러스의 싸움

겨울이 오면서 더욱 기승을 부릴 것으로 여겨졌던 신종 플루는 백신의 보급과 위생에 대한 관심 증가로, 현재에는 확산 속도가 조금 주춤해졌습니다. 하지만 아직까지 마음을 놓을 단계는 아닙니다.

최근에는 두 번 이상 신종 플루에 걸리는 사람들이 나타나면서 변종 플루 바이러스의 등장도 우려되고 있는 상황이니까요. 여러 정황으로 보았을 때 신종 플루가 스페인 독감만큼 위력적이지는 않은 듯하지만, 지금까지의 경험을 배움으로 삼아 제대로 대처를 해야겠습니다. 부디 신종 플루가 더 큰 피해 없이 잦아들기를 바랍니다.

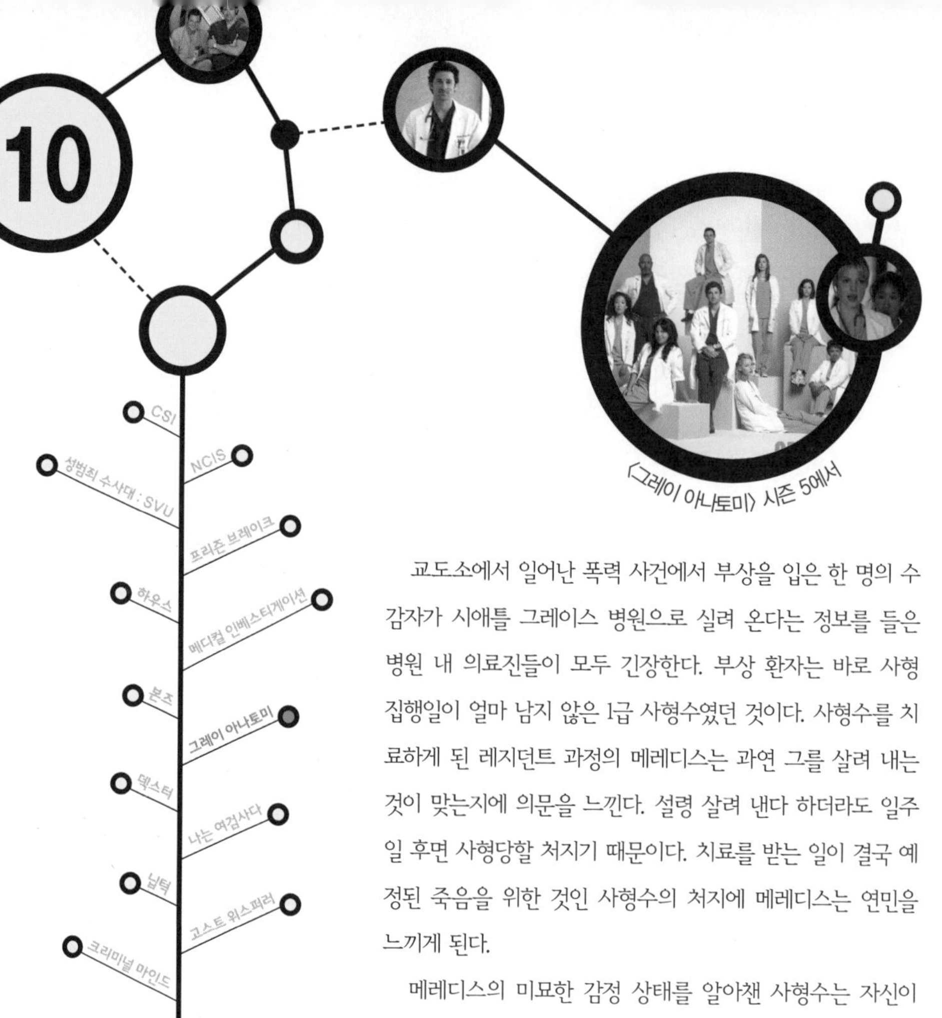

〈그레이 아나토미〉 시즌 5에서

교도소에서 일어난 폭력 사건에서 부상을 입은 한 명의 수감자가 시애틀 그레이스 병원으로 실려 온다는 정보를 들은 병원 내 의료진들이 모두 긴장한다. 부상 환자는 바로 사형집행일이 얼마 남지 않은 1급 사형수였던 것이다. 사형수를 치료하게 된 레지던트 과정의 메레디스는 과연 그를 살려 내는 것이 맞는지에 의문을 느낀다. 설령 살려 낸다 하더라도 일주일 후면 사형당할 처지기 때문이다. 치료를 받는 일이 결국 예정된 죽음을 위한 것인 사형수의 처지에 메레디스는 연민을 느끼게 된다.

메레디스의 미묘한 감정 상태를 알아챈 사형수는 자신이 수많은 여성들의 목숨을 앗아간 연쇄살인범이라는 사실을 고백한다. 그리고 자신은 어린 시절에 잔인하게 학대당한 기억 때문에 흉악한 범죄자가 되었으며 더 이상 삶에 애착이 남아 있지 않다고 말한다. 마지막으로 사형수는 메레디스에게 어차피 죽은 목숨이니 자신을 살리려는 시도를 하지 말라고 부탁한다.

사랑받지 못한 유년 시절이 흉악범을 만든다?

불행한 어린 시절이 흉악범을 만든다?

죽어가는 사형수를 다룬 이 에피소드는 몇 회에 걸쳐 방송되었고, 그때마다 많은 생각거리를 던져 주었습니다. 그중 깊은 인상을 남긴 하나의 생각거리가 있었습니다. 그것은 바로 사형수의 어두웠던 어린 시절에 대한 이야기입니다. 그는 자신이 학대받는 아이였으며 학대를 피해 싱크대 밑의 좁은 공간에 숨어 지냈던 이야기를 메레디스에게 들려줍니다. 좁고 어두운 공간에 숨어서 두려움을 견디기 위해 싱크대 안에 놓인 세제 박스들의 상표를 보면서 글을 익히게 되었다는 이야기였습니다.

그 장면이 등장한 이유는, 순수한 어린아이였던 그가 잔인한 살인자가 된 것은 어린 시절 충분한 사랑을 받지 못해서라는 점을 말하기 위해서입니다. 그런데 정말 어린 시절에 사랑을 받지 못하면 사람이 이토록 비뚤어지는 것일까요? 사실 이런 종류의 일반화는 매우 위험합니다. 학대받고 자란 아이도 남들에게 사랑을 줄 수 있으며, 넘치는 사랑을 받고 자란 아이도 남을 해치는 악한으로 자랄 수 있으니까요. 그렇기 때문에 이 사형수의 불행한 어린 시절이 반드시 그의 현재의 모습을 설명할 수 있다고 생각하지 않습니다. 물론 그가 저지른 죄의 무게가 이로 인해 가벼워진다고도 생각하지 않고요. 그럼에도 불구하고 분명하게 말할 수 있는 것은, 어린아이에게 있어 그를 사랑해 주는 이들이 있다는 것은 이 험한 세상에서 아이들을 살아갈 수 있게 하는 중요한 버팀목이 된다는 것입니다.

누가 이 아이들을 죽음에 몰아넣었는가?

1945년, 오스트리아 의사 레네 스피츠는 두 곳의 수용 시설에서 자라나는 아이들을 연구했습니다. 연구 기간은 겨우 넉 달이었지만, 이 연구에서 발견된 사실은 매우 놀라웠습니다. 스피츠가 연구한 수용 시설 중 하나는 부모를 잃은 아이들을 모아서 돌보는 기아 보호소였고, 다른 하나는 여성 죄수들의 아이를 위한 교도소 내 탁아소였습니다. 스피츠는 이 두 곳의 시설을 비교하였고, 각각의 시설에서 아이들이 얼마나 잘 자라나는지를 살펴보았습니다.

일단 객관적인 조건은 기아 보호소 쪽이 월등히 좋았습니다. 기아 보호소는 매우 위생적이고 깨끗했으며 먹을 것도 충분히 공급되었습니다. 하지만 물리적 시설에 비해 아이들을 돌보는 보모가 부족했기 때문에 아이들은 보모의 손길을 충분히 받지 못했습니다. 또한 당시의 사회적 견해는, 아이를 건강하게 키우려면 아이를 격리시키라고 추천하고 있었습니다. 즉 깨끗하게 소독된 담요 위에 아이를 혼자 놓아두는 것이 아이의 건강을 지키면서 독립심을 발달시킬 수 있는 가장 좋은 방법이라고 여겼던 것입니다. 그러나 환경의 개선은 아이들의 건강에는 별다른 영향을 미치지 않는 것처럼 보였습니다. 기아 보호소에 입소하는 아이 중 20~30%가 입소 첫 해를 넘기지 못하고 죽어갔고, 그 아이들 중의 대부분은 생후 1년 미만의 갓난아기들이었습니다. 이는 청결과 영양만이 아이를 키우는데 필요한 모든 것은 아니라는 의심을 갖게 하기 충분했지요.

반면 기아 보호소에 비한다면 감옥 내 탁아소 시설은 형편없을 지경이었습니다. 많은 아이들이 한데 엉켜 뒹굴었고, 아이들 방은 늘어질러져 엉망진창이었지요. 하지만 이곳의 아이들은 아무도 죽지 않았습니다. 스피츠가 관찰한 넉 달 동안 기아 보호소의 아이는 88명 중 23명이 사망했지만, 감옥 내 탁아소의 아이 중에 죽은 아이는 한 명도 없었습니다. 스피츠는 이 차이에 주목했습니다. 결국 스피츠는 아무리 좋은 음식을 먹이고 깨끗한 환경을 제공하더라도, 엄마의 손길을 받지 못한 아이들, 즉 사랑이 담긴 손길을 받지 못한 아이들은 점점 생기를 잃고 죽어 간다는 사실을 알아냅니다.

그는 이 연구를 통해 아이의 생존에 있어서 사랑이 그 무엇보다도 중요한 역할을 한다는 사실을 깨닫게 됩니다. 사랑 받지 못하는 아이들은 작은 일에도 어이없이 죽어 갔고, 죽지 않고 살아남았더라도 모든 면에 있어서 무기력하고 타인과 애착 관계를 형성하지 못하는 경우가 많았습니다. 모두 그런 것은 아니었지만, 이 아이들은 감정적인 면에서 서툴뿐 아니라, 지능 지수 역시 사랑 받고 자란 아이들보다 뒤떨어지는 경우가 흔하게 나타났습니다. 사랑이란 아이를 생존케 하는 힘인 동시에, 아이를 훌륭한 어른으로 키우는 가장 기본적인 힘이라는 사실을 깨닫게 하는 연구였지요.

사랑의 본질에 대하여

20세기 중반까지만 하더라도 철저한 위생과 충분한 영양 공급 그리고 아이의 응석을 받아주지 않는 엄격한 훈육이 아이 양육에 가장 좋은 방법이라고 알려져 있었습니다. 그런데 이러한 양육 방식이 잘못되었다는 것을 사람들에게 확실하게 가르쳐 준 사람이 나타났습니다. 바로 '사랑을 발견한 학자'로 유명한 해리 할로 박사입니다. 할로 박사는 인간과 가장 비슷한 영장류, 즉 붉은털 원숭이를 이용해 인간에게 있어 사랑이 얼마나 중요한 것인지를 깨닫게 해 주었답니다.

위스콘신대학교에서 영장류를 대상으로 실험을 하던 할로 박사에게 늘 가장 중요한 것은 실험에 이용하는 원숭이들의 건강과 안전이었습니다. 이를 위해서 할로 박사 연구팀들은 당시 알려진 대로 새끼가 태어나자마자 어미에게서 떼어 내어, 완전히 살균 소독된 우리 안에서 홀로 지내게 했습니다. 다른 원숭이들과 어울려 지내다가 전염병이 옮거나 싸움으로 인해 상처를 입는 것을 막기 위한 조치였지요. 연구원들조차도 이 원숭이들을 함부로 만지거나 안는 것을 금지했기 때문에, 사실상 원숭이들은 완벽하게 보호된 환경에서 자라났습니다.

그런데 이상한 일이 일어났습니다. 이런 완벽한 보호에도 불구하고 원숭이들 중 일부는 여전히 죽었고, 살아서 어른으로 자란 원숭이들도 다른 원숭이들과 차이를 보였습니다. 이 원숭이들은 성장한 후 무리로 돌아가서도 다른 원숭이들과 관계를 형성하지 못하고 폭력적이거나 무관심한 모습만을 나타냈습니다. 게다가 짝짓기 계절에도 이성에게 관심조차 보이지 않고 평생 외톨이로 지내는 경우가 많았습니다.

할로 박사는 의문을 품기 시작했습니다. 도대체 이 원숭이들에게 무슨 문제가 있었던 것일까. 잘 먹고 보호해 주는 것 말고도 새끼 원숭이가 자라나는 데 필요한 다른 무언가가 있는 건 아닐까 하는 의문 말이죠.

할로 박사는 자신의 궁금증을 풀기 위해 한 가지 실험을 고안해 냈습니다. 바로 '대리모 인형'으로 새끼 원숭이의 반응 정도를 보는 실험이었지요. 그는 갓 태어난 붉은털 원숭이 새끼를 어미에게서 떼어 내어 우리에 넣고, 두 개의 대리모 인형을 넣어 주었습니다. 하나는 우유가 가득 든 젖병이 매달려 있어 배고픔을 달래줄 수 있지만 철사로 만들어진 딱딱하고 차가운 인형이었고, 두 번째는 헝겊과 솜으로 만들어 푹신했지만 젖이 나오지 않고 모양도 진짜 엄마랑은 별로 닮지 않은 인형이었습니다.

지금까지 학자들이 주장한 대로라면, 새끼 원숭이에게 가장 중요한 것은 배고픔을 달래는 일이기 때문에 우유를 주는 철사 인형을 더 좋아해야 했습니다. 그런데 두 개의 인형을 만난 새끼 원숭이들의 반응은 약속이나 한 듯 모두 똑같았습니다. 이들은 배가 고플 때만 철사 인형에게 다가가 우유를 빨아 먹었고 나머지 시간에는 헝겊 인형의 품에 매달려 있었습니다. 새끼 원숭이는 배부름보다는 안락하고 따뜻한 느낌을 좋아했고, 심지어는 입은 젖꼭지를 빨면서도 몸은 헝겊 인형에게서 떨어지지 않으려고 하는 모습도 자주 보였습니다. 먹을 것만 제공하는 경우 원숭이는 불안해하고 외로워하다가 결국 심리적 장애가 생기거나 때로는 죽기도 했습니다. 그러나 헝겊 인형이 보조적으로 주어진 경우에는 그런 일이 줄어들었습니다.

새끼 원숭이들이 보드라운 헝겊을 껴안는 것에 집착한다는 사실을 관찰한 할로 박사는 헝겊 인형이 부분적으로나마 엄마의 역할을

사랑의 중요성을 실험으로 증명했던 심리학자 해리 할로. 새끼 원숭이는 자신에게 먹을 것을 주는 '철사 어미'보다는 먹을 것을 주지는 않지만 부드러운 느낌을 주는 '헝겊 어미'에게 더 집착했다.

대신해 주기 때문이라는 사실을 깨달았습니다. 그렇다면 엄마의 어떤 부분이 아이에게 안정감을 주는 것일까요? 엄마가 아이에게 줄 수 있는 본질적인 것은 무엇일까요? 할로 박사는 바로 이 본질을 찾아낸다면, 이를 응용해 아이를 정상으로 키울 수 있는 '생명이 없는' 엄마를 만들어내는 것도 가능할 것이라고 생각했습니다.

일련의 연구를 통해 할로 박사는 모성이라는 신비로움에 과학적으로 접근하는 방식을 찾은 것이죠. 할로 박사는 엄마가 아닌 존재가 엄마가 될 수 있는 최소의 요건들 중 두 가지 물질적인 요소에 초점을 맞췄습니다. 그것은 바로 온기와 움직임이었습니다. 엄마의 품은 항상 따뜻하고 포근하며, 아기가 울 때 엄마가 안고 부드럽게 흔들어주면 아기는 더 이상 보채지 않고 편안하게 잠든다는 사실에 착안한 것이죠.

첫 번째 요소로, 온기가 새끼 원숭이에게 미치는 영향을 실험하기 위해 할로 박사팀은 두 가지 헝겊 인형을 준비했습니다. 하나는 보통의 헝겊 인형이었고, 다른 하나는 인형 내에 열선을 장치하여 따뜻하게 만든 헝겊 인형이었습니다. 그런데 실험 결과 새끼 원숭이들은 따뜻한 헝겊 인형을 좋아하기는 했지만 여전히 보통의 헝겊 인형에게도 애착 반응을 보였습니다. 이는 새끼 원숭이들이 온기를 좋아하기는 하지만, 그것이 절대적이지는 않다는 것을 보여주는 증거였지요.

이번에 할로 박사팀은 새끼 원숭이에게 고정된 헝겊 인형과 그네처럼 흔들리는 헝겊 인형을 주었습니다. 새끼 원숭이는 흔들림 속에서 안정감을 찾듯, 움직이는 인형에게 달라붙기를 좋아했습니다. 그리고 이렇게 흔들리는 인형에 매달리며 자란 새끼 원숭이들은 이후에도 좀 더 적극적인 모습을 보여주었습니다. 이들은 갇혀 자란 원숭이들에게 흔히 보이는 자해 현상이나 외톨이의 모습을 거의 보이지 않았고(고정된 헝겊 인형에 의해 키워진 원숭이는 거의 대부분 자해나 외톨이의 특징을 보였습니다), 거의 정상적인 행동 패턴을 보여주었습니다. 단지 인형이 흔들리게 했을 뿐이었는데도 그 결과는 놀라울 정도로 달랐지요.

이 실험으로 알게 된 사실은, 부모가 아이를 안고 부드럽게 얼러주는 것이 뇌의 정상적인 발달을 유도한다는 것이었습니다. 움직임은 아이의 신경계를 자극하는 작용을 합니다. 부모에게 안겨 돌아다닐 때, 아이의 민감한 신경계는 어떻게 균형을 잡아야 하는지를 배우게 됩니다. 이를 통해 아기는 떨어질 것 같으면 엄마에게 매달리거나 두 팔을 휘둘러 균형을 잡는 법을 배우게 됩니다. 그리고 이런 행동들 하나하나가 자극이 되어 신경세포의 연결과 발달을 가속화시키는 것이죠. 또한 엄마에게 안긴 아이는 다음 순간 엄마가 어떻게 행동할지 알 수 없기 때문에, 항상 예측을 하고 변화에 적응하는 일을 하루 종일 되풀이하게 됩니다. 이런 변화와 자극, 즉 '예측과 적응의 줄다리기'는 아이의 뇌를 무럭무럭 자라게 하는 원동력이 됩니다.

인간의 뇌는 아주 기본적인 회로만을 갖춘 채 태어납니다. 그리고 나머지 여백은 자라면서 얻는 경험으로 채워 나가지요. 아이들의 뇌는 아직 굳지 않은 찰흙과 같습니다. 찰흙이 굳기 전에 이렇게 저렇게 만져 주면 볼품없는 흙덩어리가 멋진 작품이 되듯, 거의 아무것도 할 줄 모르던 아기의 뇌는 출생 이후의 경험을 통해 다양한 것들을 할 수 있는 능력을 갖추게 됩니다. 따라서 아기에게 있어 경험과 자극은 무엇보다 중요합니다.

그런데 아이의 뇌와 신경계는 외부에서 들어오는 자극을 반드시 필요로 하기 때문에, 이러한 자극 없이 홀로 남겨진 아이들은 스스로라도 자극을 만들어 내고자 합니다. 할로 박사는 격리되어 자라난 원숭이들에게 자주 나타나는 의미 없는 동작의 반복이나 자해 현상은 주변에서 자신을 자극하는 것이 아무것도 없기 때문에 스스로 자극을 만들어 내는 처절한 행동이었음을 그제야 깨닫게 되었답니다.

아이에게 사랑은 무엇보다 중요하다

이 모든 것을 종합하여 할로 박사팀은 드디어 최종 결론을 내놓았습니다. 아이에게는 그 무엇보다도 사랑이 필요하다는 것, 자신을 따뜻하게 안고 어르고 달래 주는 존재가 반드시 필요하다는 것입니다. 그리고 이때 사랑은 하나의 관계가 아니라 여러 관계를 통해 이룩된다는 것을 밝혀냅니다.

사람이 정상적인 발달 과정 속에서 건전한 관계의 고리를 엮어 나가는 데 가장 중요한 것이 아이 때의 초기 애착 관계 형성입니다. 이 애착 관계가 제대로 형성되지 못하면 첫 단추를 잘못 꿴 옷처럼 이후의 관계는 어긋나 버리는 경우가 생기게 됩니다. 그리고 아이의 초기 애착 관계 형성에 있어서 가장 중요한 것은 전적으로 신뢰할 수 있는 대상, 아이를 있는 그대로 사랑해 주는 엄마인 경우가 많습니다. 20세기 초 학자들의 우려와는 달리, 사랑이 담긴 애정 표현을 많이 받은 아이일수록 초기 애착 관계가 제대로 형성되어 더 잘 자라난다는 사실이 알려진 것이죠. 이렇게 초기 애착 관계가 잘 형성된 아이는 자신에 대한 존중감을 가지고 넓은 세상으로 뛰어드는 적극성을 보이며, 타인과 상호 관계를 맺는 것을 두려워하지 않는 성숙한 어른으로 자라난다는 사실이 밝혀지게 된 것입니다.

사랑은 사람을 사람답게 만든다

할로 박사 이후에도 다양한 학자들이 인간을 인간답게 하는 사랑의 본질을 연구했습니다. 그 결과 사랑은 뇌의 발달과 관계가 있다는 사실이 밝혀졌습니다. 특히 뇌의 번연계(limbic system)는 사랑과 밀접한 관계가 있는 부위인데, 이 번연계는 주로 포유동물 이상의 고등동물에게서 발견되는 뇌의 구조라는 사실이 흥미롭습니다. 연구 결과를 토대로 하면, 사랑이란 번연계가 발달한 고등동물만이 느낄 수 있는 감정이라고 합니다. 이는 특히 뇌가 가장 발달한 인간이 지구상 어떤 생명체보다도 더 많은 사랑을 할 수 있는 능력을 타고난 행운의 종이라는 결론까지 이어질 수 있습니다. 인간을 파헤쳐 보니 그 밑바탕에는 사랑이 있었다는 사실은 우리가 왜 사랑을 필요로 하는지, 사랑이 부족할 때 왜 우리가 제대로 살아가기 힘든지를 설명해 줍니다.

우리는 일상적인 애착 관계와 작은 애정들을 사소하게 생각하는 경우가 많습니다. 그러나 이 작지만 지속적인 반응이 우리가 하루하루를 견뎌내게 하고 인간답게 살 수 있게 해 주는 근본이 되는 것입니다. 사랑을 배우는 것은 바로 삶을 배우는 것입니다. 처음부터 사랑을 배우지 못하는 경우 삶을 제대로 살아가는 방법을 배우지 못할 수도 있습니다. 앞서 말한 사형수의 그 한마디 속에 작가는 바로 이런 이야기를 함축적으로 담고 싶었던 것이 아니었을까요?

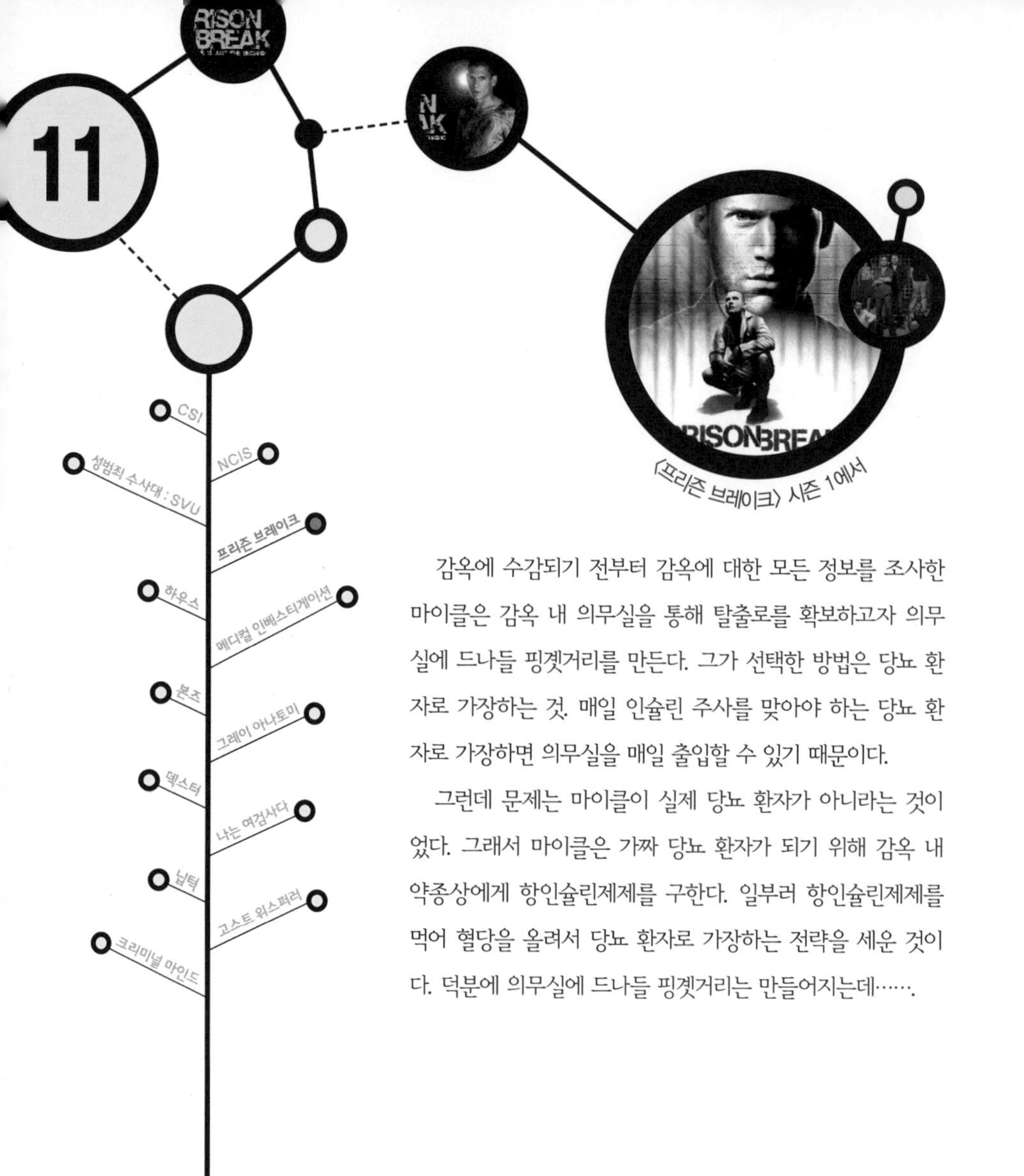

〈프리즌 브레이크〉 시즌 1에서

감옥에 수감되기 전부터 감옥에 대한 모든 정보를 조사한 마이클은 감옥 내 의무실을 통해 탈출로를 확보하고자 의무실에 드나들 핑곗거리를 만든다. 그가 선택한 방법은 당뇨 환자로 가장하는 것. 매일 인슐린 주사를 맞아야 하는 당뇨 환자로 가장하면 의무실을 매일 출입할 수 있기 때문이다.

그런데 문제는 마이클이 실제 당뇨 환자가 아니라는 것이었다. 그래서 마이클은 가짜 당뇨 환자가 되기 위해 감옥 내 약종상에게 항인슐린제제를 구한다. 일부러 항인슐린제제를 먹어 혈당을 올려서 당뇨 환자로 가장하는 전략을 세운 것이다. 덕분에 의무실에 드나들 핑곗거리는 만들어지는데…….

소변에 숨은 달콤한 악마, 당뇨병

인슐린과 글루카곤의 밀고 당기기

사형수가 된 형을 구하기 위해 일부러 감옥에 갇힌 동생의 이야기를 그린 드라마 〈프리즌 브레이크〉는 독특한 소재와 치열한 두뇌싸움을 통해 시청자의 눈길을 끌었던 드라마지요. 성공적으로 감옥에 들어간 마이클은 이번에는 당뇨 환자로 가장할 계획을 세웁니다. 의무실에 들어가기 위해서입니다. 그가 가짜 당뇨 환자가 되기 위해 사용하는 방법은 항인슐린제제를 복용하는 것입니다. 원래 이 약물은 인슐린의 효과를 떨어뜨려 혈당을 높여 주는 물질로, 저혈당을 방지하기 위해 사용되는 약물입니다. 따라서 정상인이 먹게 되면, 일시적으로 고혈당 상태가 만들어지지요.

혈당(血糖)이란 말 그대로 혈액 속에 포함된 당 성분, 특히 포도당을 의미합니다. 혈액 내 포도당이 많으면 혈당이 높다고 하고, 반대로 혈액 내 포도당이 적으면 혈당이 낮다고 하는 것이죠. 세포들은 미토콘드리아라는 세포 내 에너지 생산 공장을 가동해서 살아가는 데 필요한 에너지인 ATP를 얻습니다. 이때 미토콘드리아를 가동시키는 연료로 사용되는 것이 포도당입니다. 이처럼 포도당은 세포가 에너지를 얻기 위해 반드시 필요한 물질이므로, 가능하면 안정적으로 공급되는 것이 좋습니다. 포도당의 공급이 극단적으로 들쭉날쭉하면 세포들이 만들어 내는 ATP의 양도 들쭉날쭉해질 수밖에 없으니까요. 보통 혈액 속에는 포도당이 일정한 농도(약 0.1% 정도)로 존재하는데, 포도당의 농도가 이렇게 일정하게 유지되려면 이를 조절하는 정교한 시스템이 있어야 한답니다.

포도당이 우리 몸속에 들어오는 과정을 살펴볼까요? 음식을 먹게 되면, 소화 과정을 통해 음식에 들어 있던 포도당이 흡수되면서 혈당이 높아지게 됩니다. 그래서 식사 직후에 채취한 혈액에서는 혈당이 높게 나타나기 마련이지요. 이렇게 혈당이 높아지게 되면 췌장의 베타 세포(β-세포)에서는 혈당을 낮추는 물질인 인슐린을 분비합니다. 인슐린은 아주 뛰어난 포도당 사냥꾼입니다.

인슐린은 혈액 속에 돌아다니는 남은 포도당들을 모아서 일차적으로는 간으로 가져가 글리코겐 형태로 저장시키는 일을 돕고, 이차적으로는 포도당을 지방으로 바꿔 지방 세포에 축적하는 일을 돕습니다. 혈당이 떨어질 때를 대비해 남는 포도당을 미리미리 비축해

놓는 것이죠.

반대로 한동안 음식을 먹지 않아 혈당이 떨어지게 되면 이번에는 부신수질에서는 에피네프린(epinephrine)을, 이자의 알파세포(α-세포)에서는 글루카곤(glucagon)을 분비합니다. 이들은 간으로 가서 전에 인슐린이 저장해 두었던 글리코겐을 다시 포도당 형태로 바꾸어 혈액 속으로 내보내 혈당을 원상태로 끌어올립니다. 이처럼 인슐린과 글리코겐의 길항 작용을 통해 혈당은 일정 범위 내에서 유지되어 세포들은 항상 안정적인 혈당을 공급받을 수 있는 것이지요. 만약 어떤 이유로든 이 균형 상태가 깨지게 되면 혈당을 조절할 수 없어 신체에 이상이 오게 됩니다. 이런 현상 중 대표적인 것이 바로 당뇨병이랍니다.

인슐린의 정체를 밝혀라

당뇨병은 혈액 속에 지나치게 많은 양의 포도당이 존재해, 포도당이 신장에서 모두 걸러지지 못하고 소변에 섞여서 배출되는 질환을 말합니다. 당뇨병은 기원전 1500여 년경부터 이미 그 증세가 기록되어 남아 있을 정도로 매우 일찍부터 발견된 질환이었습니다. 이 병에 걸린 환자들은 일단 참을 수 없는 갈증과 함께 소변의 증가를 경험하고, 점차 체중이 줄어들게 됩니다. 이 현상을 관찰한 고대의 의사가 '팔다리의 근육이 소변으로 녹아 나가는 병'이라고 기록했을 정도이지요. 이 병의 가장 큰 특징은 소변의 변화입니다. 소변량이 느는 것뿐 아니라, 소변이 달착지근해지게 됩니다. 그리하여 이 질환을 그저 소변량이 늘어나는 증상인 요붕증과 구별하기 위하여, '꿀과 같이 달다'는 의미를 첨가해서 당뇨병(diabetes mellitus)이라고 부르고 있습니다.

설탕이 섞인 듯한 소변을 보는 것이 당뇨병의 증상임은 이미 오래전에 알려졌지만, 그 원인이 밝혀진 것은 19세기에 들어서였습니다. 화학적인 검사법이 발견되면서 소변에서 당을 검출하고 분석하는 것이 가능해진 것입니다. 당뇨 환자의 소변을 분석한 결과 그 속에 섞인 것은 포도당이었습니다. 이제 관심은 어떻게 포도당이 소변에 섞여 배출될 수 있는지를 밝히는 것에 모아집니다. 보통 소변에서는 포도당이 전혀 검출되지 않는 것이 정상이니까요.

당뇨병의 원인에 대한 단서는 19세기 말, 프랑스 스트라스부르대학교의 조셉 메링과 오스카 민코브스키에 의해 밝혀졌습니다. 처음에 이들은 개를 이용해 동물의 내장이 어떤 기능을 하는지 알아보는 실험을 하고 있었습니다. 1889년, 이들은 췌장을 제거한 개의 소변에는 유난히 파리와 벌레들이 많이 꼬인다는 것을 발견했습니다. 이상해서 살펴보니, 췌장을 떼어낸 개의 소변에서는 유독 많은 포도당이 발견되었습니다. 이를 통해 췌장에서 분비되는 물질이 포도당이 섞인 소변을 보게 하는 병, 즉 당뇨병과 관계가 있다는 것을 알게 됩니다.

이를 바탕으로 에드워드 샤피 셰이퍼는 이자의 랑게르한스섬(Langerhans islets)이라는 부분에 이상이 생기면 당뇨병이 발생한다는 사실을 알아내고, 여기에서 분비되는 물질이 혈당을 조절할 것이라는 생각을 하게 됩니다. 샤피 셰이퍼는 이 미지의 물질에 인슐린(Insuline)이라는 이름을 붙여 줍니다. 하지만 아직 인슐린의 정체가 밝혀진 것은 아니었습니다.

프레더릭 밴팅. 밴팅은 노벨생리의학상 수상 분야에서 특이한 기록을 두 개나 갖고 있다. 하나는 최연소 수상자라는 것, 또 하나는 인슐린 연구를 시작한 지 1년 반 남짓한 짧은 기간에 노벨상을 수상했다는 것이다.

1921년, 루마니아의 니콜라이 파울레스쿠는 처음으로 췌장 추출액 속에서 인슐린을 정제하는 데 성공했습니다. 하지만 세상에 인슐린의 발견자로 이름이 알려진 것은 캐나다의 프레더릭 밴팅입니다. 불안정한 국내 정세로 연구에만 집중할 수 없는 현실과 더욱더 순수한 인슐린을 분리해 내고 싶은 학자로서의 욕심 때문에 파울레스쿠가 발표를 미루는 사이에 프레더릭 밴팅이 성공을 거둔 것이지요. 밴팅은 1922년에 동료들과 힘을 합쳐 소의 췌장에서 특정 물질을 추출해 당뇨병 환자를 대상으로 한 임상 실험을 실시하여 성공시킵니다. 그리고 그 추출 물질이 확실히 당뇨 치료에 효과가 있다는 것을 증명하면서 샤피 셰이퍼가 추측했던 인슐린(insuline)을 발견한 것을 세상에 알립니다.

이후 인슐린(insulin, 그 후로는 끝에 e를 지우고 insulin이라고 적는다)이라 이름 붙여진 물질은 곧바로 당뇨병을 치료하는 치료제로 개발되었고 이로 인해 많은 당뇨병 환자들이 고통을 덜 수 있게 됩니다. 그리고 밴팅은 이 공로를 인정받아 1922년 12월, 노벨 생리의학상 수상자가 되는 영광도 누리게 됩니다.

인슐린이 약품이 되어 팔리게 된 뒤에도 인슐린에 대한 연구는 계속되었습니다. 1955년 프레더릭 생어는 인슐린을 구성하는 51개 아미노산의 순서를 밝혔고, 이를 바탕으로 하여 1982년 미국의 생명공학회사인 제넨텍(Genetech)은 세계 최초로 유전자 재조합 기술을 이용해서 인슐린을 만들어 냄으로써 당뇨병 환자들에게 안정적으로 인슐린을 공급하는 길을 열게 됩니다.

당뇨병, 왜 무서운가?

소변에 당이 섞여 나온다는 것 자체가 큰 문제는 아닙니다. 그렇게 소변으로 당을 내보내게 하는 체내의 시스템이 문제이지요. 당뇨병에 걸리면 처음에는 갈증과 다뇨증 등이 나타나는데, 제대로 관리하지 않은 채 지속되면 당뇨병성 망막증, 신부전증, 당뇨족 등의 무서운 합병증으로 이어져 사망할 수 있습니다. 하지만 당뇨병의 가장 무서운 점은 완치가 힘들다는 데 있습니다.

당뇨병은 인슐린 분비 혹은 기능 이상에 의해 일어나는데, 그 종류를 제1형과 제2형, 두 가지로 나눌 수 있습니다. 제1형 당뇨병은 이자의 랑게르한스섬의 베타 세포가 파괴되어 아예 인슐린을 만들어 내지 못해 발생하며, 제2형 당뇨병은 인슐린은 분비되지만 여러 가지 이유로 인슐린의 기능을 떨어뜨리는 인슐린 저항성을 가지고 있을 때 나타납니다.

한 번 파괴된 이자 세포가 다시 만들어지는 법은 없고, 한 번 만들어진 인슐린 저항성이 없어지는 경우는 거의 없기 때문에, 당뇨병은 한 번 발생하면 평생을 인슐린과 식이요법을 통해 증세를 조절하며 살아가야 합니다. 최근에는 이자 이식 또는 줄기세포를 이용한 베타 세포의 이식을 통해 제1형 당뇨병을 근본적으로 치료하는 방법이 개발되고는 있지만, 아직은 실험 단계입니다.

처음 인슐린이 개발된 1920년대까지만 하더라도 당뇨병은 주로 제1형이었기 때문에 인슐린 주입은 매우 효과적이었습니다. 그러나 현재 발생하고 있는 당뇨병의 경우, 85% 이상이 제2형이기 때문에 인슐린 주입만으로는 부족합니다. 이들의 몸은 인슐린이 부족한 것이 아니라, 인슐린에 대한 저항성을 가지고 있기 때문입니다. 우리 몸에서 인슐린 저항성이 나타나는 명확한 이유는 알 수 없지만, 많은 경우 비만이 원인이 되는 것으로 알려져 있습니다.

고열량 식사와 운동 부족이 겹쳐져 피 속의 혈당이 높은 상태가 계속되면, 이를 정상으로 유지하기 위해 췌장은 더 많은 인슐린을 지속적으로 분비하게 됩니다. 인슐린은 분비와 억제가 적당한 선에서 반복되어야 하는데, 이렇게 인슐린이 분비가 많은 상태가 계속 유지되면 어느 순간, 몸이 더 이상 인슐린에 반응하지 않는 인슐린 저항성이 나타나게 됩니다. 마치 고무줄을 잡아당겼다 놓으면 원래 상태로 되돌아가는 것이 정상이지만, 지속적으로 잡아당기게 되면 어느 순간 완전히 늘어나 원래 상태로 되돌아가지 않는 것처럼 말이죠. 이런 경우, 인슐린 양이 부족한 것이 아니기 때문에 증상을 완화시키기가 더 어렵지요.

가장 중요한 것은 균형이다

생물체가 살아가는 데 있어서 특히 중요한 것이 바로 항상성(恒常性, homeostasis)입니다. 인간을 비롯한 생물체의 몸은 넘치지도 모자라지도 않은 상태에서 균형을 이룰 때, 건강이 가장 잘 유지되는 법이지요. 그런 점에서 항인슐린제제와 인슐린을 이용해 신체의 균형을 일부러 깨뜨리는 마이클의 행동은 매우 염려스러운 행동입니다. 형을 구해야 한다는 절박한 심정이 그에게 이런 선택을 하게 만들었지만, 우리 몸의 항상성을 지키기 위해서라면 이런 위험한 일은 피해야겠죠?

Season 2

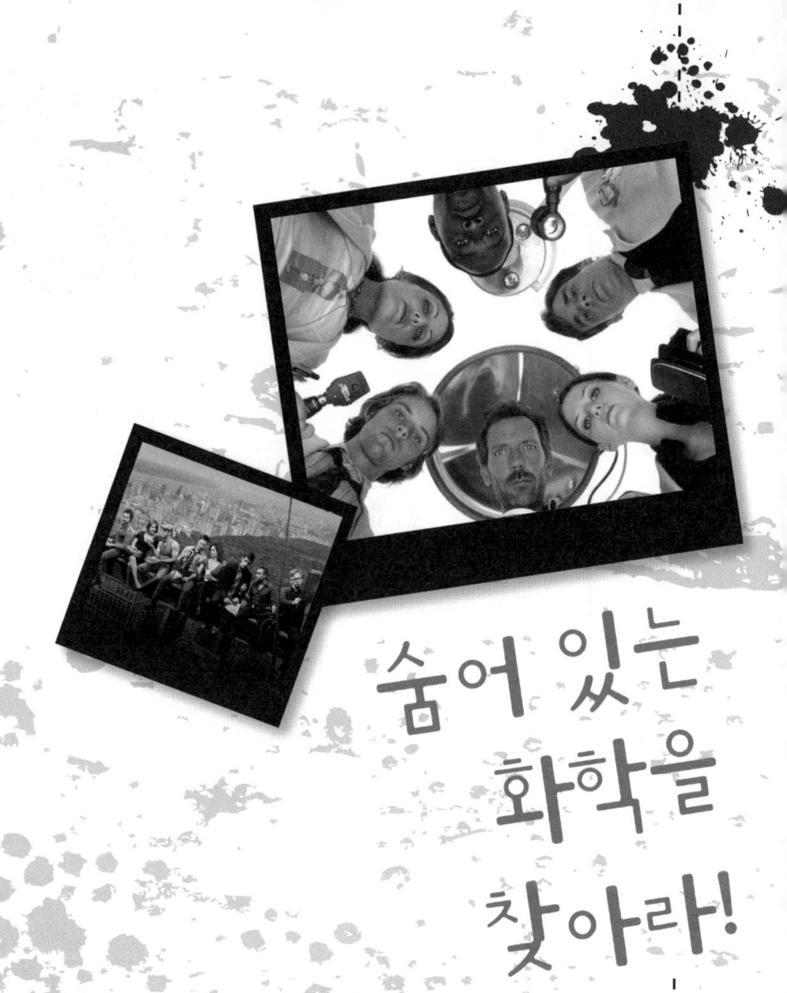

숨어 있는 화학을 찾아라!

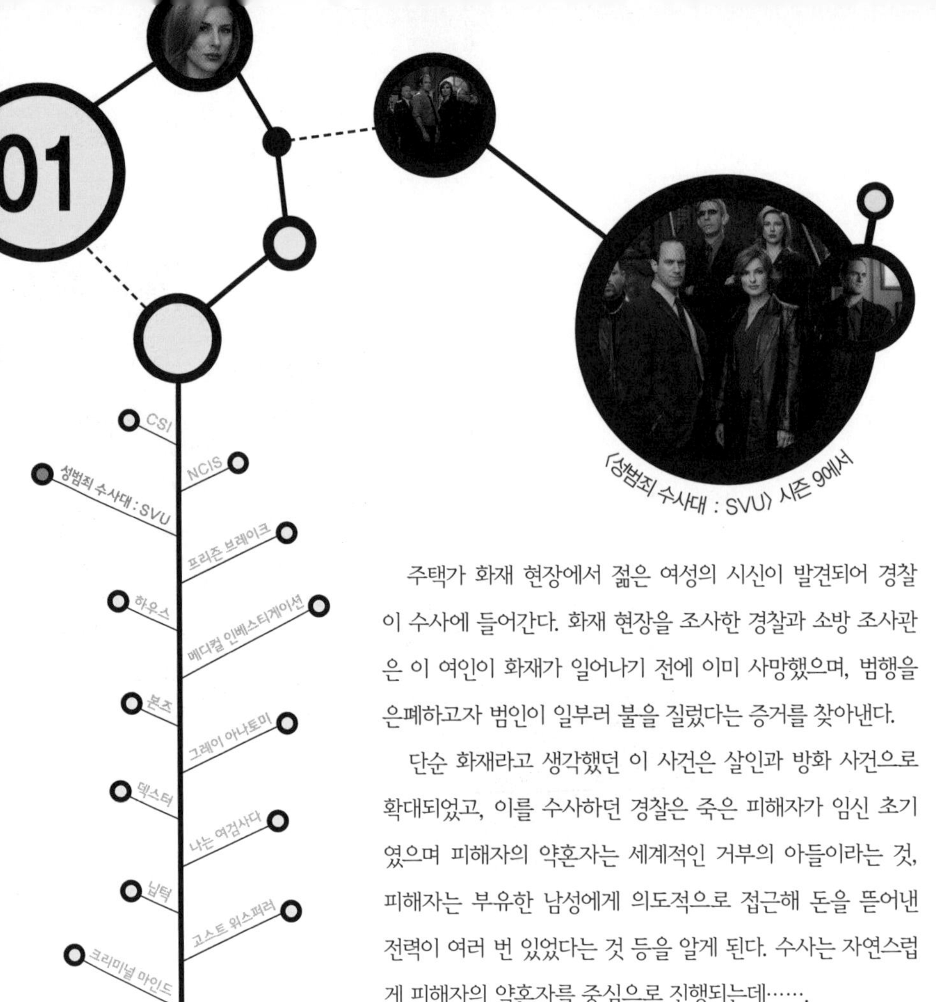

〈성범죄 수사대 : SVU〉 시즌 9에서

주택가 화재 현장에서 젊은 여성의 시신이 발견되어 경찰이 수사에 들어간다. 화재 현장을 조사한 경찰과 소방 조사관은 이 여인이 화재가 일어나기 전에 이미 사망했으며, 범행을 은폐하고자 범인이 일부러 불을 질렀다는 증거를 찾아낸다.

단순 화재라고 생각했던 이 사건은 살인과 방화 사건으로 확대되었고, 이를 수사하던 경찰은 죽은 피해자가 임신 초기였으며 피해자의 약혼자는 세계적인 거부의 아들이라는 것, 피해자는 부유한 남성에게 의도적으로 접근해 돈을 뜯어낸 전력이 여러 번 있었다는 것 등을 알게 된다. 수사는 자연스럽게 피해자의 약혼자를 중심으로 진행되는데…….

경찰은 피해자가 이전에도 재벌가 아들들에게 성관계나 임신을 빌미로 돈이나 결혼을 요구해 왔던 것을 알아챈 약혼자가 홧김에 살인을 저지른 것으로 추측한다. 피해자가 살해당했을 때의 약혼자의 알리바이는 묘연한 상태이며 더군다나 그는 뭔가를 숨기는 듯 불안한 모습을 보인다. 그런데 수사가 진행되는 과정에서 약혼자와 피해자를 둘러싼 주변 인물들의 놀라운 비밀이 밝혀지고, 전혀 뜻밖의 인물이 범인으로 밝혀진다.

엽산 때문에 밝혀진 임신부의 비밀

임신부와 엽산의 관계

이번 에피소드는 돈과 명예를 목적으로 남자에게 계획적으로 접근하여 육체적 관계를 빌미로 원하는 것을 얻어 내는 여자의 추악한 이야기입니다. 그러나 에피소드에서 눈길을 끌었던 장면은 따로 있었습니다. 바로 검시관이 피해자의 임신 사실을 알게 된 후에 의외의 사실들을 밝혀내는 장면입니다. 검시관은 그녀의 혈액 속에 엽산 성분이 많이 들어 있다는 이유로 피해자가 임신 사실을 알고 있었으며, 낙태를 하지 않고 임신을 지속하려는 노력을 했을 것이라고 주장합니다. 도대체 엽산이라는 것이 무엇이기에, 검시관은 그런 주장을 했던 것일까요?

엽산(葉酸, folic acid)은 시금치 잎에서 추출된 물질입니다. 그래서 '잎에서 나온 산성 물질'이라는 의미를 지닌 이름이 붙었죠. 엽산은 신체에 꼭 필요한 물질이지만 많은 양이 필요하지는 않습니다. 또한 대부분의 고등생물은 몸 안에 기생하는 세균들이 엽산을 만들어 냅니다. 이 엽산은 피를 만드는 조혈(造血) 과정에 필수적인 물질이기 때문에 이 성분이 부족하면 빈혈이나 혈소판 감소 등 혈액 관련 질병이 생길 수 있습니다.

물질 대사나 생리 기능 등을 조절하는 엽산과 같은 비타민은 체내에서는 거의 생산되지 않는 영양소입니다. 비타민은 호르몬과 마찬가지로 신체에서 여러 가지 대사 활동이나 조절 작용 등을 합니다. 그런데 필요한 만큼 신체 내에서 만들어 내는 호르몬과 달리 비타민은 스스로 만들지 못하거나 만들더라도 그 양이 부족해서 외부에서 섭취해야만 합니다. 대신 필요로 하는 양이 매우 적기 때문에 보통 사람들이 정상적인 식생활을 한다면 비타민은 충분히 섭취될 수 있습니다. 비타민의 일종인 티아민(비타민 B1)은 성인의 1일 섭취량이 1.1~1.2mg 정도로 적은 양이지만, 결핍이 된다면 각기병(脚氣病), 심장 기능 장애 등을 일으킵니다. 하지만 티아민은 쌀눈, 돼지고기, 마늘 등에 풍부하게 들어 있기 때문에 균형 잡힌 식사를 한다면 결핍증에 걸릴 가능성은 매우 낮습니다.

장금이가 고친 각기병

티아민 결핍증의 하나인 각기병은 '다리[脚]의 기운[氣]이 상하는 병'이라는 뜻입니다. 병에 걸리면 다리가 부어오르고, 소화가 잘 안 되며, 피곤하고 무기력함을 느끼는 등의 증상을 보입니다. 심할 경우 다리 근육이 마비되어 걸을 수 없게 되거나 사망에까지 이르는 무서운 병입니다.

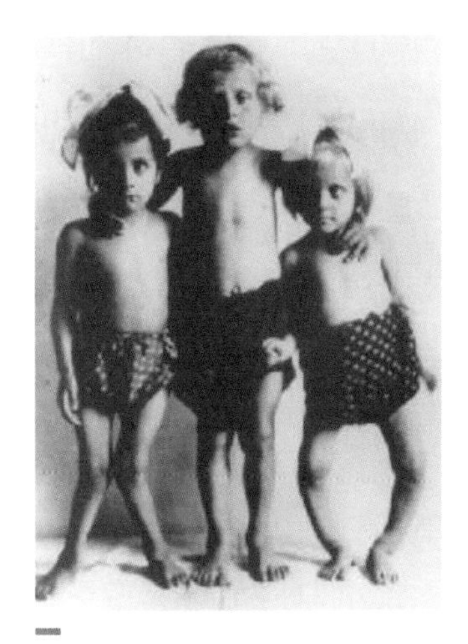

각기병 환자의 다리. 각기병에 걸리게 되면 다리가 부어오르고 점차 다리 근육이 마비되어 걷기가 힘들어진다.

인기리에 방송되었던 드라마 〈대장금〉에서도 각기병이 등장했었습니다. 대비마마가 각기병에 걸리자 내의원 의원들이 병을 고치기 위해 모든 수단을 다 동원해 보지만 병세는 점점 심해지기만 합니다. 물론 의원들도 이 병은 음식으로 치료해야 한다는 것을 알고 있지만 평소 입맛 까다롭기로 유명했던 대비마마였기에 쉽게 손을 쓰지 못했습니다. 대비마마는 도정이 되지 않은 쌀로 지은 밥, 마늘이 들어간 김치, 돼지고기는 절대 드시지 않았습니다. 이때 장금이는 이 재료들을 이용해 맛있는 요리를 만들어 대비마마의 각기병을 고칩니다.

이처럼 비타민은 아주 적은 양이 필요하지만, 부족한 경우에는 야맹증(비타민 A 부족), 괴혈병(비타민 C 부족), 구루병(비타민 D 부족) 등의 신체 이상 증상이 나타날 수 있습니다. 이를 예방하기 위해서는 균형잡힌 식생활로 적당한 양의 비타민을 꾸준히 섭취해야 합니다. 그렇다고 무조건 많이 먹는 것도 옳은 방법은 아닙니다. 비타민 A를 과다 섭취하면 몸이 붓고 머리카락이 빠지고 뼈가 약해지며, 비타민 D를 과다 섭취할 경우에는 구토와 소화불량, 요독증(尿毒症) 등의 증상이 나타납니다. 비타민은 필요한 적정량을 섭취하는 것이 중요하다는 의미입니다.

태아에게 반드시 필요한 비타민, 엽산

비타민의 일종인 엽산도 마찬가지입니다. 적당한 양을 섭취하는 것이 중요하지요. 그런데 유독 엽산 섭취를 권장하는 시기가 있습니다. 바로 임신을 했을 때입니다. 임신 초기 3개월 내의 임신부는 엽산을 추가로 섭취하기를 권장합니다. 보통 여성들의 엽산 섭취 권장량은 1일 0.2~0.3mg 정도이지만, 임신부의 경우 1일 0.5mg으로 두 배 가까이 높아집니다. 임신부는 태아의 원활한 성장을 위해 평소보다 더 많은 열량과 영양소를 섭취해야 합니다. 특히 엽산은 태아의 성장, 특히 태아의 초기 신경관 성장에 매우 중요한 작용을 합니다. 보통 태아는 임신 5주쯤 되면 장차 뇌와 척수가 될 신경관을 만들기 시작합니다. 신경관은 초반에는 튜브가 길게 갈라진 형태이지만 점차 갈라진 틈이 닫히기 시작해 임신 6~7주경이 되면 완전히 닫혀 버립니다. 만약 이때 신경관이 완전히 닫히지 않으면, 태아는 뇌의 상당 부분이 만들어지지 않은 무뇌아, 뇌가 겉으로 드러나는 뇌 노출, 척추가 둘로 분열되는 이분 척추증 등의 심각한 신경관 결손 기형을 갖게 됩니다.

캐나다의 한 연구팀이 발표한 바에 의하면, 캐나다는 1998년 이전에는 신경관 결손 기형의 발생률이 0.158%였는데, 1998년 이후 0.086%로 절반 가까이 줄어들었다고 합니다. 그런데 1998년은 캐나다 정부에서 시리얼에 엽산을 추가하는 법률을 제정한 시기라고 합니다. 충분한 엽산 섭취가 자연스럽게 이뤄지면서 기형아 출산 비율이 줄어든 것이지요.

이처럼 엽산은 임신부와 태아에게 반드시 필요한 영양소입니다. 임신 진단을 받은 대부분의 임신부들은 아기의 건강을 위해서 의도적으로 엽산을 더 섭취하는 것이 당연한 임무이지요. 이번 에피소드에 등장하는 검시관은 이 사실을 알고 있었습니다. 검시관은 피해자의 혈중 엽산 농도를 통해 그녀가 임신을 이미 알고 있었으며 태아를 소중하게 생각하고 있었다는 것을 판단할 수 있었던 것이지요. 하지만 피해자의 죽음으로 인해 태아는 세상의 빛을 보지 못하고 사라지고 말았어요. 아기를 가진 엄마의 애틋한 마음과 아무 죄도 없는 태아의 희생이 안타까움을 남기는 에피소드였습니다.

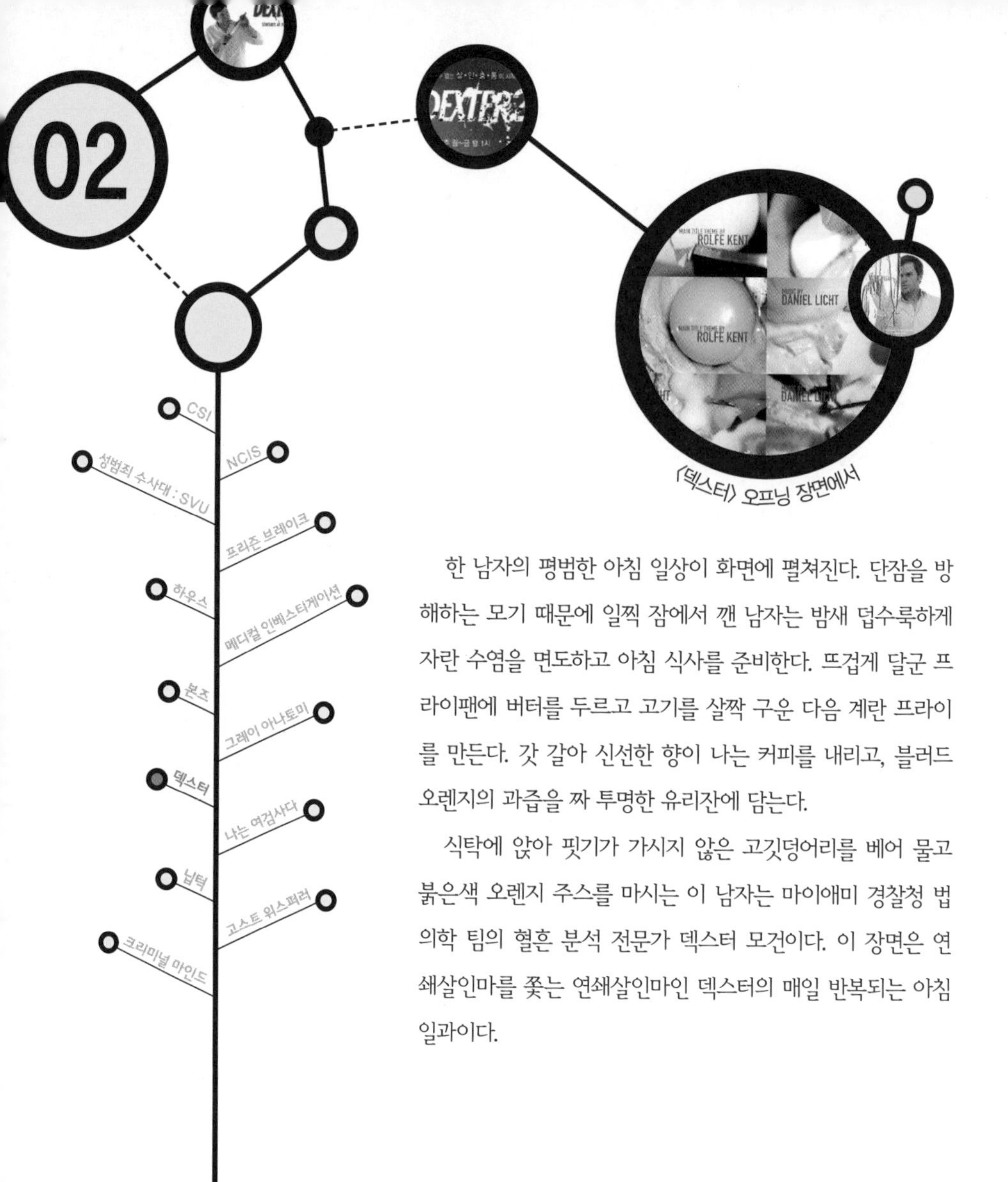

〈덱스터〉 오프닝 장면에서

한 남자의 평범한 아침 일상이 화면에 펼쳐진다. 단잠을 방해하는 모기 때문에 일찍 잠에서 깬 남자는 밤새 덥수룩하게 자란 수염을 면도하고 아침 식사를 준비한다. 뜨겁게 달군 프라이팬에 버터를 두르고 고기를 살짝 구운 다음 계란 프라이를 만든다. 갓 갈아 신선한 향이 나는 커피를 내리고, 블러드 오렌지의 과즙을 짜 투명한 유리잔에 담는다.

식탁에 앉아 핏기가 가시지 않은 고깃덩어리를 베어 물고 붉은색 오렌지 주스를 마시는 이 남자는 마이애미 경찰청 법의학 팀의 혈흔 분석 전문가 덱스터 모건이다. 이 장면은 연쇄살인마를 쫓는 연쇄살인마인 덱스터의 매일 반복되는 아침 일과이다.

다시 불거진 육식 위주 식단 논란

사이코패스의 아침 식사

미국 드라마는 독특하고 때로는 파격적인 내용을 다루는 점이 흥미롭습니다. 드라마에서 다루는 소재는 말 그대로 무궁무진합니다. 얼마나 무궁무진한지, 좌충우돌하는 인턴들의 모습(《그레이 아나토미》)이나 괴팍한 절름발이 의사가 주인공인 의학 드라마(《하우스》)나 범죄를 해결하는 경찰이나 수사대(《성범죄 수사대: SVU〉 〈CSI〉 〈위드아웃어 트레이스〉 〈크리미널 마인드〉 등)의 이야기는 오히려 평범할 정도입니다. 정말이지 생각지도 못한 인물이나 상황이 펼쳐지기도 합니다. 형을 구하기 위해 일부러 감옥에 들어간 동생(《프리즌 브레이크》), 손가락 하나로 죽은 사람도 살릴 수 있는 남자(《푸싱 데이지》), 이상한 섬에 불시착한 항공기 승객들(《로스트》), 수학 이론으로 범인을 찾아내는 천재 수학자(〈넘버스〉) 등이 주인공으로 등장하는 것도 참 독특합니다. 그런데 〈덱스터〉를 본 순간, 이런 것도 드라마화가 가능하다는 것에 엄청나게 놀랄 수밖에 없었습니다.

드라마 〈덱스터〉의 주인공인 덱스터 모건은 겉으로는 마이애미 경찰청에서 법의학 전문가로 일하고 있는 멀쩡한(?) 남자입니다. 그러나 사실 그는 어린 시절 겪은 불운한 사건으로 인해 타인과 감정을 교류하는 것이 불가능하고, 피에 대한 집착 탓에 아무렇지도 않게 사람을 죽이는 사이코패스 살인자입니다. 다만 어린 시절에 자신의 이런 성향을 눈치챈 양아버지에 의해, 사이코패스 살인자이지만 대다수의 선량한 사람들에게는 피해를 주지 않는 독특한 인물로 길러지게 됩니다. 그는 양아버지의 가르침을 통해 '다른 사람을 죽이고도 벌을 받지 않는 살인자'들만을 찾아내 죽이는, 살인마만을 골라서 죽이는 살인자가 되었습니다.

덱스터 시리즈는 소재가 파격적인 만큼 매우 강렬한 느낌의 화면이 많이 등장합니다. 그중에서도 시즌 3까지 계속해서 동일하게 반복되는 오프닝 장면은 강렬하다 못해 섬뜩한 느낌마저 듭니다. 면도하고 아침 식사를 하고 옷을 갈아입는 과정을 이처럼 으스스하게 표현한 경우는 처음 봅니다. 그중에서도 핏빛 고기가 칼날에 썰리는 장면과 붉은색 블러드 오렌지의 즙이 갈리는 장면은 그 어떤 잔인한 장면보다 더 서늘한 느낌을 주지요. 잔인한 느낌이 드는 주된 이유는 날카로운 칼날의 움직임과 핏빛 분위기 때문이지만, 이 장면에

서 실제로 '잔인한' 것은 건강을 엄청나게 해칠 수 있는 주인공의 식단입니다.

간편한 요리가 아침 식탁을 점령하다

언젠가부터 김이 모락모락 나는 갓 지은 밥과 뜨끈한 국물을 함께 먹는 한국식 아침 식사를 포기하는 가정이 많아졌습니다. 맞벌이 가정이 늘어나고 매일 아침마다 출근 전쟁을 치러야 하니 아침 식사

식용유와 달리 버터가 실온에서 고체인 것은 분자구조의 차이 때문이다.

에 신경을 쓸 여유가 없는 탓이지요. 아예 아침을 굶고 직장 근처에서 가볍게 요기를 하는 경우도 많고, 집에서 먹고 나온다고 하더라도 토스트에 계란 프라이, 햄이나 베이컨 구이 같은 간단한 음식으로 때우는 경우가 많습니다. 이런 음식들은 맛있고 간편하기는 하지만, 건강을 위해서는 별로 좋지 않지요. 그건 이 음식들이 지나치게 기름지기 때문입니다.

덱스터는 아침 식사를 만들면서 버터와 식용유를 사용합니다. 둘 다 지방산과 글리세롤로 이루어진 지방의 일종입니다. 버터는 실온에서 고체이지만 식용유는 실온에서 액체 상태라는 점이 둘의 차이입니다. 이 두 물질의 형상의 차이는 이들의 분자구조의 차이로 인한 것입니다. 버터든 식용유든 모두 1개의 글리세롤과 3개의 지방산이 결합한 구조를 가지고 있습니다. 긴 사슬 모양을 가진 지방산은 탄소와 수소의 반복된 결합으로 이루어져 있습니다. 그런데 버터의 경우에는 이 지방산을 이루는 탄소와 수소들이 빈틈없이 결합되어 있습니다. 그래서 이런 종류의 지방산을 더 이상 틈새가 없다하여 포화지방(saturated fat)이라고 하지요.

식용유도 글리세롤 1개와 지방산 3개가 결합된 것은 버터와 마찬가지입니다. 하지만 식용유의 경우, 지방산을 이루는 탄소와 수소의 결합에서 군데군데 수소가 하나씩 빠진 부위가 있습니다. 이렇게 수소가 빠진 부위는 다른 부위보다 두께가 얇아지게 되고, 결국 이 부위가 꺾이게 됩니다. 이런 구조를 가진 지방산들을 불포화지방(unsaturated fat)이라고 합니다. 수소가 모두 포화되어 있지 않다는 뜻이지요. 버터와 식용유가 실온에서 형태가 다른 것은 이러한 분자 구조의 차이 때문입니다.

지방산은 일반적으로 머리 하나에 다리 두 개의 구조를 지닙니다. 포화지방은 탄소와 수소의 결합이 일정하여 지방산의 다리가 곧게 뻗은 모양을 이룹니다. 지방산 다리가 긴 통나무와 같은 모양인 까닭에 지방산 분자는 거의 틈새 없이 빽빽하게 쌓일 수가 있습니다. 물질의 3가지 형태(고체, 액체, 기체)는 이들 물질을 구성하는 분자들의 거리가 얼마나 가깝냐에 달렸습니다. 포화지방의 경우처럼 분자들이 가지런하고 빽빽하게 쌓인 구조에서는 분자들 사이의 거리가 가까워서 고체의 형태를 띠게 됩니다.

하지만 지방산 다리를 구성하는 탄소와 수소의 결합 중에서 수소가 드문드문 빠져 있는 불포화지방의 경우에는 그렇게 수소가 빠진 부분의 지방산 구조가 꺾이게 되고, 꺾인 부분 때문에 분자 구조가 느슨해집니다. 이로 인해 결국에는 분자와 분자의 거리가 멀어지는 것이지요. 그래서 불포화지방은 실온에서 주로 액체로 존재하기 마련입니다.

포화지방 대 불포화지방

우리 주위에서 볼 수 있는 포화지방과 불포화지방의 예를 들어볼까요? 앞서 말한 버터, 삼겹살에 붙은 돼지비계, 쇠고기 등심에 눈처럼 내린 마블링은 포화지방입니다. 올리브유나 콩기름, 옥수수유, 참기름과 같은 식물성 기름들과 어유(魚油) 등은 불포화지방으로 이루어져 있습니다. 포화지방은 주로 네 발 달린 짐승들의 몸에 들어 있고 불포화지방은 식물이나 물고기 등에 들어 있다는 차이가 있습니다. 그리고 많은 사람들이 전자를 몸에 나쁜 기름으로, 후자를 몸에 좋은 기름으로 알고 있습니다.

대개 '나쁜 기름'은 상온에서 고체이고, '좋은 기름'은 상온에서 액체이기는 합니다. 하지만 어떤 기름이 몸에 좋고 나쁘고의 기준이 단지 실온에서 액체 상태냐 고체 상태냐에 달려 있을 수는 없습니다. 각각의 생물이 지닌 특성에 따라 건강에 좋은 기름과 나쁜 기름을 나눌 수 있습니다.

원래 지방 성분은 1g당 9kcal나 되는 열량을 내기 때문에 아주 유용한 에너지 저장원입니다. 먹을 것이 부족한 자연 상태에서는 이것을 많이 섭취하고 비축하는 것이 생존에 유리합니다. 그중에서도 인간을 비롯한 포유류와 조류는 에너지를 포화지방의 형태로 저장합니다. 이들은 늘 움직이기 때문에 가능하면 보관 장소를 적게 차지하는 에너지원이 필요합니다. 포화지방은 차곡차곡 쌓을 수 있기 때문에 저장과 운반이 용이하지요. 또한 실온에서 보관하기도 쉽고요. 물론 고체는 사용하기에 불편하지만 포유류나 조류는 온혈 동물이기 때문에 녹여서 사용하는 데 지장이 없습니다. 이런 여러 가지 이유로 포화지방 상태로 에너지를 저장하는 것은 유리한 편입니다.

비계(포화지방)가 잔뜩 붙은 돼지고기 삼겹살.

그러나 식물이나 물고기처럼 체온을 조절할 수 없는 생명체의 경우, 날씨가 추워지면 포화지방도 같이 굳어 버리기 때문에 에너지로 사용하지 못합니다. 따라서 날씨가 추워져도 굳지 않는 불포화지방의 형태로 열량을 비축하는 것이 여러모로 효율적입니다. 또한 이들은 생물학적 특성상 저장 공간의 제한을 덜 받기 때문에 부피를 더 많이 차지하고 운반이 불편한 불포화지방이라도 큰 문제는 없습니다.

애초에 지방 성분에는 죄가 없습니다. 각 지방 성분의 특성은 개체의 서식 환경과 특성에 따라 달라진 것뿐이니까요. 하지만 최근 들어서 이 지방 성분들 중 유독 포화지방을 보는 사람들의 눈길이 곱지 않습니다. 이는 포화지방이 가진 성질, 즉 쉽게 굳거나 덩어리지기 쉬운 성질 탓입니다. 혈액 속에 포화지방 성분이 많이 포함되면, 이들이 혈관 벽에 달라붙어 혈관을 좁게 만들거나 심할 경우 커다란 덩어리를 형성해 혈관을 아예 막아 버릴 수도 있습니다. 이것은 동맥경화, 고지혈증, 고혈압, 뇌졸중, 뇌경색 등의 질병으로 이어질 수 있습니다. 게다가 포화지방이 인체에 과도하게 비축되면 가뜩이나 튀어나온 똥배와 굵은 허벅지 사이즈를 늘리는 데 커다란 기여를 합니다. 최근에 새롭게 등장한 포화지방 중 하나는 더더욱 천덕꾸러기 취급을 면치 못하고 있습니다. 이 포화지방의 이름은 '트랜스지방'으로, 원래는 불포화지방이었던 식물성 기름에 인위적으로 수소를 첨가해 포화지방으로 만든 것입니다.

공공의 적이 되어 버린 트랜스지방

불포화지방은 불안정한 구조 때문에 산소와 반응하면 쉽게 산패(酸敗)되며, 액체이기 때문에 운반하고 저장하는 데 손이 많이 가서 사용하기에 여러모로 불편한 기름입니다. 반면에 저장과 운반이 편리한 포화지방은 값이 비싸다는 것이 문제였지요. 이에 화학자들은 값이 싼 불포화지방에 살짝 화학적인 변화를 일으켜 저장과 운반이 편리한 포화지방의 형태로 바꾸는 방법을 개발해 냈습니다. 이것이 바로 트랜스지방입니다.

불포화지방의 변화를 일으킨 부분에서 나타나는 탄소와 산소의

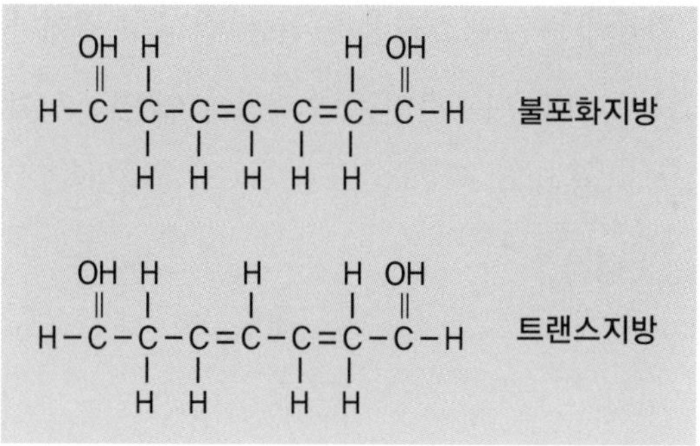

불포화지방

트랜스지방

불포화지방과 트랜스지방의 분자 결합 모습. 불포화지방의 탄소 이중 결합 부위에서 한쪽 방향으로 놓여 있던 수소를 양쪽 방향으로 교차시켜 놓게 되면, 구부러진 구조가 펴져서 실온에서 액체 상태였던 불포화지방이 고체 상체인 트랜스지방으로 바뀌게 된다.

결합형태가 트랜스형(화학 결합에서는 X자 혹은 교차 형태의 결합을 트랜스형 결합이라고 합니다)이었기 때문에 '트랜스지방'이라는 이름이 붙었지요. 흔히 버터의 대용품으로 많이 쓰이는 마가린이나, 튀김기름 대신 쓰이는 쇼트닝 등이 대표적인 트랜스지방입니다. 이들은 액체 상태인 식물성 기름(주로 옥수수유나 콩기름 등)의 수소 위치를 바꿔 고체로 만든 것입니다. 트랜스지방은 값이 싸고 보관과 운반이 쉬워서 지난 세기에 엄청나게 많이 사용되었습니다. 한때는 대부분의 튀김 음식점에서도 콩기름이나 옥수수유 대신 쇼트닝을 튀김 기름으로 사용했었지요.

트랜스지방은 애초에는 불포화지방이었지만 변화를 거친 후에는 포화지방과 같은 성격을 갖습니다. 트랜스지방 역시 많이 섭취할 경우 각종 심혈관계 질환과 비만의 원인이 될 수 있습니다. 그리고 트랜스지방은 인공적으로 합성된 물질이기 때문에 이에 적응되지 않은 인체에서 천연 포화지방보다 암이나 알레르기 등을 일으킬 위험성이 높습니다. 그래서 최근에는 트랜스지방을 인류 건강을 위협하는 공공의 적으로 인식하여 이를 퇴출하려는 움직임이 일어나고 있지만, 싼 값으로 고소하고 바삭한 맛을 내주는 트랜스지방의 매력을 쉽게 거부하지 못하고 있습니다.

지방, 우리 몸에 꼭 필요한 물질

무조건 몸에 나쁘다는 오해를 받기도 하는 지방은 사실 우리 몸에 꼭 필요한 물질입니다. 지방은 에너지의 좋은 저장원이며 세포를 구성하는 가장 기본 성분인 세포막의 성분이기도 합니다. 그러니 지방 성분을 너무 제한하는 것도 건강을 위해 좋은 것만은 아닙니다. 문제는 지방 과다 섭취입니다. 지방으로 만든 음식은 고소하고 맛이 좋아 과식하기 쉽습니다. 그런데 과다하게 지방을 섭취하다 보면 질병이 생길 수 있습니다. 그러나 적당한 지방 섭취는 건강을 위해 필요합니다. 지방을 식단에서 완전히 퇴출시키는 것보다는 몸에 좋은 불포화지방을 중심으로 적당한 양의 지방을 섭취하는 것이 좋습니다.

그리고 한 가지 더, 식물성 기름이나 생선 기름은 비교적 몸에 좋은 불포화지방이기는 하지만 지나치게 많이 섭취할 경우에는 체내에서 포화지방으로 변환될 수 있습니다. 그러니 이 경우에도 과다 섭취는 결코 이롭지 않습니다. 지방의 과다 섭취를 피하고, 필수 영양소들과 미네랄과 비타민이 고루 들어 있으며 트랜스지방과 같은 인위적 가공 첨가물이 들어 있지 않은 음식을 골라 먹는 것이 바로 건강을 위한 비법이지요. 그러니 덱스터도 건강을 위한다면 아침 식단을 바꿀 필요가 있을 것 같네요. 물론 샐러드를 아삭아삭 씹어 먹는 덱스터는 어딘가 어울리지 않지만 말이에요.

03

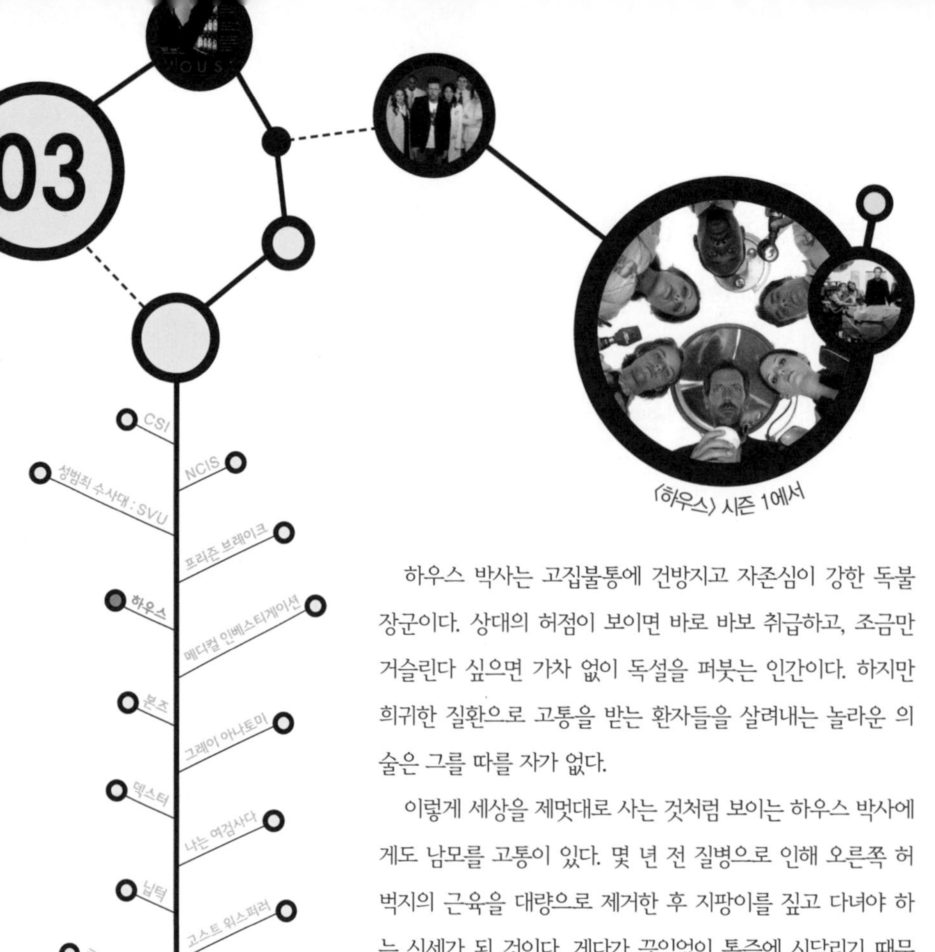

〈하우스〉 시즌 1에서

하우스 박사는 고집불통에 건방지고 자존심이 강한 독불장군이다. 상대의 허점이 보이면 바로 바보 취급하고, 조금만 거슬린다 싶으면 가차 없이 독설을 퍼붓는 인간이다. 하지만 희귀한 질환으로 고통을 받는 환자들을 살려내는 놀라운 의술은 그를 따를 자가 없다.

이렇게 세상을 제멋대로 사는 것처럼 보이는 하우스 박사에게도 남모를 고통이 있다. 몇 년 전 질병으로 인해 오른쪽 허벅지의 근육을 대량으로 제거한 후 지팡이를 짚고 다녀야 하는 신세가 된 것이다. 게다가 끊임없이 통증에 시달리기 때문에 진통제를 팝콘 집어먹듯 먹는 버릇을 가지고 있다. 사실 하우스 박사의 진통제 복용량은 중독 수준일 정도로 심각하다.

어느 날 병원에 진료를 받으러 온 트리터 형사는 하우스 박사의 안하무인과 같은 태도에 그만 화가 나고 만다. 하우스 박사에게 복수를 하기 위해 약점을 찾던 형사는 그가 진통제 중독인 것을 알아낸다. 세상에 이 사실을 공표해서 하우스 박사의 의사 자격을 박탈하고 감옥에 보내겠다는 협박을 하는 형사 트리터. 마지막으로 하우스 박사에게 사과할 기회를 주지만 고집 세고 자존심으로 똘똘 뭉친 그가 이를 들어줄 리 만무하다.

통증을 잠재우는 진통제의 두 얼굴

생명체의 존재를 가능하게 해 주는 통증

하우스 박사는 항상 주머니에 진통제를 가지고 다니면서 팝콘 집어먹듯 먹는 버릇이 있습니다. 아마도 하루에 수십 알씩 먹어 대는 듯합니다. 이 정도로 진통제를 먹는다는 것은 그가 진통제에 중독되었다는 것을 나타내는 증거입니다. 하지만 뛰어난 의사이며 진통제 중독에 대해 누구보다 잘 알고 있는 그가 그런 행동을 보인다는 것은 그만큼 통증이 심하다는 얘기겠지요.

인간의 몸은 고통을 느끼는 신경인 통각 신경이 매우 발달해 있습니다. 통증은 우리가 지닌 오감(五感)의 하나인 촉감의 일종입니다. 촉감은 온몸에 광범위하게 퍼져 있는 감각 수용체에서 들어오는 신호를 말합니다. 감각 수용체는 총 4가지 종류가 있습니다. 즉 따뜻

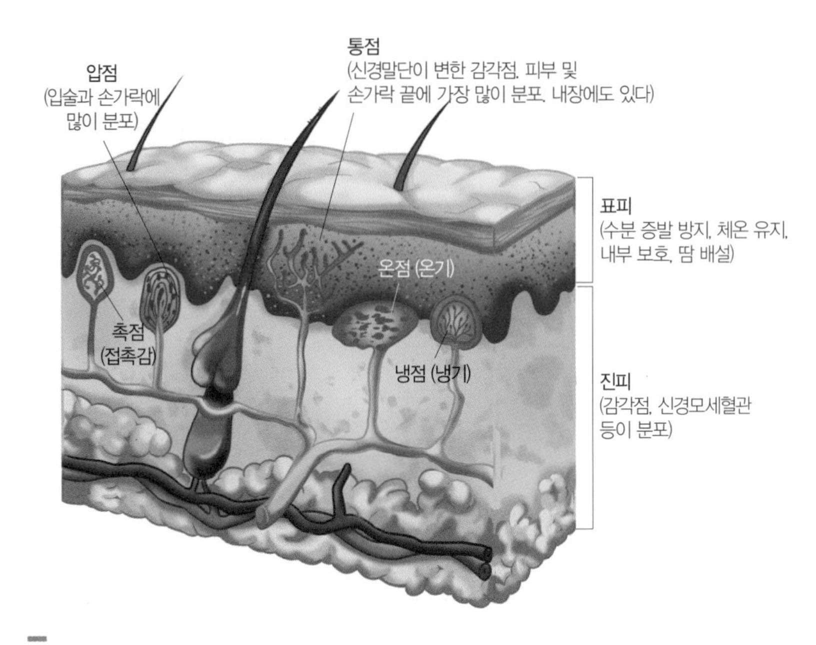

감각 수용체들의 모습.

함을 느끼는 온점(루피니 소체), 차가움을 느끼는 냉점(크라우제 소체), 압력을 느끼는 압점(메르켈 소체, 파치니 소체) 그리고 고통을 느끼는 통점(신경말단)이 그것입니다. 이들은 각각 뜨거움, 차가움, 압력, 고통의 신호를 뇌에 전달하고 뇌는 이 신호를 받아 우리 몸의 상태를 파악하게 되는 것이죠.

자, 과학 시간에 배운 내용을 떠올려 봅시다. 이 여러 가지 감각 수용체 가운데 어느 것이 가장 많이 존재할까요? 따뜻함을 느끼는 루피니 소체가 피부 면적 1cm²당 2~3개 정도만 존재하는 데 비해, 신경말단은 같은 면적에 100~200여 개가 존재합니다. 이들 감각 수용체들은 개수도 차이가 날 뿐 아니라 모양도 저마다 다릅니다. 다른 감각 수용체의 끝 부분이 캡슐에 싸여 있어서 외부 자극에 좀 더 유연하게 대처할 수 있게 되어 있는 데 반해(그래서 '소체'라는 이름이 붙었답니다), 통점은 신경의 끝(말단) 부분이 바로 노출되어 있는 구조를 띱니다.

신경에서 직접 뻗어 나온 끝 부분이 아무런 안전장치 없이 바로 노출되어 있기 때문에, 다른 감각 수용체보다 훨씬 자극에 민감해서 가장 먼저 반응합니다. 통점은 너무 예민해서, 다른 자극이 강렬한 경우에도 이를 통증으로 느끼곤 합니다. 예를 들어 너무 차가운 것을 만졌을 때 차다는 느낌보다는 아프다는 느낌이 먼저 드는 것처럼 말입니다. 너무 뜨거운 것을 만졌을 때도 마찬가지고요. 이처럼 통증은 매우 민감하고 예민한 감각이기에 때로는 사람들을 피곤하게 만듭니다.

그렇다면 왜 하필 통증이 이렇게 민감하게 느껴지도록 진화해 온 것일까요? 만약 고통을 느끼지 않는다면 인생이 얼마나 편안하고 즐거울까요? 그러나 아이러니하게도 아픔을 느낄 수 있다는 것이 생명의 가능성을 훨씬 더 높여 주기 때문에 이는 필수불가결한 감각입니다.

가끔 선천적 신경 이상으로 통증을 느끼지 못하는 아이가 태어날 때가 있습니다. 이 아기의 부모는 한시도 마음을 놓지 못하지요. 세상 물정 모르는 아기는 못에 찔리거나 뜨거운 물에 데어도 아픔을 못 느끼기 때문에 여러 위험한 상황에 그대로 노출되고, 심지어는 생명이 위험해지기도 합니다. 언뜻 생각하기에 통증을 느낄 수 없다면 오히려 편할 것 같지만, 통증 없이는 생명의 존재가 불가능합니다. 통증은 개체의 생존에 위협이 되는 일을 '싫은 것'으로 인식하여 피하게 만들기 때문에 개체의 생존에 도움을 주는 것이지요.

이렇듯 개체의 생존이라는 측면에서 보면 통증은 어쩔 수 없는 생존 전략입니다. 하지만 그것은 어디까지나 통증을 피할 수 있을 때에 한정된 이야기입니다. 예를 들면, 뜨거운 불에 닿았을 때 우리는 극심한 통증을 느끼므로 순간적으로 몸을 피해 더 큰 위험에서 벗어날 수 있습니다. 그러나 수술을 받아야 하는 경우처럼 피할 수도 면할 수도 없는 상황에서 통증은 그야말로 고통일 뿐입니다. 또한 통증은 신체에 스트레스를 많이 주기 때문에 지속적이고 강한 통증을 그대로 감내하는 것은 오히려 생존에 해가 될 수 있습니다. 그래서 사람들은 오래전부터 통증을 경감시키는 법들을 찾아 헤맸지요.

미국 서부 시대를 다룬 영화들을 보면, 주인공인 무법자 총잡이가 총에 맞은 상처 부위를 독한 술로 씻어 내고 나머지 술은 벌컥벌컥 들이켜 고통을 참으면서 총알을 빼내는 장면이 종종 등장합니다. 이처럼 알코올은 오래전부터 일반적인 통증 완화 수단이었어요. 물론 술에 취하면 감각이 둔해지기 때문에 어느 정도 진통 효과는 있습니다. 다만 이는 완전하지 않고 또한 통증을 잊을 정도라면 만취 이상으로 마셔야 하기 때문에 환자의 회복이라는 측면에서는 결코 좋은 방법이라고 할 수 없습니다.

뇌가 인식 못하면 통증도 느낄 수 없다?

따라서 사람들은 오랫동안 효과 좋은 진통제를 찾았고 결국 오랜 시행착오와 경험을 통해 진통 효과를 나타내는 다양한 약초들을 발견했습니다. 그리고 현대 의학은 이를 응용해서 효과가 좋은 진통제들을 만들어 냈습니다. 영어로 통증은 pain, 진통제는 pain killer, 즉 통증을 없애는 약입니다. 앞서 말했듯이 통증이란 감각은 신경을 통해 전달됩니다. 따라서 통증의 근본을 없애기 위해서는 질병이나 부상 등의 원인을 제거해야 하지만, 일시적인 통증 경감만이 목적이라면 신경을 마비시키거나 감각을 느끼게 하지 못하도록 신호 전달을 막으면 됩니다.

우리가 흔히 진통제로 사용하는 아스피린이나 타이레놀 등은 통점인 신경말단에 작용해 통증을 경감시킵니다. 즉 우리 몸은 신체에 이상을 감지하면 프로스타글란딘, 브래디키닌 같은 물질을 방출해 뭔가 몸에 이상이 생겼다는 신호를 뇌로 전달하게 됩니다. 진통제들은 이러한 물질의 활동을 방해하여, 뇌로 가는 통증 신호를 줄여서 몸이 통증을 덜 느끼게 해 줍니다. 이 정도만으로도 두통이나 근육통, 관절통 같은 통증들을 상당 부분 완화시킬 수 있습니다. 하지만 뇌로 가는 신호를 완전히 차단하기는 힘들기 때문에 강한 통증에는 그다지 효과를 발휘하지 못합니다.

아스피린이나 타이레놀은 통증에 면역 체계가 가동되면서 생기는 열과 염증의 완화에도 도움이 되는 경우가 많습니다. 아스피린이 해열 및 소염제로, 타이레놀이 해열제로도 기능하는 것도 바로 이러한 이유 때문입니다. 이런 진통제들은 비교적 안전하지만 진통 효과는 조금 약하기 때문에 암 환자와 같이 극심한 고통에 시달리는 사람들에게는 그다지 효과가 없습니다.

통증이 너무 극심할 때 가장 효과적인 진통 방법은 뇌 자체를 마비시키는 것입니다. 인간의 모든 통증은 뇌가 느끼는 것이기 때문에, 아무리 온몸의 신경들이 고통스럽다고 비명을 질러도 뇌가 이를 인식하지 못하면 우리는 전혀 통증을 느낄 수 없습니다. TV의 음소거 버튼을 누르면 소리가 나지 않습니다. 하지만 방송국에서 송출하는 TV 전파에서 소리의 신호가 아예 없어진 것은 아닙니다. 다만 스피커의 전원을 꺼서 소리를 막은 것뿐이지요.

이처럼 아무리 온몸에서 아프다고 신호를 보내도 뇌에서 이를 인식하지 못하면 아픔을 못 느끼는 것이죠. 이렇게 뇌에 직접 작용하는 진통제로 대표적인 것이 바로 모르핀(morphine)입니다. 모르핀은 양귀비에서 뽑아낸 추출물(아편)을 이용해 만든 진통제로 진통 효과 자체는 매우 강력합니다. 그러나 모르핀은 확실한 진통 효과라는 밝은 가면 아래에 중독과 금단 현상이라는 어두운 본성을 숨기고 있습니다. 모르핀을 비롯해 뇌를 직접 건드리는 진통제를 마약성 진통제라고 하는데, 이들은 뇌에 직접 작용하기 때문에 진통 효과와 더불어 황홀감과 만족감, 환상적인 느낌을 갖게 하는 효과도 있습니다. 그래서 자칫 이에 중독되면 인성이 파괴될 수 있는 것이죠.

모르핀, 헤로인, 코카인 등과 같은 마약은 아주 미량만을 사용해도 중독이 될 수 있으며, 이를 끊었을 때 나타나는 금단 현상은 겪어 보지 않은 사람들은 상상조차 할 수 없다고 합니다. 이렇듯 뇌에 직접 작용하는 마약류 물질은 중독으로 인한 부작용이 커서 사람들은 강력한 진통 작용을 그대로 유지하되 중독성은 없는 물질을 찾기 위한 노력을 계속했습니다. 그러나 아직까지 이렇다 할 연구 결과는 알려지지 않고 있습니다. 실제로 아편에서 모르핀과 구조가 비슷한 코데인이나 파파베린 같은 물질을 분리해 내는 데 성공했으나, 이들은 진통제가 아니라 매우 묽게 희석하여 다른 용도(코데인은 기침약, 파파베린은 기관지 확장제, 발기유도제)로 쓰이고 있답니다. 이런 이유로 모르핀은 중독의 위험에도 불구하고 아직까지도 의료용으로 제한적으로 쓰이고 있지요.

통증은 생명의 경고등

극심한 통증은 삶의 의지를 갉아먹고 정신을 피폐하게 하기 때문에 어쩌면 고통을 못 느꼈으면 좋겠다고 생각할지도 모릅니다. 그러나 고통의 진정한 목적은 우리를 위기 상태에서 깨우쳐 주는 것이기에 통증은 피할 수 없는 운명이랍니다. 즉 고통은 더 나은 삶을 위한 일종의 액땜입니다. 그러나 애초에 그런 형태로 진화되어 왔다고 해서 통증을 고스란히 받아들여야만 하는 것은 아니라고 생각합니다. 통증은 생명의 위협을 나타내 주는 경고등이지, 통증을 이겨 낸다고 해서 위협 자체가 없어지는 것은 아니기 때문입니다.

불이 났을 때 시끄럽게 울리는 화재 경보는 불이 난 것을 사방에 알리는 일을 합니다. 그런데 아무도 이를 듣는 사람이 없다면 화재를 진압할 수 없습니다. 또한 성공적으로 불을 끄고 난 뒤에는 화재 경보를 반드시 꺼야만 다음을 대비할 수도 있지요. 통증도 이와 마찬가지입니다. 통증은 우리 몸의 이상을 신호로 알려 주는 경고등으로 여기고, 일단 경고가 접수된 이후에는 더 이상 시끄럽게 울리도록 놓아두어서는 안 됩니다. 통증을 일으킨 원인이 파악된 뒤에는 될 수 있으면 빠른 시간에 완전히 제거하는 것이 바람직합니다.

대표적인 예가 여성들이라면 거의 대부분이 겪는 생리통입니다. 보통 생리통은 그 원인에 따라 1차성과 2차성으로 나뉘는데, 특별한 원인을 발견할 수 없는 경우는 1차성, 자궁 내 종양이나 골반염 등의 질병에 의해 발생하는 경우를 2차성이라고 합니다. 2차성 생리통의 경우, 이는 신체에 이상이 있음을 알리는 경고등이니 꼭 필요한 경우라고 할 수 있습니다. 하지만 별다른 이상이 없어도 발생하는 1차성 생리통은, 특별한 의미가 없음에도 여성들에게 많은 고통을 주고 있습니다. 생리통은 여성이라면 누구나 겪는 당연한 일로 받아들여지는 탓에 이에 대한 연구나 대처가 미흡한 것이 현실입니다. 잘못된 경고 신호로 인해 고통을 받는다면 경고등을 고치거나 울리지 않도록 해야 하는 것이 당연한데도 말이죠.

시도 때도 없이 울리는 고장 난 사이렌이 화재 경보기 역할을 제대로 수행하지 못하는 것처럼, 만성적이고 지속적인 통증은 오히려 다른 질환의 발견에 방해가 될 수 있습니다. 정말 위험할 때만 경보가 울려야 하듯이 통증도 그래야 합니다. 이런 이유에서도, 통증을 빠르고 정확하게 치료하는 것은 매우 중요합니다.

〈나는 여검사다〉 시즌 1에서

파티에 참석했던 여대생이 집에 귀가하던 중에 실종되는 사건이 발생한다. 여학생의 흔적을 추적하던 경찰은 목격자의 진술에 따라 파티에서 그녀와 마지막으로 같이 있었다던 남학생을 유력한 용의자로 지목하고 그를 체포한다. 그는 피해자를 납치한 범인이었다. 오랫동안 피해자를 짝사랑했지만 자신을 받아들이지 않는 데에 분노를 느끼고 범행을 저지른 것이다. 그러나 여전히 피해자의 생사 여부는 알 수 없는 상태. 검찰은 결국 변호사를 요구하는 범인의 권리를 무시하고 강압적으로 피해자가 감금되어 있는 장소를 알아낸다. 범인에게 자백을 받아낸 검찰은 급히 피해자를 구출했지만 자백을 얻어낸 방식이 강압적이었다는 이유로 어렵게 찾은 증거가 모두 무효가 될 위험에 처한다.

이제 남은 희망은 피해자의 증언에 달려 있다. 그러나 의식불명 상태로 발견된 여대생은 다행히 정신은 차렸지만 그동안의 일을 전혀 기억하지 못한다. 결국 검찰은 범인을 풀어 줘야 할지도 모르는 상황에 처하는데…….

스토커가 마취제를 몰래 먹이면?

범죄에 이용되는 마취제

사람의 뇌는 컴퓨터처럼 일정한 방식으로 정보에 반응하는 것이 아니라 때에 따라 다른 방식으로 반응합니다. 충격적인 경험인 경우, 다른 기억보다 더욱더 선명하게 뇌리에 남을 수도 있지만, 때에 따라서는 아예 기억조차 못하기도 합니다. 너무나 충격적인 사건의 경우, 인간은 스스로를 보호하고자 하는 본능으로 인해 기억 자체를 아예 묻어 버리기도 한답니다. 그렇다면 이 에피소드의 피해자 여대생도 납치와 그 후에 일어났던 일련의 사건들을 떠올리는 것이 두려워 스스로 기억을 봉인한 것일까요? 실제로 매우 충격적인 일을 겪었을 경우 그 부분에 대한 기억만 잊어 버리는 부분적 기억상실증이 일어나기도 합니다. 하지만 이러한 일은 매우 드물며, 한편 스스로 조절할 수도 없는 일입니다. 실제로는 이런 경우보다는 드라마 속 여대생처럼 약물에 의한 기억상실이 더 현실적이라고 할 수 있습니다.

납치 당시의 기억을 잃은 여대생을 조사해 보니 몸속에서 로히프놀(rohypnol) 성분이 발견됩니다. 로히프놀은 플루니트라제팜(flunitrazepam)이라는 화학약품의 상품명으로, 체내에 들어오면 근육을 이완시키고 정신을 진정시켜 수면 상태로 빠져들게 하는 물질입니다. 특히 로히프놀은 일시적인 기억상실을 유도하여, 로히프놀에 취해 있을 때의 기억을 사라지게 하는 특징을 지니기 때문에 마취시 보조제로 쓰였던 약물입니다.

그런데 얼마 전부터 이 로히프놀을 불법적으로 사용하여 범죄에 이용하는 경우가 발생해 몇몇 국가에서는 판매를 금지하기도 했습니다. 범죄자들이 술이나 음료수 등에 몰래 로히프놀을 섞어서 피해자에게 먹인 뒤에 상대가 무력해진 틈을 타 범죄를 저지르는 사건들이 일어났거든요.

아무것도 모른 채 로히프놀을 먹은 피해자들은 근육에 힘이 빠지고 수면 상태에 빠지기 때문에 범죄에 대해 속수무책으로 노출될 뿐 아니라, 로히프놀에 취해 있었던 시간의 기억마저 잃어버려서 자신에게 무슨 일이 일어났는지조차 모르는 경우가 많습니다. 이 드라마 속 여대생의 경우에도 범인은 피해자에게 로히프놀이 든 술을 먹여 피해자를 무방비 상태로 만든 뒤 납치를 했던 것이죠.

통증을 잊게 하는 웃음 가스

범죄에 이용되면서 부정적인 이미지를 갖게 된 마취제는, 사실은 인류의 역사에서 매우 중요한 역할을 한 물질입니다. 만약 마취제가 발명되지 않았더라면 아무리 간단한 수술도 생사의 기로를 오가는 심각한 일이 되었을 것입니다.

2007년에 개봉한 국내 영화 〈리턴〉은 마취제를 소재로 다루고 있습니다. 이 영화 속에서는 '수술 중 각성'이라는 특이한 현상이 등장합니다. 이것은 일종의 마취 부작용으로, 의식은 깨어있는데 몸은 움직일 수 없는 상태를 말합니다. 수술의 통증은 그대로 느끼면서도 어떠한 조치도 취하지 못하는, 말하자면 몸이 베이는 고통을 그대로 느끼면서도 비명조차 지를 수 없는 끔찍한 경우를 말합니다. 이러한 일을 겪고 난 사람에게는 커다란 정신적 상처가 남으리라는 것은 충분히 짐작이 되지요.

마취제는 사람이 견디기에는 너무나 힘든 고통스러운 시간을 건너뛰게 함으로써 인간의 삶에 커다란 위안을 준 물질입니다. 마취(痲醉, anesthesia)의 뜻을 사전에서 찾아보면, "감각·지각의 소실이나 마비, 특히 외과적 수술 및 동통성 처치를 수행하기 위한 통각 소실에 적용한다."라고 나와 있습니다. 마취에서 가장 중요한 것은 '통각 소실', 즉 통증을 없애는 것입니다. 앞에서 진통제에 대해 이야기하기도 했지만, 통증을 없애기 위한 노력은 아주 오래전부터 있어 왔습니다. 심각한 부상을 치료하기 전에 환자를 아예 기절시키거나 독한 술을 잔뜩 먹여 의식을 잃게 하는 것은 원시적인 형태의 마취 방법이었습니다. 그 밖에도 다양한 허브나 약초, 양귀비, 코카나무의 잎, 차가운 얼음, 식초 등이 통증 제거에 사용되었지만, 이들 모두 진정한 의미에서 마취제라고 부르기에는 효과가 부족한 것들이었습니다.

현대적 의미의 마취제가 처음으로 개발되어 이용된 것은 19세기 들어서였습니다. 18세기 말경부터 화학의 발전으로 인해 다양한 화학물질이 발견되거나 합성되어 사람들의 관심을 끌었는데, 그중 험프리 데이비는 아산화질소(N_2O)에 주목했습니다. 질소 원자 둘에 산소 원자 하나로 구성된 아산화질소는 '소기(笑氣, 웃음 가스)'라는 다른 이름처럼, 이를 들이마시면 감각이 점차 무뎌지면서 눈앞에 별들이 돌아가는 듯한 느낌이 나고 기분이 좋아져서 마구 웃고 싶어지는 특징을 가지고 있습니다. 처음에 아산화질소는 신기하고 재미있는 물질로 알려져 파티에서 흥을 돋우는 레크리에이션 물질로 사용되었다고 합니다.

최초로 아산화질소를 마취제로 사용한 사람은 호레이스 웰스라는 치과의사였습니다. 그가 아산화질소를 처음 접한 것은 어느 파티에서였습니다. 거기서 그는 웃음 가스를 들이킨 한 젊은이가 다리가 다쳐서 피가 흐르고 있음에도 아무렇지도 않게 돌아다니는 것을 봅니다. 이에 웰스는 아산화질소가 통증을 차단시키는 작용이 있다고 생각하고, 아산화질소를 들이킨 뒤 자신의 이를 뽑는 투철한 실험정

신을 발휘하게 됩니다. 이 실험의 결과, 웰스는 건강한 이 한 개를 잃었지만 전혀 아프지 않게 이를 뽑는 기술을 획득하게 되었지요. 그는 이 기술 덕분에 치과의사로서 큰 인기를 끌게 되었습니다. 이후에 특정 기체들이 마취 작용을 한다는 사실이 알려지면서, 웃음 가스 이외에도 에테르(ether)나 클로로포름(chloroform)과 같은 흡입 마취제들이 발견되어 여러 분야에서 사용되었습니다. 특히 1853년 영국의 빅토리아 여왕이 레오폴드 왕자를 낳을 때 클로로포름을 이용하여 무통 분만에 성공한 이후, 클로로포름은 산고를 진정시키는 데도 이용되기 시작하지요. 현재는 클로로포름의 부작용으로 인해, 척추를 둘러싼 경막에 마취제를 주사하는 경막외 마취를 무통 분만에 사용합니다.

현재는 아산화질소에 비해 더욱 효능이 좋은 마취제가 많이 발명되어 수술 시 아산화질소를 쓰는 경우는 적어졌지만, 아직도 치과 진료에서는 환자의 불안을 덜어주고 통증을 경감시킬 목적으로 아산화질소를 사용하곤 한답니다.

근육을 이완시키는 마취제

흔히 마취제라고 하면 통증을 없애는 약물이라고만 생각합니다. 하지만 실제 수술에 사용되는 마취제, 특히 전신마취제에는 통각을 차단하는 성분 외에도 다양한 성분이 포함되어 있습니다. 그중 대표적인 것이 진정 성분과 근육이완 성분입니다.

단순히 통증을 제거하는 것이라면 진통제만으로도 가능하지만, 수술처럼 정교하고도 위험한 작업을 효과적으로 하기 위해서는 환자가 움직이거나 힘을 주면 곤란합니다. 그래서 보통 전신마취를 할 경우에는, 진정제와 근육이완제를 함께 사용해 환자의 의식을 없애고 근육이 경직되는 것을 막아 움직이지 못하게 하는 것이죠.

그런데 근육이완제를 사용하면 수술은 수월해지지만, 환자는 전신 근육이 모두 이완되는 탓에 스스로 호흡을 할 수 없게 됩니다. 그래서 대개 전신마취를 할 경우에는 수술이 끝날 때까지 인공호흡

조절 장치를 이용해 환자의 호흡을 보조해야 합니다.

마취제는 적절한 곳에 올바르게 사용하면, 끔찍한 고통을 자각하지 않고 수술을 받을 수 있게 해 주는 고마운 존재입니다. 하지만 마취제는 의식을 잃게 하고 전신의 근육을 이완시켜 버리는 물질이라 자칫 잘못하면 인간에게 위협이 될 수 있습니다.

전신마취를 하는 경우에, 아주 드물지만 심각한 마취제 부작용이 나타나는 경우가 실제로 있습니다. 마취제에 대한 알레르기 반응이나 기타 다양한 원인으로 인해 마취 상태에서 깨어나지 못하거나 심하면 사망에 이르는 것입니다.

마취제로 인해 혼수상태에 빠지는 경우는 약 8,000~10,000건의 수술 당 1건의 비율로 일어나고 있습니다. 드물기는 하지만 그 결과는 매우 치명적입니다. 결코 간과할 수 없는 문제임이 틀림없습니다. 또한 이렇게 심각한 경우가 아니더라도, 마취제로 인한 구토나 두통, 근육통, 오한, 일시적인 기억상실 등이 드물지 않게 일어나며, 이로 인해 2차적으로 기도 폐쇄, 폐렴 등이 일어나기도 합니다.

이처럼 마취제는 매우 유용한 약물이기는 하지만, 가끔씩 치명적인 부작용이 있을 수 있기 때문에 항상 전문가를 통해서 사용되어야 하는 약물입니다. 병원마다 마취과 의사 선생님이 따로 있는 것은 마취가 그만큼 전문적인 기술이 요구되는 분야이기 때문이랍니다.

마취 수술 전과 수술 후의 처치들

전신마취를 하기 전에, 대개는 수술 전날부터 환자에게 아무것도 먹이지 않습니다. 마취제 부작용으로 가장 흔한 증상인 구역질에 의한 부작용을 막기 위해서입니다. 이때 위장에 음식물이 남아 있는 경우 구역질로 인해 구토를 할 수 있기 때문에 음식 섭취를 금지하는 것입니다. 구토 자체는 그다지 위험하지 않지만, 마취로 인해 근육이 이완된 상태에서는 기도가 구토물을 뱉어 낼 수 없어서, 이것이 기도를 막아 환자를 위험한 상태에 빠뜨릴 수 있기 때문에 위장을 비워 두는 것입니다.

또한 병원에서는 전신마취를 하고서 가슴이나 복부에 수술을 받은 환자들가 깨어나면 크게 기침을 해서 가래를 뱉어 내라고 합니다. 가뜩이나 배를 째서 아픈데 기침까지 하려니 배가 여간 당기는 게 아니지만 억지로라도 기침을 해야 합니다. 이것 역시 마취제의 특성 때문입니다. 마취제로 인해 근육이 모두 이완되는 경우, 기관지의 섬모마저 활동을 멈춰서 기관지 안에 쌓이는 노폐물을 밖으로 내보내지 못합니다. 전신마취로 수술을 받은 후에는 기관지 안에 평소보다 많은 노폐물이 쌓여있기 마련인데, 어떤 경우에는 그것이 그대로 폐로 넘어가 폐렴을 일으킬 수 있습니다. 그래서 전신마취 수술 후에는 이런 노폐물들을 가급적 빨리 배출하는 것이 좋습니다.

마취제는 올바르게 잘 사용하면 인간에게 매우 도움이 되는 존재입니다. 하지만 함부로 사용하면 오히려 사람을 망가뜨리는 날카로운 칼이 될 수도 있습니다. 확실한 것은, 주의사항을 숙지하고 조심해서 사용하면 인간에게 도움을 더 많이 주는 존재라는 것입니다. 그러니 마취제를 함부로 사용하는 것도 위험하지만, 마취제에 대한 막연한 공포심 때문에 꼭 필요한 수술까지 거부하는 것은 좋지 않습니다.

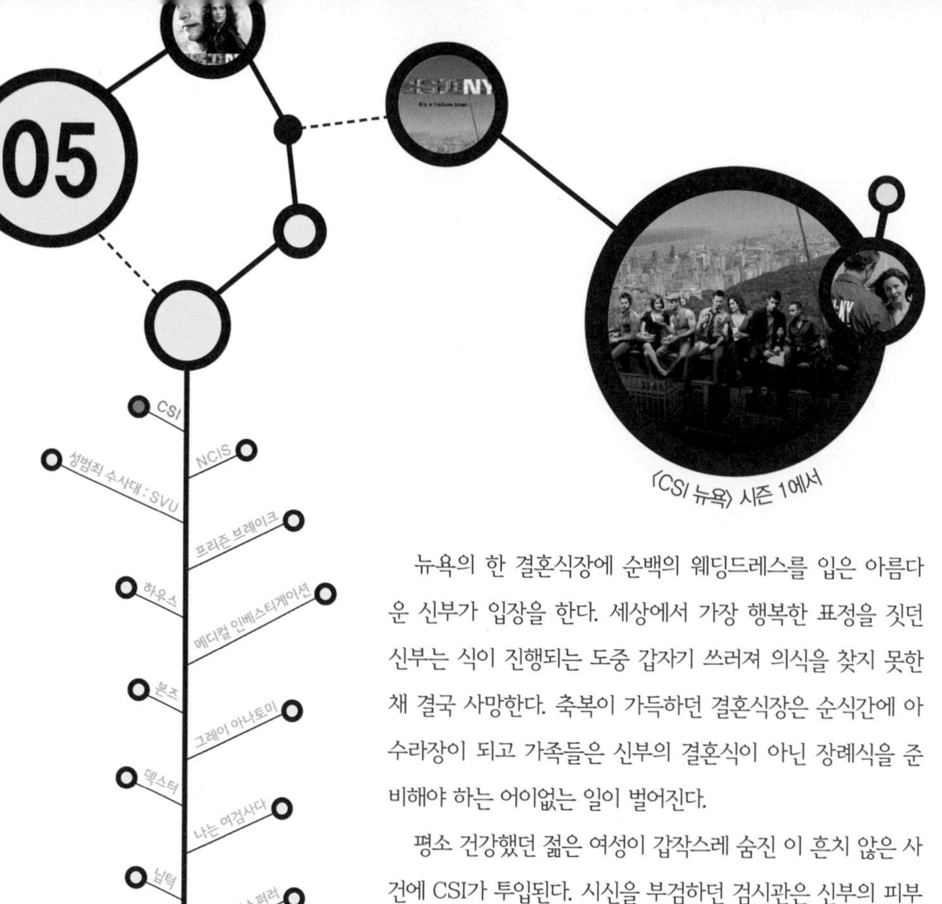

〈CSI 뉴욕〉 시즌 1에서

뉴욕의 한 결혼식장에 순백의 웨딩드레스를 입은 아름다운 신부가 입장을 한다. 세상에서 가장 행복한 표정을 짓던 신부는 식이 진행되는 도중 갑자기 쓰러져 의식을 찾지 못한 채 결국 사망한다. 축복이 가득하던 결혼식장은 순식간에 아수라장이 되고 가족들은 신부의 결혼식이 아닌 장례식을 준비해야 하는 어이없는 일이 벌어진다.

평소 건강했던 젊은 여성이 갑작스레 숨진 이 흔치 않은 사건에 CSI가 투입된다. 시신을 부검하던 검시관은 신부의 피부가 웨딩드레스와 닿은 부위만 하얗게 변색된 것을 발견하고, 독살에 의한 살인사건이라는 의심을 하게 된다.

정밀검사 결과 웨딩드레스에서 방부제의 일종인 포르말린이 대량으로 검출된다. 사망한 신부의 사인은 포르말린의 독성에 의한 중독사였던 것. 웨딩드레스가 살인에 사용된 도구라는 것이 밝혀지자 평소 신부를 질투하던 주변인이 벌인 복수극이라 생각하고 수사를 벌인다. 그러나 놀랍게도 범인은 전혀 의외의 인물이었다.

신부의 웨딩드레스에 독극물이?

영화 〈괴물〉에도 등장했던 포르말린

아름다운 결혼식장에서 일어난 비극적 사고. 행복한 미래를 꿈꾸던 신부의 인생을 앗아간 것은 복수도 질투도 아닌 눈앞의 이익에 눈먼 자의 얄팍한 상술이었습니다. 우리나라의 풍습에서는 사람이 죽으면 시신을 삼베로 꽉꽉 덮어 염을 한 뒤 관 뚜껑을 닫고 장례를 지내지만, 고인의 마지막 모습을 기억하기 위해 관 뚜껑을 열어놓은 채 장례를 지내는 문화권도 있습니다. 미국에서는 장의사들이 시체를 방부 처리한 뒤에 마치 살아 있는 사람처럼 꾸며 주곤 합니다. 관 뚜껑을 열고 장례를 지내니 당연히 시신에도 옷을 입히고, 머리 손질도 하고, 얼굴 화장도 시킵니다. 남은 이들은 고인의 마지막 모습을 아름답게 기억하고자 형편이 닿는 한 좋은 옷을 입히려고 하지요.

그런데 한 장의사가 웨딩드레스를 입은 채 장례를 치른 어느 여성의 옷에 눈독을 들였습니다. 장의사는 곧 땅 속에 묻힐 이에게 그렇게 좋은 옷을 입히는 건 낭비라고 생각했습니다. 그래서 그는 장례식이 끝난 뒤 시체의 옷을 벗겨서 이를 헌옷 가게에 팔아넘겼던 것입니다. 그러나 시신에 입혀졌던 옷들은 보기에는 새 옷처럼 멀쩡했지만, 사실은 시신을 방부 처리할 때 사용한 독한 포르말린 성분이 옷에 그대로 남겨져 있었습니다.

포르말린은 인체에 아주 치명적인 독성 물질입니다. 결국 행복한 결혼식 날에 죽음을 맞이한 신부는 그 장의사가 시신에서 벗겨 판 웨딩드레스를 입었다가 사고를 당한 것이었습니다. 포르말린에 포함된 포름알데히드는 특히 기체 성분일 때 매우 해롭습니다. 포름알데히드는 피부를 통해서도 흡수될 수 있기 때문에 포르말린에 오염된 옷을 입은 경우, 피부를 통해서 포름알데히드가 흡수되어 중독 현상을 일으킵니다. 포르말린은 폐수종을 일으키기도 하고, 암을 유발시키기도 하며 심할 경우에는 사망에 이르게 합니다.

영화 〈괴물〉에서는 한강에서 괴물이 태어나게 된 이유가 포르말린 때문인 것으로 그려지는데, 이는 포르말린이 발암물질로 DNA에 손상을 줄 수 있다는 사실을 참고한 듯합니다. 영화에서는 한강에 불법적으로 방류한 포르말린으로 인해 돌연변이 생명체가 탄생했다고 가정하고 이야기를 진행하고 있습니다. 그런데 한강에 독극물인 포르말린을 무단으로 방류한 사건은 놀랍게도 실제로 있었던 사건입니다.

지난 2000년, 국내 주둔하고 있는 미 8군의 영안소를 담당하던 맥팔랜드는 시체처리용으로 사용했던 포르말린 약 2,000리터를 한강에 무단으로 방류한 혐의로 고발되었습니다. 독성 화학물질은 폐기 시에 전문처리업체에 의뢰하여 수거 후 안전하게 처리해야 한다는 기본 지침조차 무시한 것처럼 보였던 이 황당한 사건은 당시 많은 국민들을 분노하게 했습니다. 이때 방류된 포르말린으로 인해 괴생명체가 만들어졌을 거라는 생각은 비록 상상이지만, 이로 인해 한강의 오염이 더 심해졌다는 것은 분명 사실입니다.

생각보다 많은 곳에 쓰이는 포르말린

포르말린은 우리에게 방부제로 더 유명합니다. 포르말린이란 포름알데히드(formaldehyde)라는 화학물질을 물에 녹여 만든 액체입니다. 포르말린 속에는 약 35~70%의 포름알데히드가 들어 있답니다. 포르말린은 세균과 바이러스, 곰팡이 등이 번식하고 자라나는 것을 방해하기 때문에 흔히 살균 소독제로 사용됩니다.

포르말린은 거의 모든 미생물을 죽이는 작용을 하는데, 세균이 지닌 아미노기(amino group)와 반응하여 단백질의 변성을 일으켜서 세균을 죽입니다. 포르말린의 살균 소독 효과는 매우 빠르고 확실하

포르말린은 동물 표본을 썩지 않도록 보존하는 액체로 많이 사용된다.

기 때문에 다양한 분야에서 살균 소독제로 많이 사용됩니다. 특히나 대규모로 닭이나 누에를 치는 농가에서는 세균 감염을 방지하고자 포르말린을 이용해 우리를 소독합니다. 포르말린에 과망간산칼리를 섞으면 포르말린 속에 들어 있던 포름알데히드가 다시 기체 형태로 방출되는데, 이 기체를 이용해 훈증 소독을 합니다. 연기나 기체를 이용하는 훈증 소독은 넓은 공간도 구석구석 소독이 가능하기 때문에 대규모 축사나 우리를 소독하는 데 용이하지요.

또한 포르말린은 살균 소독 기능뿐 아니라 탈수 기능도 있어서 물질이 썩지 않도록 방부 처리할 때 많이 이용됩니다. 주로 방부 처리의 대상이 되는 것은 동식물의 사체입니다. 학교의 과학실 선반에 흔히 있는 동물 표본을 만들 때 방부용액으로 사용하는 액체가 바로 포르말린입니다. 포르말린은 이처럼 살균 소독제나 방부제로 많이 쓰입니다. 많은 사람들이 포르말린은 일상에서 그리 많이 쓰이지 않을 것이라 생각합니다. 하지만 포르말린의 원료가 되는 포름알데히드는 생각보다 훨씬 더 많은 분야에서 쓰이는 물질이랍니다.

실제로 산업적으로 생산되는 포름알데히드의 50%는 수지(樹脂, 나뭇진)처럼 유기화합물로 이루어진 고체를 뜻하는 말로, 천연수지와 합성수지(플라스틱)를 만드는 데 쓰입니다. 각종 플라스틱, 접착제, 염료 및 페인트, 인쇄용 잉크, 전기절연재, 발포제, 비료, 포장지 및 종이를 만드는 데 포름알데히드가 중요한 물질로 사용되지요. 지난 2008년, 분유에서 검출되어 세간을 발칵 뒤집었던 멜라민을 만들 때도 포름알데히드가 사용됩니다. 그뿐 아니라 우리가 음식을 담아 먹는 그릇 재료로 많이 사용되는 멜라민에도 포름알데히드가 들었다고 하지요.

포름알데히드가 다른 물질과 반응하여 고체 상태가 된 이후에는 우리 몸에 크게 해롭지 않기 때문에 그릇의 재료로 사용할 수 있는 것입니다. 하지만 멜라민으로 만든 그릇은 열에 약하기 때문에 뜨거운 음식을 담는다거나 불 옆에 놓아서 녹아내리면 그 안에 포함된 성분들이 기체가 되어 유출될 수 있어 건강상 좋지 않습니다.

이처럼 포르말린은 우리 일상생활 곳곳에 사용되는 흔한 물질입니다. 하지만 흔한 물질이라고 해서 조심하지 않는다면 오히려 우리를 해치는 독(毒)이 될 수도 있습니다. 이 에피소드는 아무리 흔한 물질이라도 주의해서 사용하지 않는다면, 목숨을 앗아가는 무시무시한 물질로 변모할 수 있다는 점을 아주 분명하게 보여 주고 있습니다.

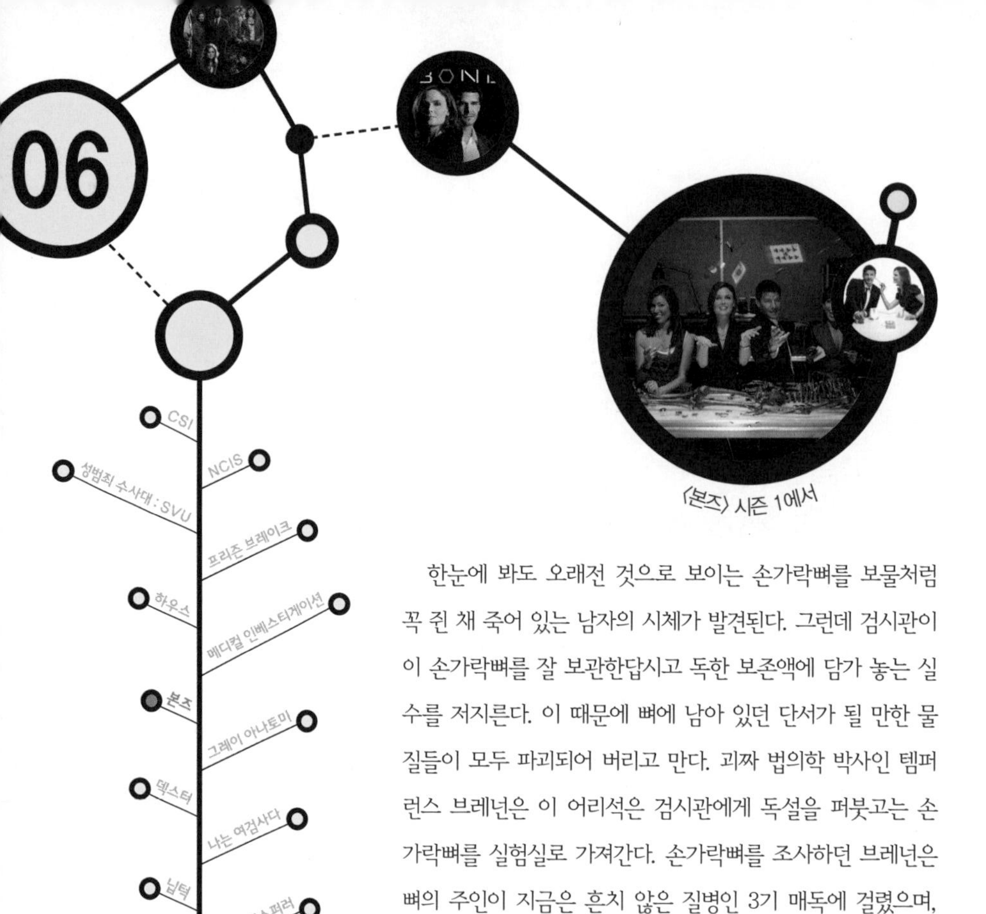

〈본즈〉 시즌 1에서

한눈에 봐도 오래전 것으로 보이는 손가락뼈를 보물처럼 꼭 쥔 채 죽어 있는 남자의 시체가 발견된다. 그런데 검시관이 이 손가락뼈를 잘 보관한답시고 독한 보존액에 담가 놓는 실수를 저지른다. 이 때문에 뼈에 남아 있던 단서가 될 만한 물질들이 모두 파괴되어 버리고 만다. 괴짜 법의학 박사인 템퍼런스 브레넌은 이 어리석은 검시관에게 독설을 퍼붓고는 손가락뼈를 실험실로 가져간다. 손가락뼈를 조사하던 브레넌은 뼈의 주인이 지금은 흔치 않은 질병인 3기 매독에 걸렸으며, 적어도 300년 전에 사망했다는 사실을 알게 된다.

남자의 시체가 발견된 곳은 오래전 해적들이 보물을 묻었다고 전해지는, 예전부터 보물 사냥꾼들이 눈독을 들이던 곳. 그래서 브레넌은 손가락뼈의 주인이 아마도 300년 전에 살았던 해적일 것이라고 추측하였다. 그런데 이러한 사실이 밝혀진 후에 연구실에서 손가락뼈가 감쪽같이 사라지는 사건이 발생한다.

뼈에 드리운 시대의 그림자

방사선 탄소는 어떻게 만들어지는가?

〈본즈〉는 제목 그대로 유골을 단서로 살인 사건을 풀어 나가는 드라마입니다. 유골에 대한 독보적인 지식을 가지고 있는 주인공 템퍼런스 브레넌 박사가 FBI의 사건 해결을 도와주면서 일어나는 일들을 다루는데, 꽤 자주 유골이 살았던 연대를 추정하는 장면이 나옵니다.

이 에피소드에서도 손가락뼈의 주인이 300년 전에 살았던 사람이라는 사실을 밝혀내지요. 그런데 도대체 어떤 방법으로 뼈의 주인이 생존했던 시기를 알 수 있는 걸까요? 어떤 시대를 살았는지가 뼈에 새겨져 있지는 않을 텐데 말이죠.

그냥 눈으로 보기에는 근래에 죽은 사람의 것이든 훨씬 오래전의

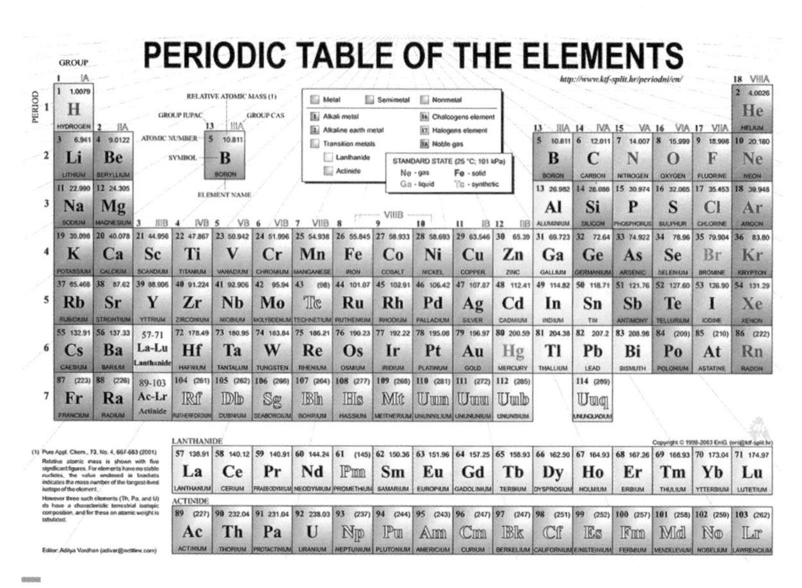

주기율표. 탄소(C)의 원자번호는 6번이다.

것이든 그저 똑같은 뼈로 보입니다. 하지만 뼈에는 그 주인이 어느 시대의 사람이었는지 알려 주는 단서가 숨어 있습니다. 이렇게 뼈의 연대를 알아내는 방법을 방사성 탄소 연대 측정법이라고 합니다. 이 드라마에서도 브레넌의 조수인 잭이 방사성 탄소 연대 측정법으로 손가락뼈의 생존 연대를 측정하는 장면이 나옵니다.

지구상에 존재하는 모든 생물들은 탄소를 기본으로 하는 유기물입니다. 따라서 지구상의 모든 생물들의 화학적 성분비를 살펴보면 탄소는 반드시 존재합니다. 존재하는 정도가 아니라 성분비의 대부분을 차지하지요.

주기율표를 살펴보면 탄소의 원자번호는 6번입니다. 탄소는 6개의 양성자와 같은 개수의 중성자로 이루어지므로, 대부분 탄소의 원자량은 12입니다. 원자량 12인 탄소를 기호로 표현할 때 ^{12}C, 즉 탄소-12라고 부릅니다. 그런데 원소 중에는 원자번호가 동일하지만 원자량이 다른, 즉 같은 탄소라 해도 좀 더 가볍거나 좀 더 무거운 원소들이 존재합니다. 이들을 일컬어 우리는 동위원소(同位元素, isotope)라고 하지요.

원자의 성질을 표현하는 원자번호는 양성자에 의해 결정되고 원자량은 양성자와 중성자의 합으로 결정됩니다. 그러니 같은 종류의 원소인데 동위원소라면, 양성자의 수는 같지만 중성자의 개수가 다르다는 뜻이죠.

예를 들어, 탄소의 경우 보통은 6개의 양성자와 6개의 중성자를 가진 탄소-12 상태로 존재하지만, 간혹 6개의 양성자와 8개의 중성자를 지녀 성질은 그대로이면서 질량은 좀 더 무거운 탄소-14가 존재합니다. 이때 탄소-12와 탄소-14는 성질이 같지만 질량은 다른 동위원소이지요.

탄소-14가 만들어지는 과정은 이렇습니다. 지구는 끊임없이 우주로부터 우주선(宇宙線, cosmic ray)을 받습니다. 우주선이란 태양계를 포함해 우리 은하 전체를 고속으로 날아다닌다고 알려진 입자들의 흐름으로 주로 양성자(수소원자핵)로 이루어져 있습니다. 우주선들이 지구로 쏟아지는 과정에서 지구의 대기 중에 70%를 차지하는 질소와 부딪치는 일이 자주 일어나게 됩니다.

빠르게 움직이는 우주선, 즉 양성자가 질소의 원자핵과 부딪치게 되면 이 충격으로 질소의 원자핵이 하나 떨어져 나가게 되고, 우주선 속에 들어 있던 양성자는 질소가 가진 전자와 결합하여 중성자가 됩니다.

다시 천천히 계산해 봅시다. 원래 질소는 원자번호 7번으로 양성자 7개와 중성자 7개로 이루어진 원자량 14의 원소였습니다. 이때 양성자는 전기적으로 양성을 띠지만, 중성자는 업쿼크 1개와 다운쿼크 2개로 이루어져 있으며 전기적으로 중성을 띱니다.

이러한 질소와 빠르게 움직이는 양성자의 흐름인 우주선이 부딪

우주선은 우주를 고속으로 날아다니다가 지구의 대기와 충돌하면서 질소의 일부를 탄소로 바꾼다.

치게 되면, 원자핵 속의 양성자가 하나 떨어져 나갑니다. 그리고 우주선 속에 포함된 양성자가 결합되는 과정에서 이 양성자가 전자와 짝을 이뤄 중성자가 되는 것이죠. 즉 질소가 우주선과 부딪치게 되면 질소 원자의 양성자는 하나 줄고, 중성자는 하나 늘어나게 된다는 것입니다. 그러면 원자번호 7번이고 원자량은 14였던 질소는 양성자를 하나 잃고 중성자를 하나 얻은 셈이 되어 원자번호는 6번이 되지만, 원자량은 여전히 14를 유지하게 됩니다. 이제 원자번호가 6번이 되었으니 이 원소는 더 이상 질소가 아니라 탄소로 변하게 됩니다.

지구의 대기 속에는 질소가 가장 많고, 우주선은 끊임없이 지구에 쏟아지고 있기 때문에 우리 주변에서는 드물긴 해도 저절로 탄소의 동위원소인 탄소-14가 생겨납니다. 탄소-14는 아무래도 불안정한 원소입니다. 원자량이 14인 경우에는 양성자 7, 중성자 7의 구성이 가장 안정하기 때문이지요. 그래서 탄소-14의 중성자는 다시 양성자와 전자로 쪼개지며 질소-14로 변하려고 하지요. 동위원소들 중에는 저절로 핵분열을 통해 다른 종류의 원자핵으로 변하는 것들이 있는데, 우리는 이런 성질을 가진 동위원소를 '방사성 동위원소'라고 부릅니다. 그리고 방사성 동위원소 중에서 절반이 다른 종류의 원자핵으로 변하는 데 걸리는 시간을 '반감기(half life)'라고 하지요. 이 반감기는 방사성 동위원소의 종류에 따라 걸리는 시간이 일정하기 때문에 시간의 흐름을 예측하는데 쓰이곤 합니다.

탄소-14의 경우에도, 핵분열을 통해 질소-14로 변모합니다. 이때 탄소-14의 반감기는 약 5,730년 정도 걸립니다. 대부분의 원소들은 동위원소들의 비율이 일정하게 유지됩니다. 탄소의 경우, 탄소-14와 탄소-12는 1:1,000,000,000,000(1:1조)의 비율을 유지하며 존재하지요. 자, 지금까지 방사성 탄소에 대해 알아보았으니 이제는 이를 이용해 연대를 측정하는 방법을 설명하도록 하죠.

방사성 탄소를 이용한 연대 측정법

생물체의 몸은 탄소를 중심으로 하는 유기화합물로 이루어져 있습니다. 기본적으로 생물체의 몸을 이루는 탄소는 공기 중에 있는

체내에 들어 있는 탄소의 동위원소의 비율을 조사하여 생명체의 생존 연대를 측정하는 방법을 밝혀낸 윌라드 리비.

탄소에서 유래된 것입니다. 식물은 대기 중의 이산화탄소(CO_2)에서 탄소를 뽑아 식물체 내에 축적하고, 동물은 그 식물을 먹어서 몸을 구성하니까요. 그러다 보니 생물을 구성하는 유기화합물 속에 들어있는 탄소-14와 탄소-12의 비율 역시 대기 중의 탄소-14와 탄소-12의 비율과 동일합니다.

생물체가 살아 있을 때는 외부에서 계속해서 탄소가 유입되어 이 비율이 일정하게 유지됩니다. 그러나 생물체가 죽게 되면 더 이상 외부에서 탄소가 유입되지 않기 때문에 안정적인 탄소-12는 그대로 유지되지만, 불안정한 탄소-14의 경우는 방사성 동위원소의 특성상 붕괴하여 질소-14로 변모합니다. 따라서 오래된 생명체의 생존 연대를 알고 싶으면 체내에 들어 있는 탄소의 동위원소의 비율을 조사하여 탄소-14가 얼마나 줄었는지를 조사하면 됩니다. 탄소-14의 양에 따라 연대를 구할 수 있는 공식이 만들어져 있으니, 조사 결과 나온 숫자를 공식에 대입만 시키면 되지요. 이 연대를 측정하는 방법은 1946년 미국의 물리학자 윌라드 리비에 의해 처음 밝혀졌습니다. 오래전 이 땅에 살았던 생명체들의 생존 시기를 비교적 정확하게 예측할 수 있어 고고학 연구에 많은 도움이 되었지요.

방사성 탄소 연대 측정법을 이용하면 약 500년 전부터 5만 년 전에 살았던 생명체들까지, 그것이 각각 어느 시대에 살았는지를 예측할 수 있답니다. 5만 년 전까지만 측정할 수 있는 이유는 탄소-14의 반감기가 5,730년 정도이기 때문에 5만 년보다 더 오래된 화석이라면 탄소-14가 거의 고갈되어 측정 오차가 커지기 때문이에요.

따라서 5만 년보다 더 오래된 화석이나 지층을 연구하려면 탄소-14보다 반감기가 긴 방사성 동위원소를 이용한답니다. 특히 수억 년 이상의 시간을 거슬러 올라가야 하는 연대 측정에서는 반감기가 짧은 탄소-14는 거의 쓸모가 없고, 대신 반감기가 약 45억 년에 달하는 우라늄 등이 요긴하게 쓰인답니다.

우주, 지구, 생명 그리고 사람

방사성 탄소를 이용한 연대 측정법을 살피다 보니 〈본즈〉의 이번 에피소드에 오류가 있다는 생각이 들더군요. 왜냐하면 방사성 탄소 연대 측정법은 500년 전부터 5만 년 전까지 예측하는 데 주로 사용된다고 했으니까요. 500년 전부터 쓰이는 이유는 동식물의 유해가 그다지 오래되지 않았다면, 방사성 탄소의 변환 역시 그 양이 적어 정확한 측정이 힘들기 때문이겠지요. 어쩌면 요즘에는 기술이 발전하여 500년 이전의 연대 측정도 정확해졌는지도 모르지만 말입니다.

저 멀리 우주에서 움직이는 작은 양성자의 흐름들이 지구에 떨어져 질소를 탄소-14로 변환시킵니다. 그것이 생명체의 몸에 축적되고, 생명체가 숨을 다한 뒤 다시 질소로 변환되고, 그 과정을 사람이 읽어서 생명체의 생존 연대를 밝힙니다. 참 놀라운 일이지요? 우리 몸속에도 우주선에 의해 만들어진 탄소-14가 포함돼 있다는 생각을 하면, 새삼 우주와 지구, 생명과 나라는 존재가 결코 동떨어진 것이 아니라는 생각에 모든 것이 귀하게 여겨집니다.

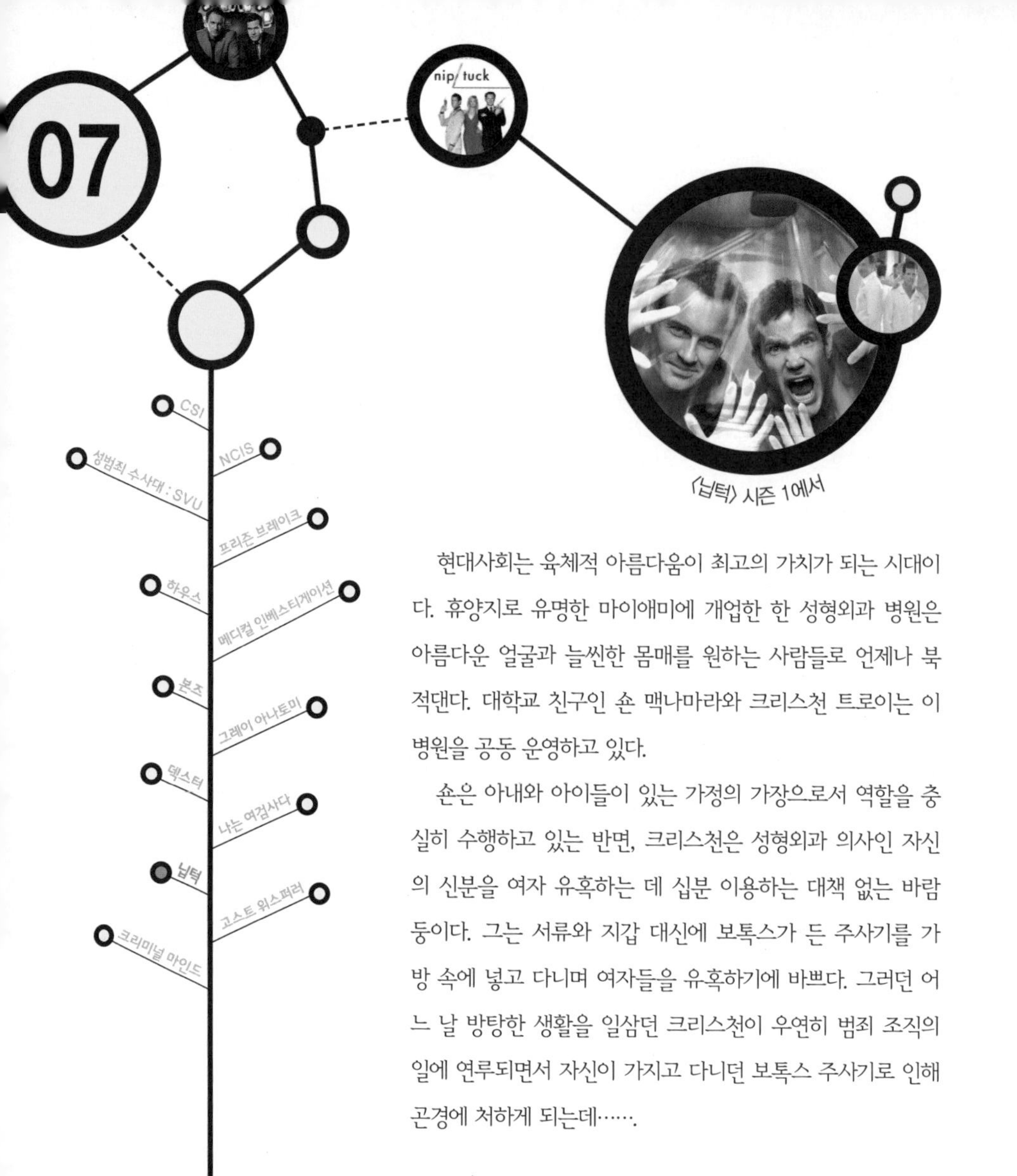

〈닙턱〉 시즌 1에서

현대사회는 육체적 아름다움이 최고의 가치가 되는 시대이다. 휴양지로 유명한 마이애미에 개업한 한 성형외과 병원은 아름다운 얼굴과 늘씬한 몸매를 원하는 사람들로 언제나 북적댄다. 대학교 친구인 숀 맥나마라와 크리스천 트로이는 이 병원을 공동 운영하고 있다.

숀은 아내와 아이들이 있는 가정의 가장으로서 역할을 충실히 수행하고 있는 반면, 크리스천은 성형외과 의사인 자신의 신분을 여자 유혹하는 데 십분 이용하는 대책 없는 바람둥이다. 그는 서류와 지갑 대신에 보톡스가 든 주사기를 가방 속에 넣고 다니며 여자들을 유혹하기에 바쁘다. 그러던 어느 날 방탕한 생활을 일삼던 크리스천이 우연히 범죄 조직의 일에 연루되면서 자신이 가지고 다니던 보톡스 주사기로 인해 곤경에 처하게 되는데…….

보톡스로 여자 꼬신 바람둥이 의사

통조림과 보톡스의 관계

성형 미인의 이야기를 다룬 〈미녀는 괴로워〉가 공전의 히트를 친 적이 있습니다. 그 영화에서 배우 김아중이 연기한 제니는 뚱뚱하고 못생긴 한나의 '성형+다이어트 버전'이었지요. 이 영화의 결론이 매우 흥미로웠습니다. 자신이 성형 미인임을 고백한 뒤에도 주인공 제니의 입지는 이전과 달라지지 않습니다. 원래부터 미인이었든 성형으로 예뻐졌든 지금 예쁘니 상관없다는 반응이었지요. 비단 이 영화의 내용에서뿐만 아니라, 우리 사회에서 아름다움이란 이미 '보기 좋음'을 넘어서 일종의 권력으로 받아들여지고 있습니다. "여자의 피부는 권력이다."라는 말도 안 되는 화장품 광고 카피가 아무런 의심 없이 받아들여지는 시대이니까요.

현대사회에서 아름다움이 중시되자 아름다워지기 위한 수단도 참 많이 개발되었습니다. 그중의 하나가 보톡스(Botox)입니다. 보톡스를 둘러싼 흥미로운 이야기를 하나 들어 볼까요?

19세기, 프랑스의 나폴레옹은 상금을 걸고 군용 식량으로 사용할 음식의 장기 보존법을 공모했습니다. 전쟁 시 군인들은 몸이 가벼워야 합니다. 무거운 짐을 짊어지고 싸우면 방해가 될 뿐 아니라, 행군 속도도 저하되고 쉽게 피로해지기 때문입니다. 그러니 짐은 항상 가볍게 싸야하지만, 그렇다고 먹을거리마저 포기할 수는 없었지요. 그래서 나폴레옹은 무게도 가볍고 먹기에도 간편하며 오래 보존할 수 있는 식량을 개발하는 것이 프랑스군의 전투력을 높이는 길이라고 생각하여 이런 공모를 했던 것입니다.

이 공모전에서 상금을 탄 이는 니콜라 아페르라는 프랑스의 제과

업자였습니다. 1804년, 아페르가 살균한 병 안에 익힌 음식을 넣고 코르크 마개로 단단히 막은 '병조림'을 개발했습니다. 병조림은 이미 조리를 마친 음식이기 때문에 익힐 필요 없이 언제든 마개만 뽑으면 먹을 수 있어서 편리했지만, 문제는 포장 용기였습니다. 아무래도 유리병은 깨지기 쉬웠으니까요.

그 후로 몇 년 뒤인 1810년, 영국의 피터 듀랜드는 병조림의 기본 원리를 그대로 응용해, 포장재만 양철 깡통으로 바꾼 깡통 통조림을 개발했습니다. 통조림은 가지고 다니기 간편해서 곧 대규모로 생산되기 시작했습니다. 통조림은 냉장고가 없던 당시 음식을 3년 이상 보관할 수 있는 유일한 방법이었습니다. 몇 년 동안이나 음식을 보존할 수 있다는 것이 당시로서는 획기적인 사건이었습니다. 그래서 통조림은 더더욱 큰 인기를 끌게 되었는데, 이상하게도 그와 비슷한 시기에 특징적인 질병이 늘어나기 시작했습니다.

통조림이 개발되던 19세기 초, 유럽의 의사들은 상한 고기를 먹었을 때 종종 치명적인 식중독의 발생이 늘었다는 사실을 알게 됩니다. 일반적인 식중독이 설사, 구토, 발진 등의 특징을 나타내며 며칠이 지나면 회복되는 것과는 달리, 상한 고기로 인한 식중독은 치명적이어서 이로 인해 목숨을 잃는 사람들이 많았습니다.

식중독의 원인은 통조림에 들어있던 보툴리누스(botulinus)라는 세균이 만든 독소인 보툴리눔 톡신 때문이었다는 사실이 연구 결과 밝혀졌습니다. 보툴리눔 톡신이 든 음식을 먹게 되면, 8~36시간 내에 구토, 시력 장애, 언어 장애, 삼킴 장애 등이 나타나고, 심한 경우 숨이 막히면서 사망에 이르게 됩니다.

그런데 사실 보툴리누스균은 지구상에 흙이 있는 곳이라면 어디든 거의 존재하는 아주 흔한 미생물입니다. 하지만 그렇게 흔한 데 비해서 중독 현상이 발생하는 경우는 매우 드문데, 그것은 보툴리누스균이 산소를 싫어하는 혐기성 세균이기 때문입니다. 산소를 싫어하는 탓에 보툴리누스균은 공기가 잘 통하는 곳에서는 거의 살지 못합니다.

통조림이 나오기 전에 보툴리눔 톡신에 중독되는 경우는 대부분 자르지 않고 커다란 덩어리째 훈제하여 햄을 만들 때 고깃덩어리 내부까지 제대로 훈제가 되지 않은 경우였습니다. 보툴리누스라는 이름 자체도 소시지와 비슷한 음식을 부르던 그리스어 '보툴루스'에서 유래된 것이라고 합니다. 보툴리눔 톡신은 신경과 근육의 접합 부위에서 신경 전달 물질인 아세틸콜린(acetylcholine)의 생성을 억제해서 근육을 이완시키는 신경독소입니다. 따라서 보툴리눔 톡신에 중독되면 근육 마비가 나타나는데, 주로 호흡기의 근육 마비로 사망하게 됩니다. 보툴리눔 톡신에 감염되면 말(馬)을 이용해서 만든 해독제를 주입하고, 호흡을 유지시키기 위해 인공호흡을 시켜 주어야 합니다. 해독제가 개발되면서 치사율이 15% 수준으로 떨어졌지만, 완전히 회복되려면 오랜 시간이 걸립니다. 현재까지도 치명적인 질병이라고 할 수 있죠.

그런데 통조림의 개발과 보급이 보툴리누스균의 확산을 부추겼습니다. 통조림은 식품을 완전 밀봉시켜 보관하기 때문에, 내부로 공기가 거의 유입되지 않습니다. 따라서 통조림을 만들 때 음식을 완전히 익히지 않았거나 통조림 용기가 살균 처리되지 않았다면, 통조림은 보툴리누스균이 자랄 수 있는 최적의 온상이 되는 것입니다.

통조림으로 인한 불행한 사고가 있은 후 통조림 제조 과정에서 음식과 용기의 살균 소독이 보다 철저해졌습니다. 그래서 요즘에는 통조림 음식으로 인해 보툴리눔 톡신에 감염되는 일이 사라졌습니다. 하지만 통조림 음식을 먹을 때는 유통이나 보관 과정에서 혹시 용기가 파손되어 살균 상태가 나빠지지 않았는지를 살펴보는 것이 좋습니다.

썩은 통조림에서 발견한 보톡스

보툴리눔 톡신이 얼마나 치명적인 독소인지 아셨지요? 보툴리눔 톡신은 그 치명성 때문에 그것이 인체에 해를 입히는 과정이 일찌감치 연구되었습니다. 앞서 말했듯이 보툴리눔 톡신은 일종의 강력한 신경독소로서 뇌에서 나오는 운동신경과 근육이 만나는 시냅스에 작용합니다. 근육이 움직이기 위해서는 운동신경에 의한 자극이 있어야 하는데, 이 과정에서 운동신경의 말단 부분은 아세틸콜린이라는 물질을 분비해 근육을 움직입니다. 보툴리눔 톡신은 바로 이 아세틸콜린의 분비를 방해하는 것이죠.

결국 보툴리눔 톡신이 몸에 들어오면 운동신경이 마비되고, 운동신경의 마비로 인해 전신의 근육이 마비되고, 결국에는 숨을 쉴 때 이용되는 근육조차 마비되어 죽음에 이르게 되는 것입니다. 앞서 말했듯 해독제가 개발된 현재는 보툴리눔 톡신 감염으로 인한 치사율이 15%이지만, 해독제가 개발되기 전에는 그 치사율이 60%에 이를 정도였습니다.

보툴리눔 톡신의 독성은 매우 강력합니다. 순수한 보툴리눔 톡신 1g으로 약 150만 명에 이르는 사람들을 죽일 수 있다니, 그 독성이 짐작이 되지요? 보툴리눔 톡신의 강력한 살상 효과 때문에 20세기 초에는 이 보툴리눔 톡신을 생물학적 무기로 개발하려는 시도까지 있었을 정도입니다.

그런데 20세기 후반, 미국의 한 제약 회사에서 이 치명적인 보툴리눔 톡신이 의학적으로 매우 유용한 물질이 될 수 있다고 주장했습니다. 보툴리눔 톡신은 앞서 말했듯 운동신경을 마비시켜 근육을 수축시킵니다. 이것이 몸 전체에 작용하면 목숨을 잃을 수 있지만, 극소량의 보툴리눔 톡신을 한정된 부위에만 선택적으로 주입한다면 부분적인 신경의 이상이나 근육 경련 등의 증상을 효과적으로 제어할 수 있으리라고 생각한 것이죠. 예를 들어 아무 이유 없이 눈꺼풀이 계속 떨리는 경련이 일어날 때가 있습니다. 이는 눈꺼풀에 작용하는 운동신경과 이 부위의 근육이 지나치게 흥분하면서 일어나는 현상이지요. 따라서 이 부위에만 극소량의 보툴리눔 톡신을 주입하면 운동신경을 마비되어 경련을 진정시킬 수 있습니다.

이로 인해 이전에는 치명적이라고만 생각했던 보툴리눔 톡신이 의외로 다양한 신경 및 근육 이상으로 인한 질환들, 이를 테면 사시(斜視), 사경(斜頸, 목의 일부 근육이 수축하여 고개가 한쪽으로 꺾이는 현상), 안면이나 눈동자의 근육 경련, 뇌성마비, 다한증(교감신경 이상으로 특정한 부위에서 과도하게 땀이 나는 증상) 등의 치료에 매우 효과적이라는 사실이 알려지게 되었습니다. 그리하여 보툴리눔 톡신을 의료용으로 희석시킨 상품이 등장했는데, 이것이 바로 우리가 잘 알고 있는 보톡스입니다.

보톡스의 또 다른 선물

처음에는 이처럼 근육 경련이나 신경마비 증상을 치료하는 데 주로 쓰였던 보톡스는 얼마 안 가 새로운 블루 오션을 만나게 됩니다. 그 블루 오션은 바로 성형이라는 분야였죠.

1980년대 말 캐나다의 한 안과 의사가 눈꺼풀에 경련이 일어나는 환자를 치료하던 중에, 희석된 보툴리눔 톡신을 이용해 눈꺼풀 경련을 멈추게 하면 눈가의 주름도 같이 사라지는 현상을 목격합니다.

그는 처음으로 보톡스가 경련 증상을 완화시킬 뿐 아니라 주름도 펴지게 한다는 사실을 발견한 것이지요.

사람의 얼굴은 표정에 따라 특정 부위에 주름이 생깁니다. 거울을 보고 웃음을 지어 보면 눈초리와 입술 양쪽에 주름이 생기는 것을 볼 수 있습니다. 특정 부분의 근육이 움직임일 때 피부가 따라 움직이면서 주름이 생기는 것이지요. 따라서 웃을 때 주름이 생기는 눈초리와 입술 양옆에 보톡스를 주입하면, 근육이 마비되어 팽팽하게 당겨지면서 주름이 펴지게 됩니다. 이런 원리를 이용하면 눈가와 입매의 주름살을 없앨 수 있습니다. 최근에 보톡스는 주름살 제거 뿐 아니라 사각턱 교정과 종아리 성형 등 다양한 성형 분야에도 이용되고 있습니다. 이 정도면 가히 '젊음의 주사'로 불릴 만하지요.

보톡스는 단지 주사 몇 대로 눈에 띄는 미용 효과를 주기 때문에 사람들에게 많은 환영을 받았습니다. 수술 없이 주사만 맞는다는 점 때문에 성형 수술에 거부감을 지닌 사람들도 보톡스는 무리 없이 받아들이는 경우가 많지요. 물론 보톡스는 미국식품의약국(FDA)의 허가를 받아 시판되는 물질이기 때문에 비교적 안전하다고 할 수 있지만, 아무리 그렇더라도 보톡스의 기원은 신경마비 독소이기 때문에 원치 않는 부작용을 가져올 수도 있습니다.

실제로 미국식품의약국은 1997년부터 2006년까지 10년 동안, 보톡스로 인한 부작용으로 보고된 사례가 수백 건이며, 그중에는 부작용으로 사망한 사람도 있다고 보고한 바 있습니다. 보톡스로 인한 대표적인 부작용들은 안검하수(눈꺼풀이 처져서 눈이 잘 떠지지 않는 현상), 눈꺼풀의 부종, 눈썹의 처짐 혹은 올라감 등입니다.

다행히 보톡스는 생물학적 제제이기 때문에 시간이 지날수록 그 효과가 반감되어, 부작용이 발생한다고 해도 6개월 정도면 원상태로 회복됩니다. 즉 효과가 지속적이지 않다는 것이죠. 바로 그러한 점이 미용효과 면에서는 단점으로 여겨지기도 합니다. 보톡스에 의한 주름 제거 효과도 마찬가지 이유로 6개월에서 2년이면 모두 사라지기 때문에 추가 시술이 필요하다는 것이지요.

아름다움, 끝없는 갈망

갓난아이들에게 예쁜 얼굴과 못생긴 얼굴이 찍힌 사진을 보여주는 실험이 있었습니다. 그런데 갓난아이 역시 예쁜 얼굴을 더 오랫동안 쳐다본다는 결과가 나왔다고 합니다. 이처럼 인간이 느끼는 아름다움에 대한 호감은 거의 본능적입니다. 그러니 좀 더 예뻐지고자 하는 열망 역시 본능적인 행동이라고 할 수 있습니다. 그런데 최근 들어 아름다움에 대한 열망이 본능적인 수준을 넘어 파괴적인 집착으로까지 번져 나가는 것 같아 조금 무서울 때가 있습니다. 지나친 집착은 개체의 보존이 아닌 파멸을 불러오는 지름길이 될 수 있습니다. 그러니 아름다움에 대한 열망도 결코 지나치면 안 될 것입니다.

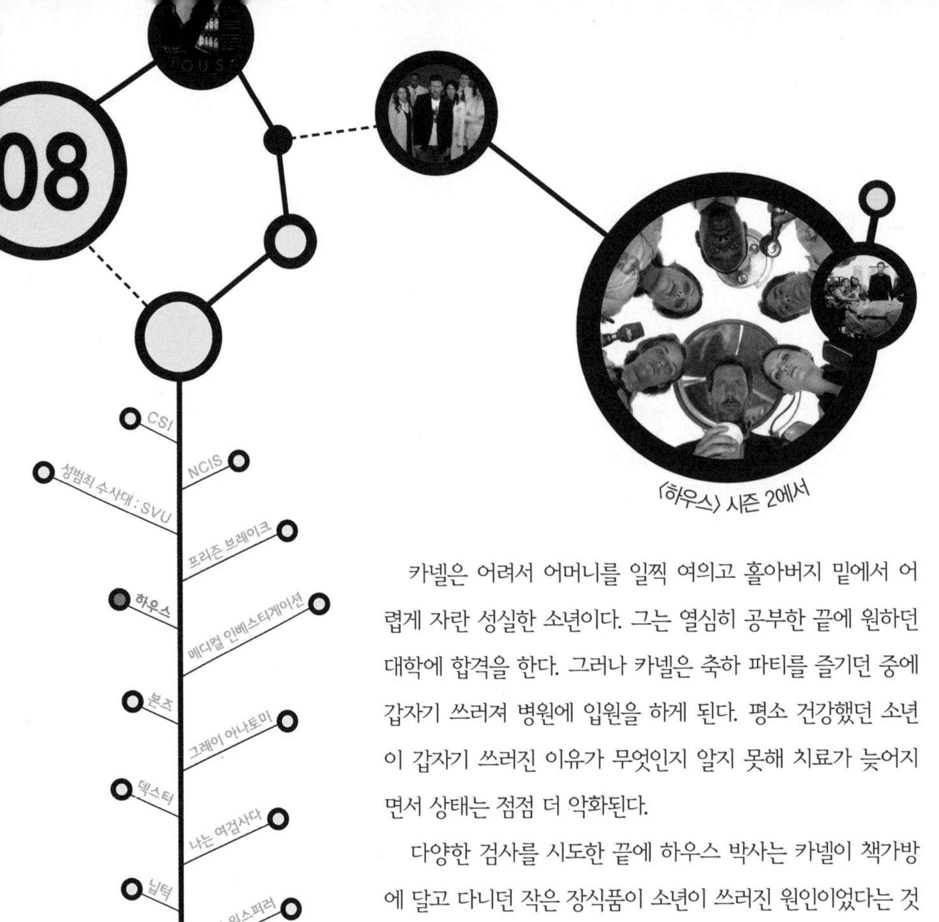

〈하우스〉 시즌 2에서

카넬은 어려서 어머니를 일찍 여의고 홀아버지 밑에서 어렵게 자란 성실한 소년이다. 그는 열심히 공부한 끝에 원하던 대학에 합격을 한다. 그러나 카넬은 축하 파티를 즐기던 중에 갑자기 쓰러져 병원에 입원을 하게 된다. 평소 건강했던 소년이 갑자기 쓰러진 이유가 무엇인지 알지 못해 치료가 늦어지면서 상태는 점점 더 악화된다.

다양한 검사를 시도한 끝에 하우스 박사는 카넬이 책가방에 달고 다니던 작은 장식품이 소년이 쓰러진 원인이었다는 것을 밝혀낸다. 그 장식품은 카넬의 아버지가 고물상에서 발견한 독특한 모양의 금속 제품으로 카넬은 이를 부적처럼 가방에 달고 다녔다. 그런데 이 장식품은 바로 방사능 물질이었다.

이것을 매일 가지고 다니면서 카넬은 방사능에 오염되어 골수가 파괴되고 면역계가 파괴되었으며, 급기야 골수 이식을 받지 않으면 사망에 이를 수 있을 만큼 위독한 상태가 되었다. 자신의 무지로 인해 아들이 죽을 위기에 처했다는 것을 알게 된 카넬의 아버지는 절망하는데…….

눈에 보이지 않는 살인자, 방사능

푸른빛을 내는 신비의 조각

한 소년을 죽음의 문턱까지 몰아넣은 것이 가방에 매달고 다녔던 작은 장식품 때문이었으며, 그 장식품이 방사능 물질이었다니……. 이 에피소드는 아무리 드라마가 허구지만 너무 어이없어 보입니다. 하지만 이 에피소드의 소재는 실화를 바탕으로 한 것이랍니다.

1987년 브라질의 한 시골 보건소에서 아주 비싼 의료기가 도난당하는 사건이 발생했습니다. 이 의료기를 훔친 일당들은 기계의 용도를 잘 몰랐기 때문에 이를 해체해서 암시장에 고철로 팔았지요. 이 기계의 고철을 사들인 고물상 주인은 어느 날, 여기에 신기한 물질이 들어 있는 것을 발견합니다. 어두운 곳에 놓아두면 푸른빛이 나는 신기한 금속 조각들이 안에 섞여 있었던 것이죠.

마치 야광 스티커가 반짝이듯 어둠 속에서 푸르게 빛나는 조각들이 신기한 나머지, 고물상 주인은 이 조각들을 따로 챙겨 두었지요. 그는 조각의 일부는 자신이 갖고, 나머지는 인심 좋게 친구와 친척들에게 나누어 주었습니다. 모두들 이 신기한 조각들을 좋다며 가져간 것은 두말할 나위가 없었지요.

하지만 푸른빛을 내는 조각을 가져간 사람들은 며칠 지나지 않아 이상한 일을 겪게 됩니다. 이들 중 대부분이 소화 불량과 무기력증에 시달리기 시작하더니, 급기야 몇몇 사람들이 갑자기 쓰러지는 일이 일어났지요. 처음에는 집단 전염병의 발병이라고 여겨졌으나 조사단이 이 사건을 조사한 결과, 집단으로 질병을 일으킨 원인은 바로 '빛나는 파란 돌' 때문이었다는 사실이 밝혀집니다. 고물상 주인이 발견한 빛나는 파란 돌은 세슘-137이라는 방사선 동위원소였던 것이죠.

세슘(cesium, Cs)의 원자량은 132.9055이며, 원소 번호는 55입니다. 1860년 독일의 구스타프 키르히호프와 로베르트 분젠이 알칼리금속의 발광 스펙트럼을 연구하던 중, 푸른빛을 내는 미지의 물질을 발견하고 라틴어의 청색(caesius)이라는 단어에 착안하여 세슘이라 이름 붙였습니다. 세슘은 은백색의 무른 금속으로서, 녹는점이 28.5℃로 낮기 때문에 상온 부근에서 액체 상태가 되기도 합니다. 세슘의 방사선 동위원소는 핵분열 생성물의 하나로 원자로 속에서 생성되며, 핵연료 재처리의 부산물을 얻는 데 이용됩니다.

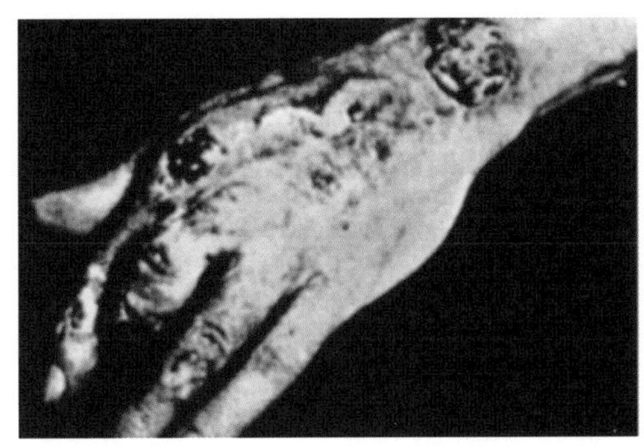

15년간 외과 의사로 근무하면서 X선에 노출된 탓에 피부암에 걸린 한 의사의 손.

세슘과 접촉하면 몸, 특히 생식세포에 심각한 이상 증상이 나타납니다.

결국 끔찍한 무지로 인해 발생한 브라질에서의 사건은 4명의 목숨을 앗아갔고, 200명이 넘는 사람들이 평생 후유증에 시달렸으며, 반경 수십 킬로의 땅이 폐쇄되는 등 엄청난 피해를 가져왔습니다. 이는 체르노빌 원자력 발전소 사고와 함께 1980년대 최악의 방사능 유출 사고로 기록돼 있습니다.

체르노빌 원자력 발전소 사고는 1986년 4월 26일, 구소련 체르노빌의 원자력 발전소에서 원자로를 식혀주는 냉각수 공급의 중단으로 달아오른 원자로가 폭발한 사건이지요. 당시에 7,000명의 사람들이 방사능과 관련돼 사망했으며, 20만 명이 방사능 피해를 입은 채 살아가고 있습니다.

드라마 속의 카넬이 겪은 것과 비슷한 사건이 현실에서도 일어난 것입니다. 두 경우 모두 방사능 물질이 어떤 것인지 알지 못한 채 그

것을 몸에 지니고 다니다가 치사량의 방사선에 노출되어서야 비로소 심각성을 깨달은 경우입니다. 방사능은 냄새도 맛도 소리도 없기 때문에 알아채기가 어렵습니다. 그러나 일단 방사능 물질에 접촉한 경우, 때로는 목숨마저 위태로운 지경에 이르기도 하지요. 그렇다면 과연 방사능은 인체에 어떤 영향을 미치기에 이렇게 끔찍한 결과를 가져오는 것일까요?

방사능 물질이란 무엇인가?

방사능 물질이 무엇인지를 이해하기 위해서는 먼저 동위원소가 무엇인지 알아야 합니다. 물질의 기본을 구성하는 원자는 크게 원자핵과 전자로 이루어지며, 원자핵은 양성자와 중성자의 짝으로 이루어져 있습니다. 이러한 원자 중에서 양성자와 중성자의 개수가 한두 개 더 많거나 적은 원자들을 동위원소라고 합니다.

그런데 양성자와 중성자의 개수가 원래 원자의 개수보다 많거나 적으면 상태가 불안정해집니다. 그러다가 원자가 붕괴되면서 나오는 에너지가 바로 방사선입니다. 우리가 병원에서 찍는 X선도 방사선의 일종이랍니다. 방사능 물질이란 바로 방사선을 방출시키는 물질을 말합니다. 우리가 자주 들어 본 우라늄이 바로 방사능 물질입니다.

1896년 최초로 앙투안 앙리 베크렐이 우라늄을 발견한 것을 계기로 인류사에 첫 기록을 남긴 방사능 물질은 이후 퀴리 부부가 라듐과 플로늄을 발견하면서 더욱 유명해졌습니다. 방사능 물질이 발견된 초기에는 그 위험성을 몰랐기 때문에 사람들은 아무런 보호장구 없이 방사능 물질을 다루었답니다. 그래서 초기의 학자들은 방사능의 무서운 힘에 의해 희생되기도 했지요. 실제로 퀴리 부인과 그의 딸 졸리오퀴리는 반복된 방사능 조사 탓에 백혈병으로 사망했다는 보고가 있습니다.

방사능 물질은 어두운 곳에서 스스로 푸른빛을 내는 특징이 있습니다. 결국 이 푸른빛이 저승길을 밝히는 등불이라는 것을 알게 되면서 학자들은 비로소 이것의 위험성을 연구하기 시작했습니다. 현재 방사능 물질은 매우 엄중한 관리를 통해 유통 및 관리되고 있습니다.

예전에 실험실에서 가끔 방사능 물질을 다룰 때가 있었는데, 반드시 지정된 업체에서 지정된 양만을 구입해서 사용해야 하며 다 쓴 용기는 꼭 반납했던 기억이 납니다. 게다가 방사능 물질 사용 구역에서만 사용해야 하며, 사용 시에 실험자는 반드시 필름 배지(방사선 양을 측정할 수 있는 배지)를 착용하여 자신이 얼마나 방사선에 노출되는지를 점검하고, 주기적으로 건강검진을 받는 까다로운 절차를 거치게 합니다. 이런 절차가 필요한 이유는 두말할 것도 없이 방사능 물질이 인체에 해롭기 때문이지요.

생물체가 방사능에 노출되는 것을 피폭(被曝)이라고 합니다. 강력

히로시마에 떨어진 원자폭탄. 원자폭탄은 터질 때 강력한 섬광과 폭풍과 고열로 사람을 죽이는 한편 주변을 방사능으로 오염시켜 오랫동안 지속적인 악영향을 미친다.

한 에너지를 지닌 방사능은 생물체의 DNA에 이상을 일으키고, 세포 내에 강력한 독성 물질(H_2O_2 등의 과산화물)을 형성해 세포를 죽입니다. 일반 폭탄은 터지는 순간에만 사람을 해치지만, 원자폭탄은 터질 때 발생하는 강력한 섬광과 폭풍과 고열로도 사람이 죽을 수 있습니다. 또한 주변을 방사능으로 오염시켜 지속적인 악영향을 끼칩니다.

방사능의 피폭은 세포에 이상을 일으켜 암, 백혈병, 골수종, 면역체계 이상, 탈모 등을 일으킨다는 보고가 있습니다. 이런 변화는 자신도 모르는 사이에 서서히 진행되는 변화이기 때문에 사람들을 더욱더 공포에 빠뜨리게 되죠.

현재 알려진 바에 의하면, 일반인이 평균적으로 일 년 동안 방사능에 피폭되는 양은 240mrem(밀리렘) 정도로, 허용 기준치인 500~7500mrem보다는 훨씬 적습니다. 허용 기준치가 유동적인 것은 우리 몸에서도 유난히 방사능에 민감한 부위가 있기 때문입니다.

방사선은 DNA를 손상시켜 세포 분열 체계를 교란시키기 때문에 세포 분열이 활발한 곳일수록 쉽게 치명타를 입게 되지요.

우리 몸에서 세포 분열이 가장 활발한 곳은 어디일까요? 바로 끊임없이 분열하는 생식세포와 계속해서 혈액 세포를 만들어 내는 골수 조직입니다. 따라서 방사능을 쬐었을 때 유방암 등 생식기 계통의 암이나 재생 불량성 빈혈, 백혈병 같은 골수 이상이 늘어나는 것은 이런 이유 때문입니다.

유아 또는 태아는 세포분열이 왕성하므로 어른에 비해 아주 적은 양으로도 엄청난 이상을 가져올 수 있습니다. 그래서 유아나 태아의 경우에는 방사능 노출을 더욱더 엄격하게 규제한답니다.

방사능으로 인해 생명이 위험한 정도를 방사능 리스크라고 합니다. 방사능 후유증의 가장 우려스러운 점은 암을 발생시킨다는 것입니다. 그런데 일반적으로 암 발생에는 여러 가지 변수가 존재하기 때문에 방사능 리스크를 정확하게 측정하지 못하는 문제가 있습니다. 즉 방사능을 쬐면 암 발생률이 증가하는 것은 분명하지만, 다른 원인으로 인해 발생하는 암과 방사능 후유증으로 발생하는 암을 딱 잘라 구별하기는 어렵습니다. 그리고 현대인의 사망 요인 중 약 25%가 암일 정도이니, 그중에서 방사능에 의한 암과 다른 화학물질이나 유전에 의한 암을 구별하기는 더더욱 힘듭니다.

때문에 정확한 방사능 리스크를 조사하는 것은 어려운 일입니다. 이것은 생명에 관계된 일이라 함부로 실험을 할 수도 없습니다. 현재의 자료들은 일본의 원폭 피해 생존자와 방사선 치료로 인해 많은 양의 방사능을 쬔 사람 혹은 광산에서 사고로 라돈(radon) 등의 방사능 물질에 노출된 광부 등을 통해 간접적으로 측정한 것들입니다. 이런 경우들은 우리가 일상생활에서 쬐는 방사능의 양보다 엄청나게 많은 양을 단시간에 쬐기 때문에 훨씬 더 치명적인 영향을 받습니다. 실제로 우리 일상에서는 이 정도 양의 방사능을 쬘 일이 거의 없기 때문에, 아주 적은 양의 방사능을 지속적으로 쬘 경우의 위험도를 측정한 데이터는 매우 드뭅니다. 그래서 적은 양의 방사능에 지속적으로 노출되는 경우에 대한 위험도는 아직 미지수라고 할 수 있습니다만, 적어도 좋을 것 같지는 않습니다.

가끔씩 인간들은 자신의 두 손을 이용해 스스로의 목을 조이는 우를 범한다는 생각이 듭니다. 방사능 물질의 경우가 그렇습니다. 방사능 물질은 인간이 만들어 낸 것이 아니라 원래부터 지구에 존재하는 것이었습니다. 인간은 오랜 세월 동안 잠자고 있던 방사능 물질을 바깥으로 끄집어내어 이용 가능한 형태로 바꾸어 놓은 것뿐입니다. 하지만 그것의 위험도 함께 끄집어 내고 말았습니다.

매력적이지만 위험한 이 물질을 어떻게 다루느냐의 문제는 전적으로 인류에게 달려 있습니다. 인간은 이미 여러 번의 시행착오를 거쳤고, 처절한 대가를 치르기도 했습니다. 이제 우리에게 필요한 것은 방사능 물질을 냉정하게 바라보는 시각입니다.

핵은 객관적으로 높은 에너지와 고위험을 갖춘 물질일 뿐, 더 이상 꿈의 에너지원도 막연한 죽음의 물질도 아닙니다. 인류는 이기적일 필요가 있겠죠. 이 물질이 가진 엄청난 에너지를 이용하면서 동시에 위험을 최소한으로 줄이는 것. 직립보행으로 자유로워진 인류의 두 손은 바로 그런 것을 이루도록 만들어진 것이 아닐까요?

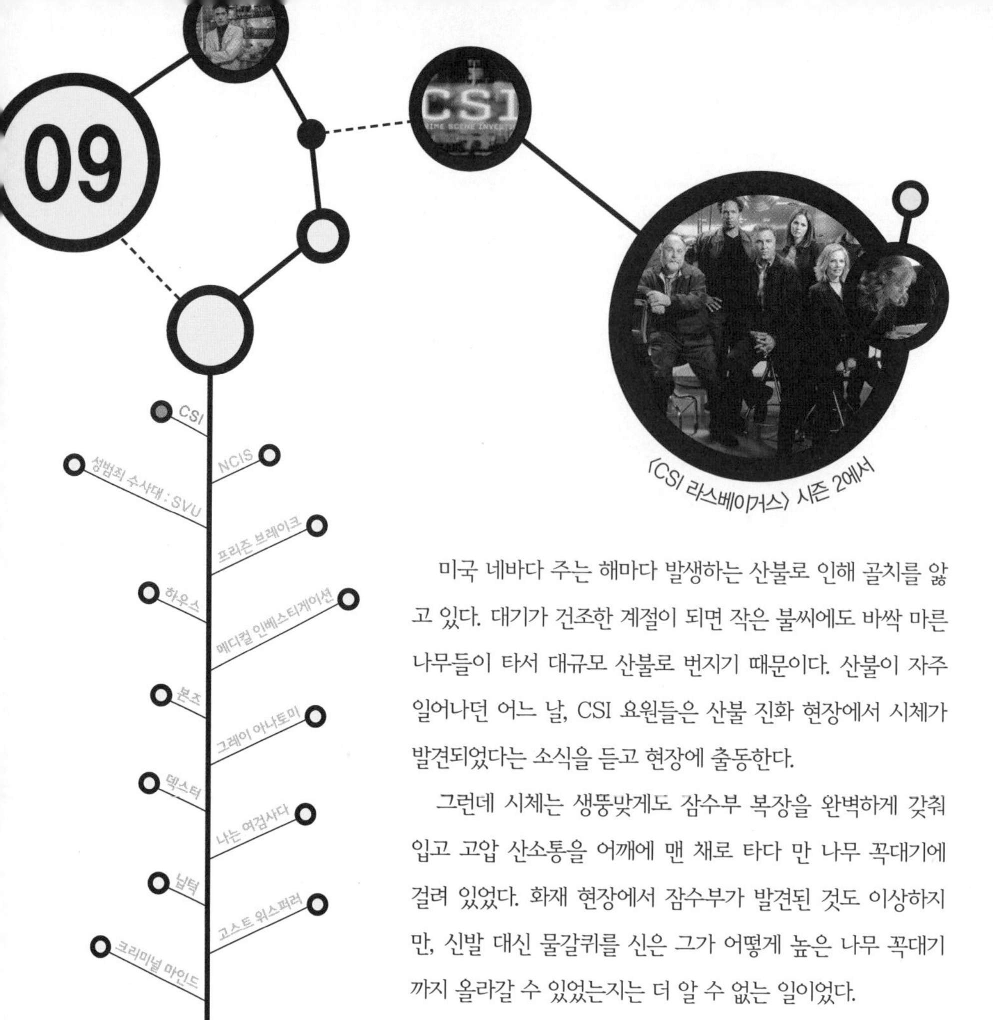

〈CSI 라스베이거스〉 시즌 2에서

미국 네바다 주는 해마다 발생하는 산불로 인해 골치를 앓고 있다. 대기가 건조한 계절이 되면 작은 불씨에도 바싹 마른 나무들이 타서 대규모 산불로 번지기 때문이다. 산불이 자주 일어나던 어느 날, CSI 요원들은 산불 진화 현장에서 시체가 발견되었다는 소식을 듣고 현장에 출동한다.

그런데 시체는 생뚱맞게도 잠수부 복장을 완벽하게 갖춰 입고 고압 산소통을 어깨에 맨 채로 타다 만 나무 꼭대기에 걸려 있었다. 화재 현장에서 잠수부가 발견된 것도 이상하지만, 신발 대신 물갈퀴를 신은 그가 어떻게 높은 나무 꼭대기까지 올라갈 수 있었는지는 더 알 수 없는 일이었다.

CSI 요원 닉은 나름대로의 추리를 내놓는다. 숲이 우거진 산 속에는 소방차가 진입할 수 없기 때문에 커다란 물통을 장착한 헬기가 근처 호수에서 물을 퍼 와서 진화 작업을 하는데, 이때 호수에서 스쿠버다이빙을 하던 잠수부가 산불 진화용 물통 속으로 빨려 들어갔다가 화재 현장에 떨어지게 된 것이라는 추리였다. 그의 추리는 매우 황당한 듯 보였지만 이는 사실이었다.

환경오염이 부른 잠수부의 죽음

나무에 숨어 있는 비밀

지난 2007년, 미국 캘리포니아 남부에서 사상 최악의 산불이 발생했습니다. 이 산불은 발생한 지 닷새 만에 1,720km²(서울 면적의 약 3배)를 완전히 초토화시켰고, 산불로 인한 이재민만 100만 명이 넘었습니다. 캘리포니아 지역은 유독 산불 피해가 많은 지역으로 알려져 있습니다. 이곳은 연평균 강우량이 100mm에도 미치지 못할 만큼 건조한 데다가 인근 네바다 주의 사막에서 뜨겁고 건조한 공기가 강하게 불어오기 때문에 일단 산불이 발생하면 그 규모가 커질 가능성이 높기 때문입니다. 산불로 인한 피해는 비단 미국의 일만은 아닙니다. 우리나라에서도 매년 봄철이면 여기저기서 산불로 인해 오랜 세월을 두고 만들어진 숲이 한순간에 잿더미가 되는 일이 발생

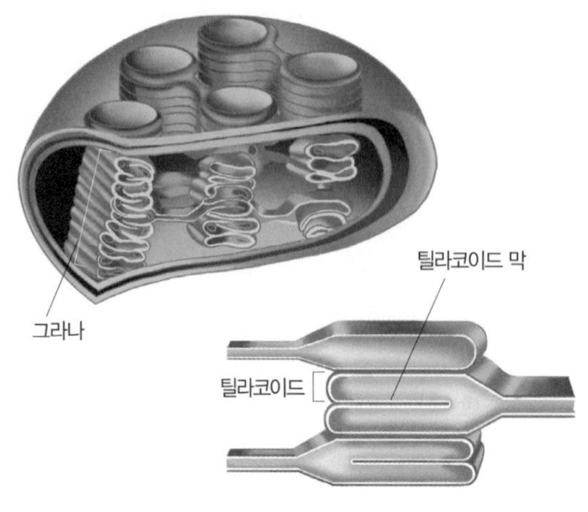

엽록체의 기본 구조. 틸라코이드가 층층이 쌓여 겹친 것을 그라나라고 한다.

하곤 하지요. 이 에피소드를 통해 자연의 비극인 산불과 인간의 과오에 대해 이야기를 해볼까 합니다.

나무의 싱싱한 푸른 잎은 우리의 눈과 마음을 언제나 상쾌하게 합니다. 그런데 나무의 푸른빛이 신선하게 느껴지는 것은 어쩌면 나뭇잎이 항상 푸르지 않기 때문일지도 모릅니다. 봄이 되면 수줍은 듯 연두색 이파리를 내미는 나무들은 싱싱한 초록색으로 여름을 보내고, 가을이 되면 언제 그랬냐는 듯 그 많던 잎들을 모조리 떨어뜨리고는 앙상한 가지만으로 겨울을 나지요. 때로는 잎을 틔웠다 떨어뜨리는 이 과정이 너무도 소모적인 활동처럼 보이기도 하지만, 바로 그런 순환의 과정이 생태계의 법칙이랍니다.

나무에게 있어 잎은 푸른빛을 자랑하기 위한 것만이 아닙니다. 나뭇잎은 영양소를 만들어 내는 에너지 생산 기관임과 동시에 수분과 산소를 내보내는 배출 기관이기도 합니다. 싱싱한 잎의 초록색은 세포의 엽록체(葉綠體, chloroplast)에서 기인한 것입니다. 럭비공처럼 타원형을 한 엽록체의 크기는 약 5㎛(1㎛는 1mm의 1000 분의 1) 정도로 매우 작지만, 이 작은 엽록체가 바로 지구 생태계의 기반을 떠받치는 역할을 합니다.

열대지방에 사는 코코넛 나무의 단면도. 사계절 광량이 풍부해 광합성량에 차이가 나지 않으므로 온대지방의 나무와는 달리 나이테가 보이지 않는다.

엽록체 안에는 틸라코이드(thylakoid)라는 구조가 들어 있는데, 여기에 녹색의 엽록소가 존재합니다. 엽록소는 태양빛을 연료로 이용해 공기 중의 이산화탄소와 뿌리로 흡수한 물의 원소들을 이리저리 떼어 내고 재결합시켜 포도당과 산소로 바꾸어 놓는 역할을 합니다. 빛에너지가 이 과정의 중요한 원동력이 되기 때문에 우리는 이를 광합성(光合成)이라고 하지요.

나무에서 녹색을 띠는 부위는 엽록소가 있는 부위입니다. 이 부위는 광합성을 할 수 있습니다. 따라서 나무는 햇빛이 강하고 강우량이 풍부한 여름철이면 무성하게 잎을 틔워서 더 많은 빛을 받을 수 있게 하고, 더 많은 포도당을 만들어 성장합니다. 이 기간 동안에 풍성한 이파리는 나무를 살찌우게 하는 원천이 됩니다. 하지만 여름이 끝나갈 무렵이 되면 무성한 잎들은 골칫거리가 됩니다. 광합성 효율은 떨어지는 반면, 잎의 기공을 통해 나무의 수분이 계속 증발하기 때문이지요. 습하고 더운 여름에야 이 정도는 땀 흘리는 셈치고 넘어갈 수 있지만, 건조한 겨울에 이렇게 수분을 잃다가는 당장에 말라죽고 맙니다.

따라서 나무는 남아도는 이파리를 모두 떨어뜨리고 겨울을 위한 긴축 재정 모드로 들어갑니다. 잎이 떨어지니 나무의 광합성도 줄어듭니다. 그래서 겨울에는 나무의 성장이 둔화되지요. 나무에 나이테가 생기는 이유가 바로 이것 때문입니다. 계절에 따른 광합성 양의 변화에 따라 달라진 나무의 성장률이 그대로 기록된 것이 나이테거든요.

나이테는 계절에 따라 달라지는 나무의 성장 과정이 담긴 나무의 '성장 일지'입니다. 나이테를 살펴보면, 날씨가 좋았던 해와 그렇지 못한 해를 한눈에 알 수 있습니다. 나이테의 넓이가 넓을수록 나무의 성장이 많이 일어났다는 뜻이며, 이는 그해의 날씨가 좋았다는 것을 말해 줍니다. 그래서 열대지방처럼 사시사철 광량이 풍부한 곳에서는 나이테가 나타나지 않습니다.

스모그, 나무를 불태우다

얼핏 생각해 보면, 여름 내내 힘들게 만든 나뭇잎을 떨어뜨린다는 것은 식물의 입장에서 낭비가 아닌가 싶습니다. 그러나 이 일에는 보다 큰 원리가 숨어 있습니다. 나무의 발치에 쌓인 낙엽들은 단순히 낭비되는 것이 아니라 다시 순환됩니다. 낙엽은 토양에 서식하는 각종 미생물들에 의해 분해되어 흙으로 스며들고, 다시 나무는 흙으로 돌아온 영양분들을 흡수하여 다음해에 새로운 잎들을 피워 내는 것이죠. 만약 나무가 낙엽을 떨어뜨리지 않는다면 당장의 수분 부족을 걱정해야 할 뿐 아니라, 내년에 새로운 잎을 피워 내는데 필요한 영양분이 부족할 수도 있습니다.

이처럼 자연계의 기본 원리는 끊임없는 순환입니다. 한 알의 씨앗이 자라 아름드리나무가 되는 과정은 마술처럼 느껴지지만, 실은 그 씨앗을 품은 대지가 나무를 키워 낼 만큼의 가능성을 포함하고 있었기 때문에 가능한 일입니다.

최근 TV 뉴스를 통해, 우리나라 산림에 낙엽이 이상하리만치 오래 쌓여 있다는 이야기를 접한 바 있습니다. 켜켜이 쌓인 낙엽 더미를 들춰 보면 작년뿐 아니라, 2~3년 전에 떨어진 낙엽도 쉽게 발견된다고 합니다. 낙엽이 쌓이기만 할 뿐 썩지 않는 탓에 산림이 황폐화되는 현상이 나타난다고 합니다.

이런 이상한 일이 일어나는 이유는 낙엽을 다시 토양으로 되돌려주던 미생물들이 급격히 줄어들었기 때문인데, 그 원인을 따지다 보면 결국 인간에게로 책임이 귀결됩니다.

산업혁명 이후 인간은 화석연료를 대량으로 사용하여 대기를 오염시켰습니다. 이때 만들어진 공해 물질 중 황화합물이나 질소화합물은 대기 중의 수증기에 녹아들면서 황산이나 질산으로 변합니다. 이것이 비가 되어 땅 위로 다시 떨어지는 것이 바로 산성비입니다. 산성비가 내리게 되면 토양이 산성화되고, 이는 토양의 주요 구성자인 박테리아와 곰팡이에게 해를 끼치게 됩니다. 또한 토양이 산성화되면, 토양 속에 포함되어 있던 유기물이 응집되거나 용해도가 떨어져 박테리아나 식물들이 살아가기가 어려워집니다. 우유에 산성을 띤 식초를 넣으면 액체 상태였던 우유의 단백질이 응고되는 것처럼, 많은 유기물들은 산성 환경에서는 변성되기 때문입니다.

이처럼 산성비는 미생물 자체에도 독성을 끼칠 뿐 아니라, 미생물이 이용할 수 있는 토양 속 영양분들까지 변화시킵니다. 때문에 토양 속미생물의 수가 줄게 되고, 낙엽마저 썩지 못하고 쌓이게 되는 것입니다. 이렇게 쌓인 낙엽은 등산객들의 미끄럼 사고를 유발할 뿐만 아니라, 나무들의 성장을 방해하고 최악의 경우 대규모 산불의 확산을 가져올 수 있습니다. 바싹 마른 낙엽은 훌륭한 불쏘시개니까요.

건조한 날씨, 산불을 부르는 원인

이와 같은 이유 때문에, 산성비는 간접적인 산불의 원인으로 지목됩니다. 하지만 산불의 가장 큰 이유는 역시 건조한 날씨입니다.

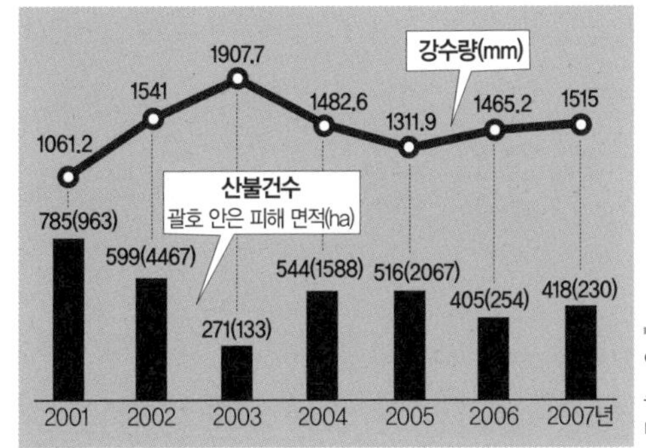

연도별 산불 건수와 강수량의 관계. 강수량이 적은 해일수록 산불이 많이 일어난다는 것을 알 수 있다.

특히 강수량은 산불 발생과 밀접한 연관이 있습니다. 2001년 이후, 산불의 발생 건수는 그 해의 강수량에 정확히 반비례하고 있습니다. 강수량 그래프를 보면, 산불이 가장 많이 일어났던 2001년은 강수량이 평균(1400mm)에 훨씬 못 미친 해이며, 산불이 가장 적었던 2003년은 강수량이 평균을 훨씬 웃돈 해였다는 것을 한눈에 알 수 있습니다.

날씨가 건조해지면 메마른 수목은 담뱃불이나 성냥불과 같은 작은 불씨에도 쉽게 타오릅니다. 심지어는 자기들끼리 부딪쳐서 저절로 산불이 발생하기도 합니다. 산불은 한 번 발생하면 수십 년간 자라온 숲과 대지가 일순간 초토화될 만큼 치명적입니다. 그래서 산불은 예방이 최선입니다.

최우선의 예방책은 산에 불씨를 남기지 않는 것이겠지만, 그보다 더 거시적인 예방책은 점점 더워지고 건조해지는 지구의 기후 균형을 잡아주는 것입니다. 최근 들어 더더욱 심해지는 지구 온난화 현상은 지구의 안정적인 기후 균형을 깨뜨려서 폭우와 가뭄을 불러일으키고 있습니다. 가뭄은 토양 자체의 사막화를 진행시킬 뿐 아니라, 이처럼 산불의 발생 건수와 피해 지역을 늘려 대지의 불모화를 더욱 가속화시키곤 한답니다.

우리가 함부로 공기와 토양을 오염시킨 결과가 스모그와 대지 오염이라는 직접적인 결과 외에 산불이라는 또 다른 재난의 원인이 되리라고는 미처 생각하지 못했을 겁니다. 이는 지구의 생태계가 끊임없이 순환하며 동적인 평형을 이루는 세계이기에, 작은 어그러짐이 전체의 균형을 깨뜨리는 단초가 될 수도 있다는 사실을 간과한 결과입니다.

이것은 이 에피소드 속 피해자가 죽은 이유와도 일맥상통합니다. 환경운동가였던 피해자는 대규모 개발 회사가 그의 땅을 사들이려고 하는 것에 강하게 반대하던 사람이었습니다. 결국 땅을 팔기를 거부하던 피해자는 땅을 팔아서 이익을 챙기려는 땅의 공동 소유주와 격한 대립을 벌이던 중 살해당했던 것이죠.

범인은 그의 죽음을 사고사로 위장하기 위해 시체에 스킨 스쿠버 복장을 입히고 호수에 빠뜨립니다. 그런데 마침 주변에서 산불이 발생해 헬리콥터가 호수의 물을 퍼내면서 호수 아래로 깊이 가라앉을 뻔한 그의 시신이 다시금 사람들 앞에 나타나게 된 것입니다.

목숨을 걸고 대지의 아름다움을 지키려고 했던 환경운동가, 하지만 그의 시신은 그가 아끼고 보살피려고 했던 대지가 불타오르면서 발견됩니다. 자신이 바랐던 죽음과 너무나 다른 죽음을 맞이한 환경 운동가의 운명이 한없이 안타까운 에피소드였습니다.

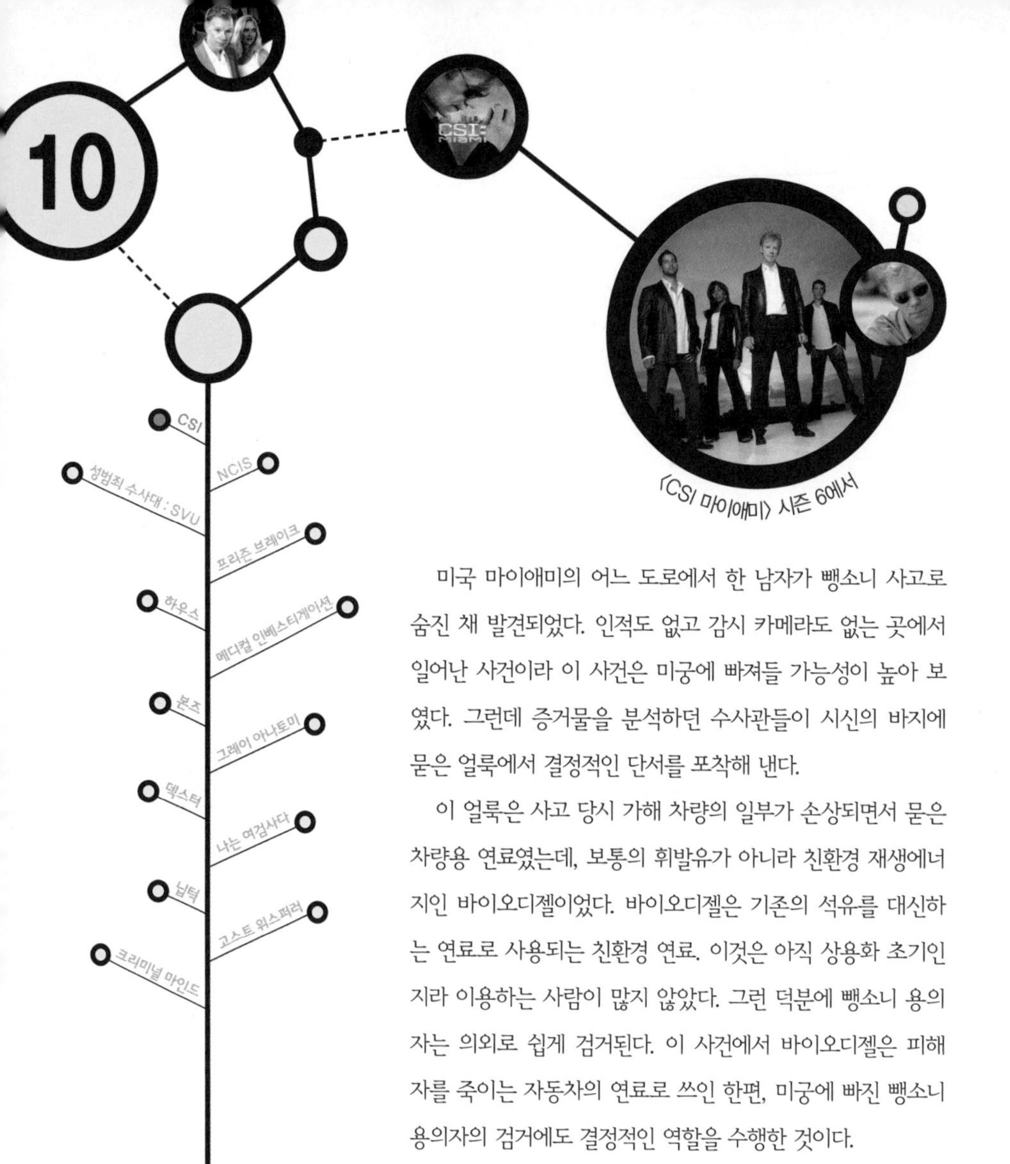

〈CSI 마이애미〉 시즌 6에서

미국 마이애미의 어느 도로에서 한 남자가 뺑소니 사고로 숨진 채 발견되었다. 인적도 없고 감시 카메라도 없는 곳에서 일어난 사건이라 이 사건은 미궁에 빠져들 가능성이 높아 보였다. 그런데 증거물을 분석하던 수사관들이 시신의 바지에 묻은 얼룩에서 결정적인 단서를 포착해 낸다.

이 얼룩은 사고 당시 가해 차량의 일부가 손상되면서 묻은 차량용 연료였는데, 보통의 휘발유가 아니라 친환경 재생에너지인 바이오디젤이었다. 바이오디젤은 기존의 석유를 대신하는 연료로 사용되는 친환경 연료. 이것은 아직 상용화 초기인지라 이용하는 사람이 많지 않았다. 그런 덕분에 뺑소니 용의자는 의외로 쉽게 검거된다. 이 사건에서 바이오디젤은 피해자를 죽이는 자동차의 연료로 쓰인 한편, 미궁에 빠진 뺑소니 용의자의 검거에도 결정적인 역할을 수행한 것이다.

뺑소니 용의자 검거에 도움을 준 옥수수

왜 재생에너지가 필요한가?

우리는 에너지 보존 법칙이 이루어지는 세계에서 살고 있습니다. 하지만 우리는 늘 에너지 부족을 걱정하고, 에너지 절약을 생활화해야 한다고 교육받지요. 항상 보존되는 에너지를 왜 지켜야 하며, 또 모자람을 걱정해야 하는 까닭은 무엇일까요?

그것은 에너지의 총량은 보존되지만, 한 에너지가 다른 에너지로 바뀌는 전환 과정에서 상당 부분이 우리가 사용할 수 없는 에너지로 변하기 때문입니다. 예를 들어 전기에너지를 빛에너지로 전환하는 백열등의 경우, 공급되는 전기에너지 중 90%가 열에너지로 발산되며, 정작 빛에너지로 전환되는 것은 10%뿐이라고 알려져 있습니다. 즉 백열등을 이용해 에너지를 전환하는 과정에서는 겨우 10%

의 에너지만이 우리가 사용할 수 있는 에너지로 전환된다는 것이죠. 백열등의 경우가 특히 에너지 효율이 낮은 편이기는 하지만, 우리가 현실에서 접하는 에너지 전환 과정에서 에너지 효율이 50%를 넘는 경우는 거의 없습니다.

이것은 다시 말하면, 우리가 어떤 효과를 얻기 위해 에너지를 투입하는 경우 그중 절반 이상이 고스란히 우리가 사용할 수 없는 에너지로 바뀌어 빠져나간다는 것입니다. 이것이 우리가 에너지 보존 법칙 안에서 살아가면서도 끊임없이 에너지 부족을 걱정해야 하는 이유입니다. 우리에게 중요한 것은 에너지 자체라기보다는 우리가 '사용할 수 있는 에너지'이기 때문이죠.

누란지세(累卵之勢)의 연료인 화석연료

현재 우리가 사용하는 에너지의 대부분은 화석연료(석탄, 석유, 천연가스 등)에 의존하고 있습니다. 화석연료는 과거에 지구상에 살던 동식물이 오랜 시간 동안 변성되며 화석화된 물질을 이용해 만든 연료입니다. 오랜 세월에 걸쳐 만들어졌고 보충되는 양이 극히 미미하기 때문에 화석연료의 사용에는 한계가 있습니다. 또한 화석연료는 제레미 리프킨이 『엔트로피』에서 지적한 것처럼, 그저 땅속에서 캐내 사용할 수 있어 매우 편리하지만, 일단 사용하고 나면 다시는 재 사용이 불가능하다는 단점을 지니고 있습니다.

지난 1999년 에너지관리공단의 조사에 따르면, 현재 수준으로 화석연료를 계속 사용한다면 짧게는 40여 년, 길어도 200여 년이면 지구상에 매장된 모든 화석연료가 동이 날 것으로 예측된다고 합니다. 화석연료 중에서도 특히 원유의 고갈 정도는 매우 심각한 것으로 알려져 있습니다. 2003년 기준으로 확인된 원유 매장량은 1조 1477억 배럴(bbl)이며 1일 평균 사용량은 7,800만 배럴입니다. 또한 원유의 사용량은 해마다 1.6%씩 증가하는 추세이기에, 지금의 젊은 세대가 노년에 접어들기도 전에 매장량이 바닥날 것으로 예측되고 있습니다.

이렇듯 에너지 부존량(賦存量)은 점점 한계에 다다르고 있지만, 전 세계의 에너지 소비량은 오히려 늘어나고 있어 에너지 부족 문제를 더욱 가속화시키고 있습니다. 미국 에너지 정보청(EIA)의 보고에 따르면, 2030년까지 에너지 소비의 증가 추세는 지금보다 더욱 클 것으로 예측되었습니다. 에너지 소비율의 증가는 한정된 화석연료의 고갈을 더욱 부추기는 것으로, 빠른 시일 내에 에너지 부족분을 대신할 방안이 제시되지 않으면 인류의 미래는 보장할 수 없게 됩니다.

에너지 자원의 고갈이라는 문제 외에도 우리가 화석연료를 대체할 다른 에너지원을 찾아야 하는 이유는 또 있습니다. 그것은 탄소화합물을 연소시켜 에너지를 발생시키는 화석연료의 특성상 사용 시 원하지 않는 부산물이 발생해 환경을 오염시키기 때문입니다. 특히나 모든 화석연료는 탄소를 함유하고 있기 때문에 연소 과정에서 필연적으로 이산화탄소가 발생하기 마련입니다. 이산화탄소는 점점 가시화되는 지구온난화와 밀접한 관련이 있지요.

미국 해양 대기국(NOAA)과 스크립스 해양학 연구소의 장기 프로젝트에 따르면, 산업혁명 즉 인간이 화석연료를 대규모로 사용한 그 시점부터 이산화탄소의 대기 중 농도가 급격히 증가했다고 합니다. 그리고 같은 기간 동안 대기의 온도는 0.6~2℃ 상승했다고 합니다. 이로 인해 지구상 곳곳은 북극의 빙하 유실, 대규모 허리케인의 발생, 지독한 폭우와 극심한 가뭄, 해류의 변화 등 다양한 기상 이변 현상에 몸살을 앓고 있지요. 따라서 전 세계 국가들은 지난 1994년 이후 기후변화협약을 통해 온실가스 감소를 결의하였고, 2005년 2월 이후 교토의정서를 통해 각국이 어떤 방식으로 얼마나 많은 온실가스를 줄일 것인지에 대한 구체적인 협약을 체결한 바 있습니다. 눈에 보이지도 않는 온실가스를 감축하기 위해 국제사회가 이렇듯 커다란 움직임을 보인 것은, 그만큼 온실가스의 유해성이 가시화되어 있음을 뜻합니다.

화석연료는 그 연소 과정에서 이산화탄소 외에도 질소산화물, 탄화수소, 일산화탄소, 황산화물 등을 부산물로 배출시켜 공기를 오염시킵니다. 질소산화물과 탄화수소는 안개와 합쳐져 뿌연 스모그를 만들어 내고, 일산화탄소는 체내의 헤모글로빈과 결합해 사람을 질식 상태에 빠지게 하며, 황산화물과 질소산화물은 빗물에 녹아 산성

태양광 발전 시설의 모습.

비를 만들어 대기뿐 아니라 초목과 토양으로까지 그 오염 범위를 확장시킵니다. 이처럼 화석연료는 사용량이 증가할수록, 스스로를 점점 옭죄는 올가미 구실을 하므로, 이에 대한 대응책이 반드시 필요합니다. 때문에 현재 인류에게는 화석연료의 단점을 보완해 줄 대체 에너지원의 등장이 절실한 것입니다. 새로운 에너지원은 화석연료나 원자력에 기반하지 않으며, 고갈될 가능성이 낮고, 오염 물질 배출이 거의 없는 깨끗한 에너지여야 한다는 단서가 달려 있지요. 그렇지 않다면 기존의 에너지와 다를 바가 없을 테니까요.

이런 이유로 인해 새로운 에너지들의 이름을, 단지 기존의 에너지를 대체한다는 의미의 '대체에너지'라는 표현 대신 환경 친화적이고 재생이 가능한 에너지라는 의미에서 '재생에너지'라고 부르기도 합니다. 수소연료전지, 태양광 및 태양열, 바이오매스(biomass), 풍력,

지열, 해양, 폐기물 재생 등을 통해 만들어 낼 수 있는 재생에너지들은 재생 가능한 지속성, 이산화탄소 및 오염 물질 발생이 없는 친환경성, 특정 사회에 편중되지 않는 공공성 등을 장점으로 지니고 있어 미래의 에너지원으로 각광받고 있습니다.

그러나 현재의 재생에너지 실제 보급률은 그에 대한 높은 관심과 절박한 필요성에 비해서는 매우 낮은 것이 현실입니다. 이는 재생에너지 개발에 엄청난 비용 투자가 필요한 데 반해, 현재의 기술력으로는 투자한 자금에 비해 얻어지는 에너지의 양이 기대에 못 미치기 때문이라는 지적이 많습니다.

바이오디젤이란 무엇인가?

다양한 신(新) 재생에너지 중에서 그나마 가장 상용화가 많이 된 것이 바이오에너지입니다. 바이오에너지란, 태양광을 이용하여 광합성 되는 유기물(주로 식물)과 유기물을 소비하여 생성되는 모든 바이오매스에서 발생하는 에너지를 말합니다. 여기서 바이오매스란 에너지를 발생시키는 대상이 되는 생물체를 총칭하는데, 농·축·임산물 쓰레기를 비롯해 생활 쓰레기 중 썩을 수 있는 것들도 모두 포함하지요. 짚단을 발효시켜서 에탄올을 얻는 경우를 예로 들면, 이때 짚단은 바이오매스, 에탄올은 바이오에너지라고 말할 수 있습니다. 바이오에너지는 지구상에 생물이 존재하는 한 계속해서 생산해 낼 수 있기 때문에 대표적인 재생에너지이자 미래의 에너지원로 각광받고 있습니다.

바이오디젤 주유기. 바이오디젤은 석유의 대체재로 기대를 모으고 있다.

우리는 오래전부터 바이오에너지를 사용해 왔습니다. 인류가 가장 먼저 이용했던 에너지원인 장작이나 건초 역시 바이오에너지이기 때문이죠. 그러나 최근 들어 바이오에너지가 다시금 주목받는 것은 바이오매스를 이용해 바이오디젤(biodiesel)을 만들 수 있다는 점 때문입니다. 바이오디젤은 바이오매스를 발효시켜 얻은 알코올로 만든 연료로, 석유의 대체재 특히 연료로 사용되는 석유의 대체재로 훌륭한 가치를 지닙니다. 세계 자원 연구소(WRI)의 조사에 따르면 채굴된 석유의 52%가 운송 부문에서 사용되며, 운송용 에너지의 96%가 석유 가공품으로 알려졌습니다.

우리는 최근 몇 년간 국제 유가의 가파른 상승이 물품의 운송 비용 상승으로 연결되고, 다시 경제 전반의 인플레이션으로 이어지는 악순환을 충분히 경험했습니다. 따라서 수송용 석유를 대체할 만한 안정적인 연료원의 확보는 사회 전체의 물가를 안정시키는 데 큰 기여를 할 수 있습니다. 이에 바이오디젤이 대안이 될 수 있지요.

바이오디젤은 화력 면에서 석유에 뒤지지 않기 때문에 연료로 매우 적합하며, 또한 다른 연료용 에너지로 거론되는 전기·태양광·수소 에너지와 달리 액체 연료이기 때문에 기존의 주유 시설이나 자동차 부품 등을 교체하지 않고도 그대로 사용 가능하다는 것이 큰 장점입니다.

또한 바이오디젤은 안전한 연료이기도 합니다. 바이오디젤의 인화점은 150℃이기 때문에, 인화점이 낮은 경유나 휘발유에 비해 높은 온도로 가열해야 불이 붙는 특성을 지닙니다. 때문에 바이오디젤은 처음 연소시킬 때는 높은 온도가 필요하지만, 반대로 인화점이 높기 때문에 폭발 사고나 화재 사고가 날 위험은 휘발유나 경유에 비해 낮습니다.

최근 들어 바이오디젤이 주목받는 또 하나의 이유는 환경오염이 적은 청정 에너지라는 점 때문입니다. 화석연료가 연소 및 처리 과정에서 황산화물과 질소산화물 등 많은 환경오염 물질을 발생시키는 것과는 달리 바이오디젤은 이러한 부산물의 발생이 거의 없습니다. 또한 바이오디젤은 원유와는 달리 환경에 직접 노출되어도 생태계에 미치는 영향이 적은 편이라는 것도 큰 장점입니다.

우리는 지난 2007년 서해안 앞바다에서 일어난 대규모 원유 유출 사고로 인근 생태계가 모조리 파괴되는 뼈아픈 경험을 한 바 있습니다. 원유는 자연 상태에서 저절로 분해되는 것을 기대하기 힘들기 때문에, 이런 오염 사고가 일어나면 흡착포 등을 이용해 최대한 빠른 시간 내에 원유를 걷어 내는 것이 피해를 최소로 줄일 수 있는 방법입니다. 하지만 바이오디젤의 경우 미생물에 의해 분해되기 때문에, 환경에 노출되더라도 오염 정도를 줄일 수 있답니다.

마지막으로, 바이오디젤은 지구온난화를 가속화시키는 이산화탄소의 발생에도 중립적이라고 합니다. 바이오디젤의 연소 과정에서도 이산화탄소가 발생하기는 하지만, 이 이산화탄소는 식물이 광합성 과정에서 대기 중의 이산화탄소를 빨아들여 고정시킨 것이 다시 방출되는 것이기 때문에, 전 지구적인 시각으로 보자면 이산화탄소의 흡수와 배출량에는 영향을 미치지 않는다고 할 수 있습니다.

바이오디젤의 이러한 장점들로 인해, 교토의정서 체결 이후 의무적으로 이산화탄소 감축을 해야 하는 선진국들은 바이오디젤의 도입을 적극적으로 검토하고 있다고 합니다. 우리나라에서도 지난 2006년 7월 1일부터 일반 경유에 5%의 바이오디젤이 섞인 혼합 경유를 판매하고 있고, 독일과 이탈리아에서는 도심 버스, 대형 트럭은 아예 100% 바이오디젤을 사용하도록 의무화한 바 있지요.

하지만 아직까지도 전체 연료 시장에서 바이오디젤이 차지하는 비율은 미미합니다. 이는 바이오디젤의 생산 비용이 경유의 생산 비용보다 높기 때문에 아직 비경제적이며, 환경을 고려해서 바이오디젤을 사용하기를 원하더라도 이를 공급하는 회사나 이를 취급하는 주유소 등이 극히 적어 일반 대중들은 이에 접근하기 힘들기 때문입니다.

바이오디젤을 이용할 때 고려할 것들

하지만 이러한 바이오디젤의 한계들이 극복되더라도, 여전히 바이오디젤의 확대 사용은 신중히 고려해야 할 문제입니다. 그 가장 큰 이유는 바이오에너지의 확대 사용이 식량 가격의 상승을 가져오고, 결국 식량 자원의 무기화와 세계 경제의 빈익빈 부익부 현상을 가중시킬 수 있기 때문입니다. 최근 들어 곡물 값은 유가 상승을 능가하는 속도로 수직 상승했습니다. 최근 2년 사이에 밀의 가격은 182.9%, 옥수수 가격은 132.9%가 올랐고, 아시아 지역의 주요 영양 공급원인 쌀의 가격 역시 가파른 상승세를 보이고 있습니다.

곡물 값 폭등의 여파는 부국(富國)에서보다 빈국(貧國)에 더 큰 압력으로 작용하기 마련입니다. 당장 먹고 살기 힘든 사람들에게 곡물 값의 폭등은 생존을 직접적으로 위협하는 일이 됩니다. 이미 유엔 식량 농업 기구(FAO)는 전 세계 37개국 21억 명이 '식량 위기'에 놓여 있다고 지적한 바 있습니다. 이런 상황에서 바이오디젤의 확대 사용은 곡물 값의 상승 추세를 더욱 가속화시키는 원인이 될 수 있습니다.

현재 바이오디젤의 대부분이 옥수수나 콩과 같은 곡물을 발효 및 가공 처리하여 만든다는 것을 감안할 때, 부국의 국민들이 공해 없이 깨끗한 바이오디젤을 이용해 쾌적한 삶을 즐기는 동안, 빈국의 국민들은 당장 입에 넣을 곡식이 없어 굶주릴 수도 있다는 것이지요. 이에 바이오디젤의 확대 사용은 그 기술적 가능성과는 별개로 신중히 고려해야 할 문제랍니다.

이처럼 바이오디젤은 재생에너지로써 많은 장점들을 가지고 있음에도 불구하고, 그 원료가 인간과 가축이 먹는 식량이라는 점에서 근본적인 문제를 지닙니다. 따라서 이런 문제를 해결하고 바이오에너지를 진정한 미래의 재생에너지로 사용하기 위한 가장 현실적인 대안은, 식량으로 사용하기에는 적합지 않은 바이오매스 즉 짚단, 옥수숫대, 풀잎과 나뭇잎, 톱밥 등의 비식량성 물질을 이용해 바이오디젤을 생산하는 것입니다.

식량 자원은 보존하는 대신 식량 자원을 생산할 때 생기는 부산물을 이용해서 바이오디젤을 만든다면, 식량 부족 문제 해결과 석유 대체재의 개발이라는 두 마리 토끼를 동시에 잡을 수도 있다는 것이지요.

이처럼 다양한 사항들을 고려해 볼 때 바이오디젤의 확대 적용 문제는, 결국 과학적 결과물을 사회에 적용할 때 고려할 것이 단순히 그것이 과학적으로 실현 가능하느냐를 따지는 수준을 넘어선다는 것을 알 수 있습니다. 과학적 발전이 사회에 접목되기 위해서는 과학적 실현 가능성뿐 아니라, 경제적·정치적·인도적·국제관계적 정서를 포함한 다양한 문제들을 모두 고려해야만 하는 것입니다. 그래야만 진정 인간을 위한 과학이 될 수 있기 때문입니다.

Season 

현대 과학의 치명적인 유혹을 물리쳐라!

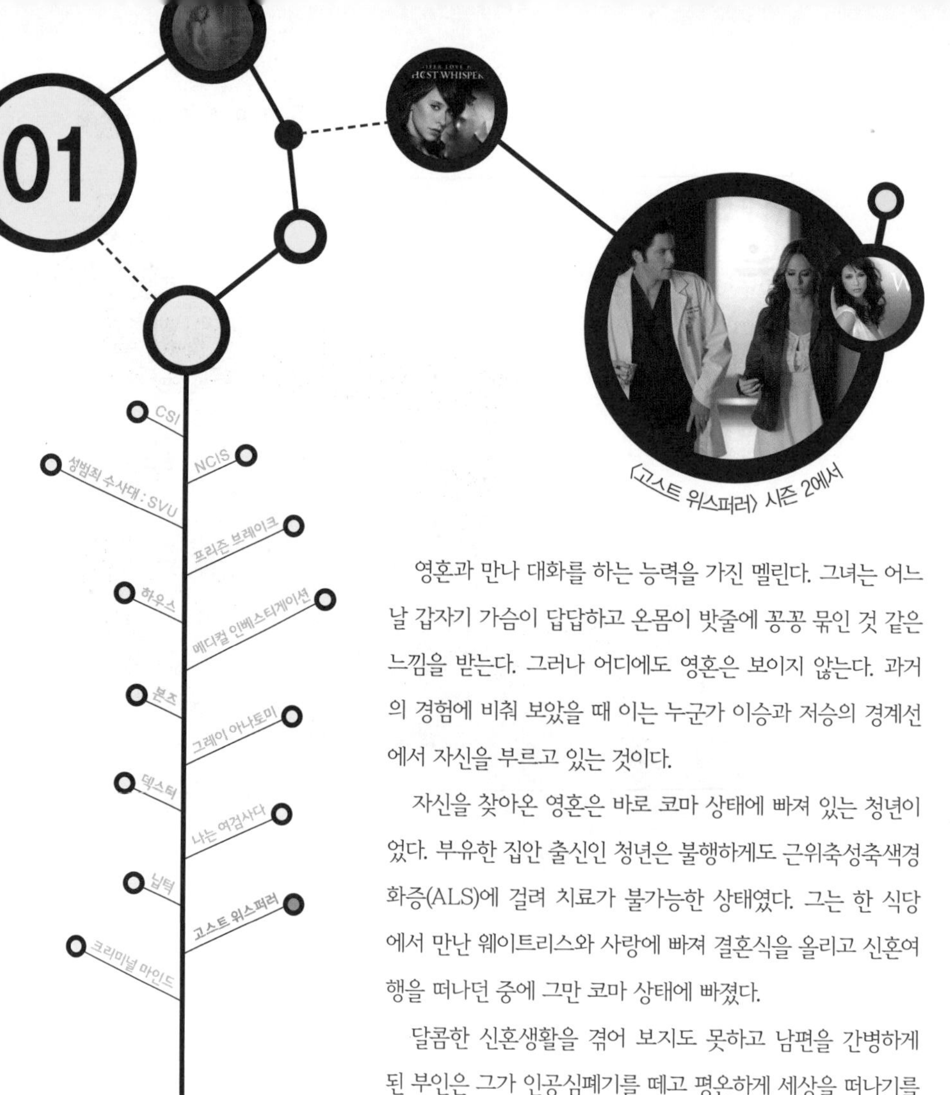

〈고스트 위스퍼러〉 시즌 2에서

영혼과 만나 대화를 하는 능력을 가진 멜린다. 그녀는 어느 날 갑자기 가슴이 답답하고 온몸이 밧줄에 꽁꽁 묶인 것 같은 느낌을 받는다. 그러나 어디에도 영혼은 보이지 않는다. 과거의 경험에 비춰 보았을 때 이는 누군가 이승과 저승의 경계선에서 자신을 부르고 있는 것이다.

자신을 찾아온 영혼은 바로 코마 상태에 빠져 있는 청년이었다. 부유한 집안 출신인 청년은 불행하게도 근위축성축색경화증(ALS)에 걸려 치료가 불가능한 상태였다. 그는 한 식당에서 만난 웨이트리스와 사랑에 빠져 결혼식을 올리고 신혼여행을 떠나던 중에 그만 코마 상태에 빠졌다.

달콤한 신혼생활을 겪어 보지도 못하고 남편을 간병하게 된 부인은 그가 인공심폐기를 떼고 평온하게 세상을 떠나기를 원한다. 그러나 청년의 부모는 며느리가 재산을 노리고 그와 결혼한 것이라고 반박하며 이를 허락하지 않는다. 결국 이 싸움이 법정까지 가게 되자 보다 못한 코마 상태의 청년이 일시적으로 숨을 멈추고 멜린다를 찾아간 것이다. 멜린다는 청년의 가족과 부인에게, 청년이 그들의 고통을 원하지 않으며 그만 자신을 놓아주기를 바란다는 사실을 전해 주는데…….

식물인간의 영혼이 요구한 안락사

테리도 멜린다를 찾아갔을까?

〈고스트 위스퍼러〉는 인간이 유령과 대화를 할 수 있다는 설정으로 구성된 드라마입니다. 개인적으로 유령의 존재를 믿지 않음에도 불구하고 이번 에피소드는 인상적이었습니다. 인공심폐기에 의존해서 살아가는 사람들의 권리에 대해 생각하게 해 주었기 때문입니다. 비록 이 에피소드는 해피엔딩으로 끝이 났지만, 현실에서 이런 일은 헤피엔딩인 경우가 드뭅니다.

지난 2005년 3월 31일에 한 여인이 병원에서 조용히 숨을 거두었습니다. 그녀의 몸에 주렁주렁 붙어 있던 여러 가지 튜브들이 모두 제거된 지 13일 만이었습니다. 테리 샤이보라는 이름의 이 여성은 1990년에 뇌의 치명적인 손상 탓에 코마(coma) 상태에 빠졌고, 무려 15년간이나 병원에서 식물인간 상태로 살아왔습니다. 그녀의 코마 상태가 길어지자 그녀의 남편은 그녀가 생전에 식물인간인 채로 연명하기를 바라지 않았다는 것을 이유로 들어, 법원에 그녀의 생명 보조 장치를 제거할 수 있도록 허가를 신청했습니다.

이에 테리의 부모 측은 사위가 딸의 재산을 노리고 그녀를 죽이려 한다며 반대했고, 결국 이 문제는 법정 소송까지 가게 되었습니다. 6년에 걸친 긴 소송 끝에 결국 법원은 테리의 남편인 마이클의 손을 들어주었습니다. 그 후 테리의 몸에서는 모든 보조 장치가 떼어졌고, 결국 테리는 죽음을 맞이했습니다.

2005년 당시, 테리 샤이보를 둘러싼 법정 논쟁은 전 미국을, 나아가 전 세계를 혼란스러운 논쟁의 도가니로 몰고 갔습니다. 인간답게 살 권리만큼이나 인간답게 죽을 권리도 중요하다는 논란은 오래전부터 있어 왔지요. 스스로 먹고 배설하고 숨 쉬지 못하더라도 기계가 대신 먹여 주고 산소를 넣어 주는 것이 가능해진 이후부터, 기계에 의존한 인공적인 삶이 과연 진정한 인간의 삶인가에 대한 논쟁도 계속 있어 왔습니다.

그럼에도 불구하고 테리 샤이보가 특별히 유명해진 이유는 가족들의 의견이 법정 싸움을 불사할 정도로 극명하게 엇갈렸으며, 플로리다주 법원, 미국 내 보수단체와 부시 대통령, 교황청에 이르는 어마어마한 단체나 인물들 그리고 여론들이 제각각 편을 가르고 대립했기 때문입니다. 그리고 이 문제는 제기된 지 오랜 시간이 지났음에

테리 샤이보에 대한 존엄사 허가에 반대하는 시위.

도 불구하고, 여전히 사람들의 의견이 모아지지 않고 있었습니다.

이 사건의 가장 근본적인 문제는, 환자 자신의 의지가 무엇인지를 다른 사람들이 알지 못한다는 데 있습니다. 환자 본인이 살 것인지 죽을 것인지에 대해 자신의 생각을 피력한다면 큰 문제가 되지 않을 텐데, 그럴 수 없으니 문제가 해결되지 않는 것이죠. 만약 현실에 멜린다와 같은 사람들이 있다면, 테리도 일찌감치 멜린다를 찾아가지 않았을까 하는 생각이 듭니다.

생명 존중의 딜레마

이 사건은 결국 테리의 죽음으로 일단락이 났지만, 이 사건에서 촉발된 '품위 있는 죽음'을 둘러싼 논쟁은 전 세계적으로 퍼져 나갔습니다. 이 논쟁에서 우리가 쉽게 한쪽의 손을 들어주거나 다른 쪽을 비난할 수 없는 이유는, 인공적인 생명 연장을 찬성하는 쪽은 물론이거니와 반대하는 쪽도 내세우는 논리의 바탕에 궁극적으로 고귀한 생명을 존중한다는 대전제를 깔고 있기 때문입니다.

인공적 생명 연장을 찬성하는 입장에서는, 생명이란 살아있다는 그 자체로 소중한 것이기에 어떤 일이 있어도 타인 혹은 자신의 생명을 끊는 것은 죄악이라고 생각합니다. 과학이 아무리 발달하더라도 생명을 창조하는 일은 거의 불가능에 가까운 일이므로 누군가의 생명을 끊는 행위는 가장 큰 범죄라는 것이지요. 그래서 많은 종교에서, 남을 살해한 자뿐만 아니라 스스로 목숨을 끊는 자 역시 영생을 얻지 못하고 구천을 떠돈다고 말하고 있습니다.

반대 입장에서는, 생명이 귀중한 것은 당연하지만 그보다 더 중요한 것은 삶의 질이라고 주장합니다. 단지 살아 있기 위해 끔찍한 고통을 견디고, 아무것도 인식하지 못한 채 기계가 넣어 주는 영양액과 산소에만 의존해 살아가는 것은 진정한 삶이 아니며 오히려 고귀한 인간 정신에 대한 모독이라고 생각합니다. 따라서 남은 삶을 사는 것이 그 삶의 주체에게 가망 없는 고통만을 안겨 주거나, 본인이 삶을 의식조차 하지 못할 때는 차라리 품위 있게 죽음을 맞도록 해 주는 것이 더욱 인간다운 삶을 위한 길이라고 주장합니다. 사람들은 그만 혼란에 빠졌습니다. 우리는 어떻게 해야 좋을까요?

생명을 살리는 움직임, CPR

의학 드라마를 보다 보면 환자가 위독한 순간 의료진들이 "CPR!"을 외치는 경우가 자주 등장합니다. 이 단어가 등장하면 다음 장면은 어김없이 환자의 가슴을 압박하며 인공호흡을 하거나 전기 충격을 가하는 것으로 이어집니다.

CPR(Cardiopulmonary Resuscitation)은 우리말로는 심폐소생술(心肺蘇生術)이라고 하지요. 강력한 쇼크나 부상, 질병 등으로 인해 호흡과 심장이 멈춘 사람에게 기도 확보 및 인공호흡, 심장마사지 등을 실시해서 빠른 시간 내에 호흡과 심박동을 되살리는 시도가 바로 CPR입니다.

급작스런 사고나 심장마비 등으로 심호흡이 정지했을 때 CPR은 매우 중요합니다. 한 연구 조사 결과 급성 심장마비를 일으킨 환자가 4분 이내에 기본적인 CPR을 받고, 12분 이내에 응급구조 전문가에 의해 처치를 받은 경우 43%가 살아났다고 합니다. 반면 심장마비가 일어난 지 4분이 지난 후에 기본 CPR을 받고 전문 처치를 12분이 넘은 후에 받은 경우에는 한 명도 살아나지 못했다는 보고가 있습니다. 따라서 CPR은 귀중한 생명을 살리는 매우 중요한 행위입니다. 참고로 4분이라는 시간이 중요한 이유는, 그 시간이 생체가 '되돌아올 수 있는 한계'이기 때문입니다.

우리는 흔히 심장이 정지하면 죽은 것으로 여기지만, 심장과 호흡

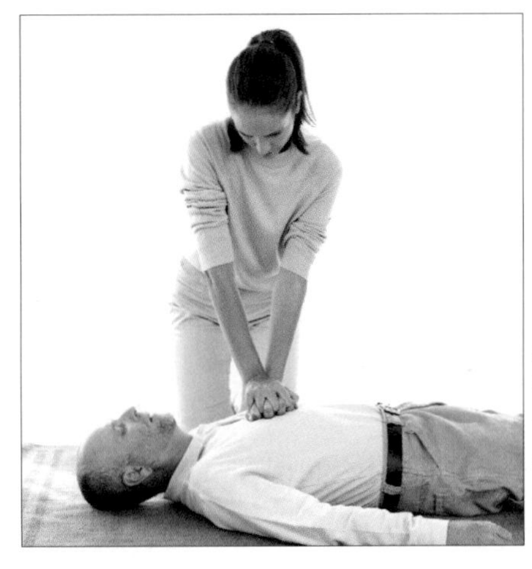

CPR을 실시하는 모습. 연구 조사 결과 급성 심장마비를 일으킨 환자가 4분 이내에 기본적인 CPR을 받고, 12분 이내에 응급구조 전문가에 의해 처치를 받은 경우 43%가 살아났다고 한다.

이 정지된 이후라도 재빨리 혈액 순환과 호흡이 재개되면 다시 살아날 수도 있습니다. 하지만 호흡이 정지된 후 4~6분이 지나면 신체를 구성하고 있는 세포들, 특히 뇌세포들이 돌이킬 수 없는 상태로 빠져들기 때문에 이 시간이 넘으면 정상적인 상태로 되살리는 것은 거의 불가능합니다. 이런 상태를 '생물학적 죽음'이라고 하지요.

다만, 세포 재생력이 왕성한 유아나 차가운 물에 빠져서 체내의 신진대사가 완전히 멈춰버린 경우에는 심장이 정지된 이후에도 몇십 분 혹은 몇 시간까지 생물학적 죽음이 연장되기도 합니다. 그러나 이는 극히 예외적인 일입니다.

통상적으로 뇌세포가 산소 공급 없이 버틸 수 있는 시간은 4~6분 정도입니다. 체내의 세포는 산소 공급이 끊기면 돌이킬 수 없는 치명적인 손상을 입게 되는데, 특히나 뇌세포의 경우 그 손상은 빠르고 심각하게 일어납니다. 그래서 심장이 정지한 환자가 CPR로 인해 심박동과 호흡은 돌아 왔으나, 뇌세포가 파괴되어 영영 의식을 회복하지 못하는 경우도 있습니다.

DNR을 선택하는 이들

이처럼 CPR은 빠른 시간 내에 정확한 방법으로 시도한다면, 고귀한 생명을 살릴 수 있는 아주 유용한 방법입니다. 사고를 당한 사람이나 급성 질환으로 인해 일시적으로 호흡이 멈춘 이들에게 매우 유용한 조치이지요. 하지만 이 에피소드에 나온 청년처럼 만성질환이나 회생이 불가능한 상태에 빠진 이들에게 CPR은 오히려 딜레마로 작용하기도 합니다.

이 에피소드에 등장하는 청년의 질환은 근위축성축색경화증(Amyotrophic lateral sclerosis)이었습니다. 이 질환은 줄여서 ALS라고 부르기도 합니다. 전설적인 야구 선수 루 게릭(Lou Gehrig)이 앓았던 병이라 하여 루게릭병으로 더 많이 알려져 있고, 세기의 천재인 스티븐 호킹 박사를 육

근위축성축색경화증을 앓는 스티븐 호킹 박사.

체의 감옥에 가둔 질병이기도 합니다. 아직까지 원인도 치료 방법도 명확하지 않은 난치병으로, 일단 발병하게 되면 대뇌와 척수의 운동 신경들이 파괴되며 서서히 운동 능력을 잃다가 결국에는 사망에 이르는 질병으로 알려져 있습니다.

〈고스트 위스퍼러〉에서 여러 질병 중에 ALS를 소재로 삼은 것은 ALS가 운동신경만을 선택적으로 침범한다는 잔인함 때문인 듯합니다. ALS 환자는 병이 진행될수록 서서히 운동 능력을 잃어가고, 결국에는 전신마비 상태에 빠지게 되지만 마지막 순간까지도 의식은 명료하며 감각도 보존되는 것으로 알려져 있습니다. 즉 의식을 잃어 자신에게 무슨 일이 일어나는지를 전혀 알지 못하는 식물인간 환자와는 달리 ALS 환자는 자신의 처지를 모두 인식하는 상태에서 자신의 몸이 서서히 자신을 가두는 것을 견뎌야 합니다. 설사 환자가 생존의 의지 혹은 죽음의 의지가 있더라도, 몸이 마비되어 이를 겉으로 표현할 수 없기 때문에 ALS는 무엇보다 잔인한 질병인 것이죠.

따라서 이런 상태의 환자에게 CPR을 시도하여 환자를 살리는 것이 과연 환자가 바라는 일인지에 대한 논란이 있는 것입니다. 비단 ALS 질환만이 아니라, 완치 가능성이 희박한 질병을 앓는 환자들의 경우, 일부는 CPR이 자신에게 오히려 고통만을 안겨 준다고 생각합니다. 그래서 이들은 살아생전에 DNR에 서명하곤 합니다.

DNR(Do Not Resuscitation)은 우리말로는 '소생 거부' 정도로 해석할 수 있습니다. CPR로 환자를 살려 내더라도 환자의 고통을 중단시킬 가능성이 거의 없고 힘들게 숨만 이어가는 상황이 벌어질 가능성이 높을 때, DNR을 통해 자연스러운 죽음을 맞겠다는 의지에서 선택하는 방법입니다.

CPR이든 DNR이든 이로 인한 논란은 결국 인간의 존엄성을 지키겠다는 전제는 같으나 시각의 차이가 달라서 벌어지는 현상입니다. 그리고 이는 자연스럽게 '인간의 죽을 권리'에 대한 논쟁, 즉 안락사 논쟁으로 이어지게 됩니다.

우리는 어떻게 살아갈 것인가?

안락사(安樂死)는 영어로는 Euthanasie[Eu(좋은)+Thanatos(타나토스, 죽음)]입니다. 이 말에는 사는 것보다 죽음을 맞이하는 것이 더욱 편안하다는 의미가 들어 있지요. 가장 먼저 안락사를 합법화한 나라는 네덜란드로 알려져 있습니다. 네덜란드는 지난 2001년 4월 안락사 관련 법안을 상하의원이 모두 통과시킴으로써 안락사를 합법화했습니다. 대신 안락사로 처리되는 케이스를 확실히 지정해 두었지요.

네덜란드 법률에서는, 안락사를 '치유 불가능한 병에 걸려 견딜 수 없는 고통 속에 있는 12세 이상의 환자(12~16세의 청소년은 부모의 동의 필요)가 온전한 정신으로 안락사를 꾸준히 요청하는 경우'로 제한하고 있습니다. 주치의와 다른 의사들이 이에 동의해야 하고, 13인으로 구성된 안락사 위원회와 지역 보건 위원회의 허락을 받아서 전문 의사만이 실시할 수 있도록 정하고 있습니다. 역시 안락사가 합법화된 스위스의 경우에는 환자 스스로 독약을 먹을 경우에만 안락사로 인정한다고 정하고 있습니다.

여기서 구별해야 할 것은 안락사와 존엄사입니다. 위에서 이야기한 안락사는 자살을 원하는 환자들을 도와주는 경우입니다. 스위스와 네덜란드에서 허용한 것도 적극적 안락사의 경우입니다. 그러나 대부분의 나라에서는 누군가의 자살을 돕는 경우는 촉탁살인죄로, 자살하는 사람을 말리지 않는 경우는 자살방조죄로 처벌받게 됩니다. 이러한 현실에서 안락사의 문제는 그리 간단하게 판단할 수 없습니다.

개인적으로 이러한 종류의 안락사 허용은 문제가 있다고 생각합니다. 물론 그들의 고통을 경험한 바가 없기 때문에 그들이 겪어야 할 고통의 크기에 대해 감히 판단할 수는 없습니다. 하지만 이 문제에 대한 책임은 개인이 아니라 현대 의학이 져야 한다는 생각이 듭니다.

만약 현대 의학이 말기 환자들의 고통을 진정으로 이해하고 있다면, 환자들에게 자살할 권리를 주겠다고 하기보다는 확실한 치료제 아니면 진통제라도 개발해서 이들을 적극적으로 도와야 한다고 생각하기 때문이지요. 효과가 탁월한 진통제가 개발돼 환자들의 고통이 크게 경감된다면 어떨까요? 고통에 못 이겨 차라리 죽음을 택하는 사람들은 기하급수적으로 줄어들고, 환자들은 남은 인생을 좀 더 의미 있게 살아가리라고 기대할 수 있습니다. 환자의 병을 바로 치료할 약을 개발한다면 이 문제는 더 거론할 가치도 없을 테지요.

반면 존엄사는 환자의 생존에 필요한 조치를 취하지 않음으로써 자연적으로 죽음을 맞이하게끔 하는 것입니다. 우리 나라에서 존엄사의 개념은 그리 낯선 것은 아닙니다. 예부터 객사한 시체는 집에 들어오지 못한다고 여기는 풍습이 있어서, 살 가망이 없는 환자는 병원에서 퇴원시켜서 집에 돌아가 자손들 앞에서 사망하게 하는 경우가 종종 있었습니다. 사실 이것은 자칫하면 환자에 대한 의사의 의료 포기 행위로 간주되는 일이지만(현재는 이럴 경우 처벌을 받을 수도 있습니다), 풍습을 믿는 이들이 오히려 이를 원했기 때문에 크게 문제가 되지 않았습니다.

그러나 요즈음에는 장례식을 집에서 하는 것이 아니라 병원의 영안실을 이용하는 것이 보편화되면서, 오히려 문제가 불거지기 시작했습니다. 지금은 과학의 발달로 인해, 그저 호흡만 이어가는 사람을 인공심폐기를 사용하여 몇 달 혹은 몇 년까지도 살려 낼 수 있게 되었습니다.

테리 샤이보는 바로 그러한 상태로 15년을 살았습니다. 여기서 안락사의 문제가 고개를 들기 시작합니다. 그리고 현대 의학이 가져다 준 소위 '잉여 수명'을 사는 사람들의 생명을 어떻게 받아들일 것이

냐는 문제가 불거집니다.

가망 없는 기다림만큼 사람의 마음을 갉아먹는 것도 없습니다. 그리고 이런 경우에는 기다림의 고통뿐 아니라, 현실적인 문제 또한 가족들을 짓누릅니다. 인공심폐기와 중환자실을 사용하기 위한 어마어마한 치료비가 가족들에게 남겨지기 때문입니다.

물론 사랑하는 가족이 살아나기만 한다면야 비용이 아무리 많이 들더라도 기꺼이 감수하겠다는 사람이 대부분일 테지만, 문제는 가망이 없을 때입니다. 이런 상황에서 멜린다 같은 이가 나타나서 "환자는 편안하게 떠나기를 바라고 있으니 이제 그만 놓아 주세요."라고 말을 한다면, 대부분의 사람들은 존엄사를 결정할 것입니다. 환자를 사랑하는 마음에서 환자를 놓아 주겠다는 선택을 하게 되는 것이지요.

이 에피소드에서는 존엄사에 대해 동조하는 뉘앙스를 풍기며, 떠날 사람은 웃는 얼굴로 보내주는 것이 좋다는 메시지를 넌지시 제시합니다. 이에 대해서는 많은 이들이 나름대로의 시각을 가지고 있을 것입니다. 이 에피소드가 드러내는 시각에 꼭 찬성하지 않을 수 있습니다. 아마도 이 에피소드의 가치는 존엄사에 대한 찬성을 이끌어 내려는 점보다는, 어떻게 죽음을 맞이할 것이냐 하는 문제를 한번쯤 돌아보게 하는 데 있는 듯합니다.

우리나라에서는 2009년에 최초로 존엄사가 집행되었습니다. 지난 2008년에 혼수 상태에 빠진 한 70대 할머니의 가족들이 법원에 낸 '무의미한 연명 치료 중단' 소송에서 법원이 가족들의 손을 들어준 것입니다.

이로 인해 2009년 6월 23일 연세대 세브란스병원에서는 국내에서 처음으로 존엄사가 시행되어 환자의 인공호흡기가 제거되었습니다. 그러나 인공호흡기를 떼면 바로 사망할 것이라는 예상과는 달리 환자는 스스로 호흡을 시작하였고 2010년 1월까지 7개월 가까이 생존하면서 또 한 번 존엄사에 대한 찬반 논쟁이 일어나게 되었습니다.

애초에 법원에서는 의료진의 예상을 바탕으로 의식 회복 가능성이 없고 스스로 호흡할 수 없기에 인공호흡기 제거를 통해 자연스러운 죽음에 이르는 것이 타당하다고 판결을 내렸을 뿐이지, 수액이나 인공 삽관을 통한 영양 공급의 중단에 대해서는 언급하지 않았습니다.

환자는 스스로 호흡을 시작했기 때문에 비록 존엄사 판결은 내려졌으나 현행법상으로는 '살아 있는' 상태였습니다. 따라서 환자에게 영양 공급을 중단하는 것은 환자를 '굶겨 죽이는 것'과 같아서 법에 저촉되었지요. 따라서 병원 측은 계속해서 환자에게 인공 급식을 하였고, 이를 통해 환자는 7개월 가까이 생존하였습니다. 연명 치료 중단을 선언한 환자에게 여전히 연명 치료를 행하는 아이러니가 발생한 것이죠.

사실 이런 사건은 예전에도 있었습니다. 지난 1976년, 미국 법원은 1년 전부터 식물 인간 상태에 놓인 21세의 여성 카렌 퀸란의 인공호흡기를 제거하라는 판결을 내린 바 있습니다. 당시 의료진 역시 카렌의 인공호흡기를 제거하면 머지않아 사망에 이를 것이라고 판단했습니다. 하지만 그녀는 인공호흡기 제거 이후 스스로 숨을 쉬기 시작해 그로부터 10년이나 더 의식이 없는 상태로 생존한 뒤 1986년에 사망했습니다. 이런 일련의 사건들은 우리가 존엄사라는 제도에 대해 좀더 신중하게 접근해야 한다는 경고처럼 느껴집니다.

대개 우리는 평소에 죽음을 생각하지 않고 살아갑니다. 마치 이 일생이 영원히 지속될 것처럼 말이죠. 하지만 우리는 생명을 가진 존재이며 언젠가는 사랑하는 사람들을 잃을 것이고, 자기 자신 역시 죽음 앞에 서게 될 것입니다.

그 상황은 언제 어디서 일어날 지 알 수 없습니다. 항상 죽음을 준비하며 살아갈 수는 없겠지만, 적어도 자신이 그런 상황에 놓이게 될 때 어떤 선택을 할 것인지에 대해서는 한 번쯤 미리 생각해 두는 것도 좋을 것입니다. 그것은 극한 상황에서 가장 최선의 선택을 할 수 있도록 도와줄 것입니다. 현실에서 멜린다와 같은 이를 찾는 것은 거의 불가능할 테니까 말이죠.

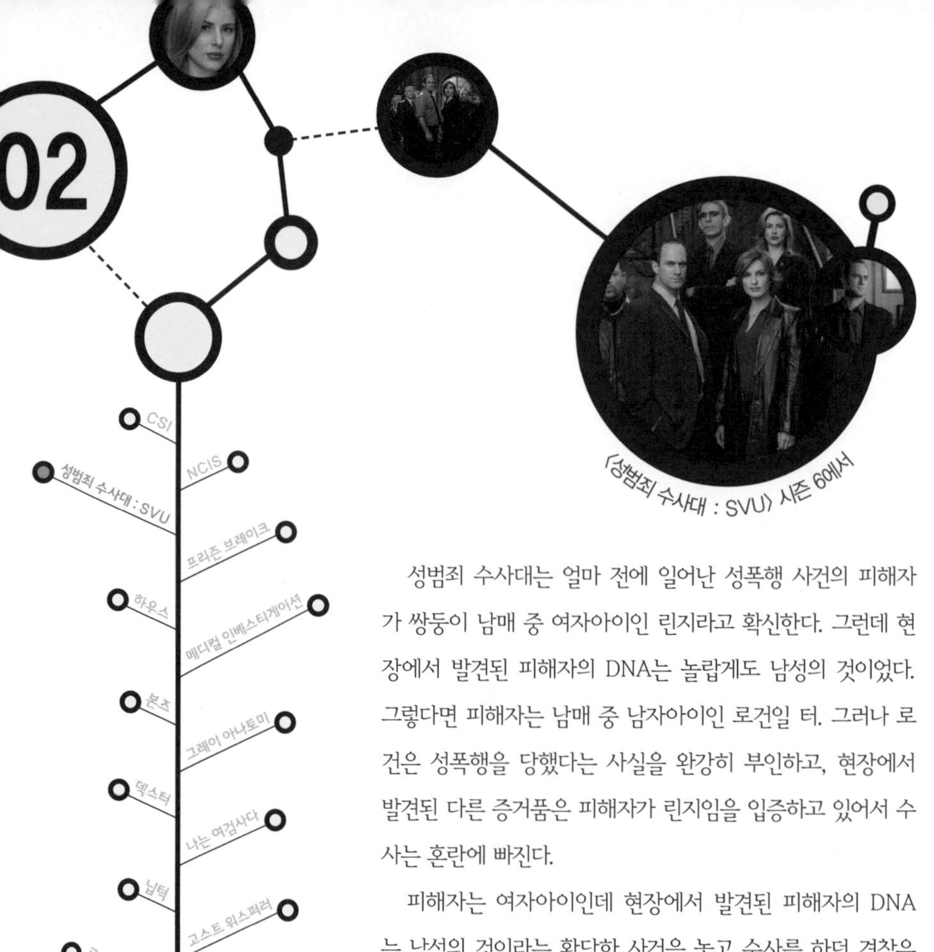

〈성범죄 수사대 : SVU〉 시즌 6에서

성범죄 수사대는 얼마 전에 일어난 성폭행 사건의 피해자가 쌍둥이 남매 중 여자아이인 린지라고 확신한다. 그런데 현장에서 발견된 피해자의 DNA는 놀랍게도 남성의 것이었다. 그렇다면 피해자는 남매 중 남자아이인 로건일 터. 그러나 로건은 성폭행을 당했다는 사실을 완강히 부인하고, 현장에서 발견된 다른 증거품은 피해자가 린지임을 입증하고 있어서 수사는 혼란에 빠진다.

피해자는 여자아이인데 현장에서 발견된 피해자의 DNA는 남성의 것이라는 황당한 사건을 놓고 수사를 하던 경찰은 놀라운 사실을 알게 된다. 쌍둥이 남매는 사실 일란성 쌍둥이 형제로, 실제로 린지는 여자아이가 아니라 남자아이였다는 것이 밝혀진 것이다.

비극은 10여 년 전, 쌍둥이가 갓 태어났을 때 한 아이가 포경수술 사고로 성기를 잃게 되면서 시작되었다. 정상적인 남자로 자랄 수 없는 아들의 장래에 대해 고민하던 부모는 결국 성 정체성은 후천적으로 형성된다는 의사의 권고를 받아들여, 남자아이에게 린지라는 새로운 이름을 붙이고 여자아이로 키운 것이었다.

성 정체성 혼란의 중심에 있는 뇌

브루스 혹은 브렌다 그리고 데이비드의 이야기

사고로 성기를 잃은 남자아이를 여자아이로 키운다는 이야기는 쉽게 상상하기 힘든 일입니다. 그런데 더 충격적인 것은 이 놀라운 이야기가 실화를 바탕으로 하고 있다는 사실입니다.

1960년대, 캐나다의 한 부부가 건강한 일란성 남자 쌍둥이를 얻었습니다. 이 행복한 가정에 불행의 그림자가 드리운 건 이 아이들이 생후 8개월째가 되던 어느 날이었죠. 아이들에게 포경수술을 시키기로 결정한 날이었습니다. 수없이 진행해 온 수술이라서 아무런 문제가 없을 줄 알았던 수술 중에 의료사고가 발생하고, 쌍둥이 중 한 명인 브루스가 성기의 대부분이 손상되는 심한 상처를 입게 됩니다.

아들에게 일어난 불행한 사고로 괴로워하던 부모들은 결국 존스

홉킨스 병원의 성 정체성 전문가였던 존 머니 박사의 충고를 받아들여 브루스를 여자로 키우기로 마음먹습니다. 정상적인 남자로 자랄 수 없을 바에는 아예 성전환 수술을 해서 생식기를 여성의 것으로 바꾸고 여자아이로 자라는 게 낫다는 것이 이유였지요. 존 머니 박사는 부모에게 아이들의 성은 타고나는 것이 아니라 남성과 여성의 행동을 구분하는 부모들의 교육 탓에 형성되는 것이니, 브루스를 여자아이처럼 키운다면 아무런 문제가 없을 것이라고 강력하게 조언했습니다. 아들이 정상적인 남성으로 자랄 수 없다는 것에 괴로워하던 부모들은 결국 머니 박사의 충고를 받아들였고, 브루스는 여자아이인 브렌다로 길러지게 됩니다.

이 불행한 쌍둥이의 사례는 처음부터 많은 연구자들의 관심을 받았습니다. 인간의 성적 정체성이 과연 타고나는 것인지 만들어지는 것인지에 대해 많은 논란이 있었는데, 브루스의 경우가 훌륭한 임상 사례가 될 수 있기 때문이었지요. 두 쌍둥이는 일란성이었기 때문에 유전 정보는 모두 동일했습니다. 애초에 의도하지는 않았지만 동일한 유전 정보를 가진 두 아이가 하나는 남자아이로, 하나는 여자아이로 자라게 되었으니 이들이 자라는 모습을 관찰한다면 오랜 고민의 결과를 쉽게 파악할 수 있을 테니까요.

하지만 이 일은 처음부터 잘못된 가정하에 시작되었습니다. 존 머니 박사는 성적 정체성이 태어난 후 만들어지는 것이라고 굳게 믿었습니다. 어떤 성이든 양육과 환경에 따라 결정할 수 있다는 믿음은 당시에 꽤 강한 것이었습니다. 그래서 선천적으로 남녀의 구분이 애매모호한 성기를 가지고 태어나는 특별한 아이들의 경우, 대개는 태어난 직후에 수술을 통해 여성의 성기를 만들고 여자아이로 키우는 것이 대부분이었습니다. 그 아이의 염색체가 여성인지 남성인지와는 상관없이 편의에 의해 여자아이로 기른 것이지요. 성전환 수술은 여성을 남성으로 만드는 경우보다 남성을 여성으로 만드는 경우가 더 성공률이 높기 때문이었습니다.

이런 수술은 대개 아이가 아주 어릴 적에 부모의 의지나 의사의 권유로 이루어졌습니다. 때문에 정작 아이들 본인은 자신의 몸에 일어난 사실을 알지 못한 채, 스스로 자신의 성적 정체성에 대한 선택권을 박탈당하고 남들의 의지대로 키워졌습니다.

브렌다의 성 또한 자신의 선택이 아니라 부모와 의사의 판단이 낳은 결과였습니다. 이 불행한 생체 실험은 결국 실패로 끝나고 말았습니다. 부모가 아무리 브렌다를 여자아이처럼 키우려 해도, 브렌다는 레이스 달린 원피스와 예쁜 인형들은 거들떠보지도 않고 남자아이들과 어울려 전쟁 놀이나 거친 운동을 하는 것을 좋아했습니다. 비록 겉모습은 여자아이였지만 브렌다는 자신이 남자아이라고 생각했고 자신의 겉모습과 내면의 격차에 대해 혼란을 느꼈습니다.

이런 현상은 사춘기가 되자 더욱 심각해졌습니다. 브렌다는 자신의 정체성에 대해 심하게 갈등을 느끼고 점점 엇나가기 시작했지요. 결국 브렌다가 열네 살이 되던 해, 부모는 자신들이 틀렸음을 깨닫

미국에서 출간된 브루스 혹은 브렌다의 이야기. 국내에서는 『타고난 성, 만들어진 성』이라는 제목으로 출간되었다.

고 브렌다에게 모든 사실을 말해 주게 됩니다. 충격적인 사실을 듣게 된 브렌다는 오히려 그 말에 안도했다고 합니다. 자신이 남성이라는 생각이 드는 것은 사실 자신이 남자이기 때문이었다는 사실을 알았기 때문이었지요.

브루스 혹은 브렌다의 이 비극적 이야기는 『타고난 성, 만들어진 성』이라는 책에 고스란히 담겨 있습니다. 자신의 숨겨진 과거를 알게 된 브루스 혹은 브렌다는 결국 이름을 데이비스 라이머로 바꾸고 남자로 살아가기를 선택합니다. 그리고 기자인 존 콜라핀토를 만나 자신의 이야기를 들려주고 결국 책으로 펴냈습니다. 이 책에서 데이비드는 자신을 가장 괴롭혔던 문제는 사고로 성기를 잃었다는 사실 자체가 아니라, 자신이 느끼는 성적 정체성과 주변에서 요구하는 성적 역할 사이의 간극에서 오는 혼란이었다고 말하고 있습니다. 스스로는 여성이 아니라고 생각하지만, 주변에서 여성의 역할을 강요하는 시선을 느낄 때면 자신이 괴물이 된 것 같아 죽고 싶을 정도였다고 말이죠. 실제로 데이비드는 괴로움을 못 이겨 두 번이나 자살을 기도했다고 합니다.

이 사건은 우리에게 성적 정체성이란 선천적인 것에 의해서 좌우되는 부분이 많다는 것을 알려 주었습니다. 나아가 타고난 성적 정체성과 주변에서 요구하는 성적 정체성이 차이가 나는 경우, 개인이 짊어져야 하는 고통과 괴로움은 상상을 초월한다는 것도 알려 주었지요.

호르몬과 뇌의 관계

데이비드에게 일어난 이 비극적인 사건을 계기로 남성과 여성은 겉모습뿐 아니라 뇌 또한 차이가 있다는 것이 밝혀졌습니다. 그리고 남녀의 뇌를 다르게 하는 원인이 호르몬에 있다는 사실도 연구 결과로 드러나게 되었습니다.

수정된 후 몇 주 동안에는 태아의 성적 구분이 이루어지지 않습니다. 실제로 모든 태아는 남성의 생식기관이 되는 '울프관(duct Wolffian)'과 여성의 생식기관이 되는 '뮐러관(Müllerian duct)'을 모두 갖추고 있습니다. 만약 태아의 성별이 여성이라면 자연스럽게 울프관이 퇴화되고 뮐러관이 발달하여 여성의 생식기관을 갖추게 됩니다. 생식기관은 기본적으로 여성형으로 발달합니다. 그러다가 만약 태아가 남자아이라면 발달 과정에 특별한 신호를 가해 남성형으로 발달시키게 됩니다.

그 일을 하는 것이 태아의 Y염색체에 존재하는 고환결정인자(TDF)입니다. 고환결정인자의 신호를 받게 되면 태아의 몸에 고환이 만들어지는데 이곳에서 남성호르몬인 테스토스테론(testosterone)이 분비됩니다. 그러면서 뮐러관이 퇴화되고 울프관이 발달하여 남성의 성기가 형성되는 것이죠. 이러한 과정을 '남성형 스위치 켜기'라고 합니다. 남자아이의 발생 과정 중에 테스토스테론에 의한 남성형 스위치 켜기는 매우 중요합니다. 이 과정을 통해 남자아이는 남자의 성기를 갖출 뿐 아니라 뇌도 남성적 특징들을 갖추기 때문이지요.

태아가 남성이 될지 여성이 될지를 결정하는 과정에서는 이처럼 호르몬이 매우 중요한 작용을 합니다. 그런데 이는 비가역적으로 일어나는 과정이기 때문에 만약 태아가 이 시기에 잘못된 호르몬 신호를 받게 된다면 염색체상의 성과 다른 성으로 자라날 수도 있지요. 예를 들어 태아의 Y염색체에 있는 고환결정인자가 고장을 일으켜 테스토스테론 분비가 되지 않거나 외부의 물질이 방해를 일으켜 테스토스테론이 불활성화되는 경우가 있습니다. 혹은 많은 양의 여성호르몬이 외부에서 유입되어 남성형 스위치 켜기에 실패한다면 Y염색체를 가지고 있다고 하더라도 여성으로 발달하게 됩니다.

특히 이 경우 주목할 만한 것은, 이들에게 바뀌는 것은 성기의 모양뿐 아니라 뇌까지도 포함된다는 것입니다. 즉 Y염색체의 존재와는 상관없이 여성 성기를 가질 뿐 아니라 성적 정체성까지도 여성형으로 자라는 경우가 대부분이라는 것이죠. 이는 반대의 경우(XX염색체를 가졌으면서도 테스토스테론에 노출된 여자아이의 경우)도 마찬가지입니다. 이 아이는 염색체상으로만 여자아이일 뿐, 남자아이로 자라나게 된다는 것이죠.

호르몬과 뇌의 관계에 대한 또 다른 연구들도 있습니다. 한 연구에 따르면, 아직 새끼를 낳지 않은 처녀 쥐에게 옥시토신(oxytocin)이라는 호르몬을 주입했을 때 남의 새끼에게 나오지도 않는 젖을 물리고 보살피는 등의 모성 행동을 보인다고 합니다. 이는 사람의 경우에도 마찬가지여서 엄마의 몸속에 옥시토신의 양이 늘어나면 엄마의 모성 행동과 아기에 대한 애착 형성도가 비례해서 늘어난다는 보고가 있습니다.

옥시토신이라는 이름은 '빨리 태어나다'라는 의미의 그리스어에서 유래했습니다. 옥시토신은 주로 출산 시에 분비되어 진통을 유도하고 젖 분비를 촉진하여 엄마의 몸이 아기를 낳고 기를 수 있도록 도와줍니다. 뿐만 아니라 갓 태어난 아기에게 모성애를 느끼고 애착 관계를 형성하는 데 정신적으로도 도움을 줍니다. 옥시토신은 전천후 출산 육아 관련 호르몬인 셈이지요. 옥시토신이 아이를 위해서라면 무엇이라도 아깝지 않게 되는 '엄마의 뇌'를 갖추게 한다는 것입니다.

흥미로운 것은 여성의 뇌가 출산을 거치면서 옥시토신 분비를 통해 '엄마의 뇌'로 바뀐다면, 그 정도는 달라도 남성의 뇌 역시 '아빠의 뇌'가 될 준비를 한다는 것입니다. 이 호르몬의 이름은 바소프레신(vasopressin)인데, 옥시토신과 거의 비슷한 아미노산 구조를 가진 호르몬입니다. 바소프레신은 원래 체내의 수분 양을 조절하기 위해 소변의 배설량을 증가시키는 호르몬입니다. 연구 결과 바소프레신의 증가와 아기의 출산이 연관되면 영역을 지키고 아기를 보호하기 위한 공격성이 증가되고 아기와 보내는 시간이 더 늘어나는 등의 부성 행동의 강해진다는 것이 확인되었습니다.

본성과 양육의 결합에 대하여

인간은 분명 가능성의 존재입니다. 인간의 뇌는 평생 학습하는 모든 정보가 담길 수 있는 열린 공간이니까요. 그렇다고 해서 인간의 뇌가 처음에 텅 빈 백지 상태인 것은 아닙니다. 인간은 기본적인 정보들은 이미 뇌에 담은 상태로 태어납니다. 즉 인간이란 본성(nature)만으로 혹은 양육(nurture)만으로는 설명될 수 없는 복합적인 존재라는 뜻이죠. 때문에 양육과 본성의 적절한 결합은 매우 중요합니다. 이 결합이 얼마나 잘 이루어지는지에 따라, 사람은 타고난 능력의 200%를 발휘하는 저력을 낼 수도 있지만, 극도의 혼란으로 삶이 망가지는 비극을 겪을 수도 있습니다.

과학이 합리적이고 논리적인 과정을 거쳐 최선의 결과를 가져오도록 판단하는 데 많은 도움을 준다는 점은 분명합니다. 그러나 과학적 지식들은 결코 완벽하지도 완전하지도 않습니다. 과학적 방법이란 현재 우리가 알고 있는 것 혹은 우리가 가지고 있는 것을 통해 도달할 수 있는 최선의 결과를 제시해 줄 뿐입니다. 알지 못하는 사실이 남아 있거나 미처 고려하지 못한 사실이 포함되는 경우, 결과는 얼마든지 예상과 달라질 수 있습니다. 당시 머니 박사는 자신이 알고 있는 한에서는 성은 만들어지는 것이라고 믿었을 것입니다. 그래서 브루스를 브렌다로 바꾸어 키울 것을 제안한 것이겠지요. 인간의 성품이 본성과 양육의 상호 작용에 의해 동시에 결정된다면, 인간의 성적 정체성 역시 그러할 것이라는 사실을 고려했어야 하는데 그는 그러지 않았지요. 그것은 분명 그의 오류이며 잘못입니다. 이번 에피소드를 보며, 머니 박사와 데이비드의 부모가 이 사실에 대해 조금만 더 깊이 생각했다면 데이비드의 인생은 바뀌었을지도 모른다는 생각이 씁쓸한 여운으로 남았습니다.

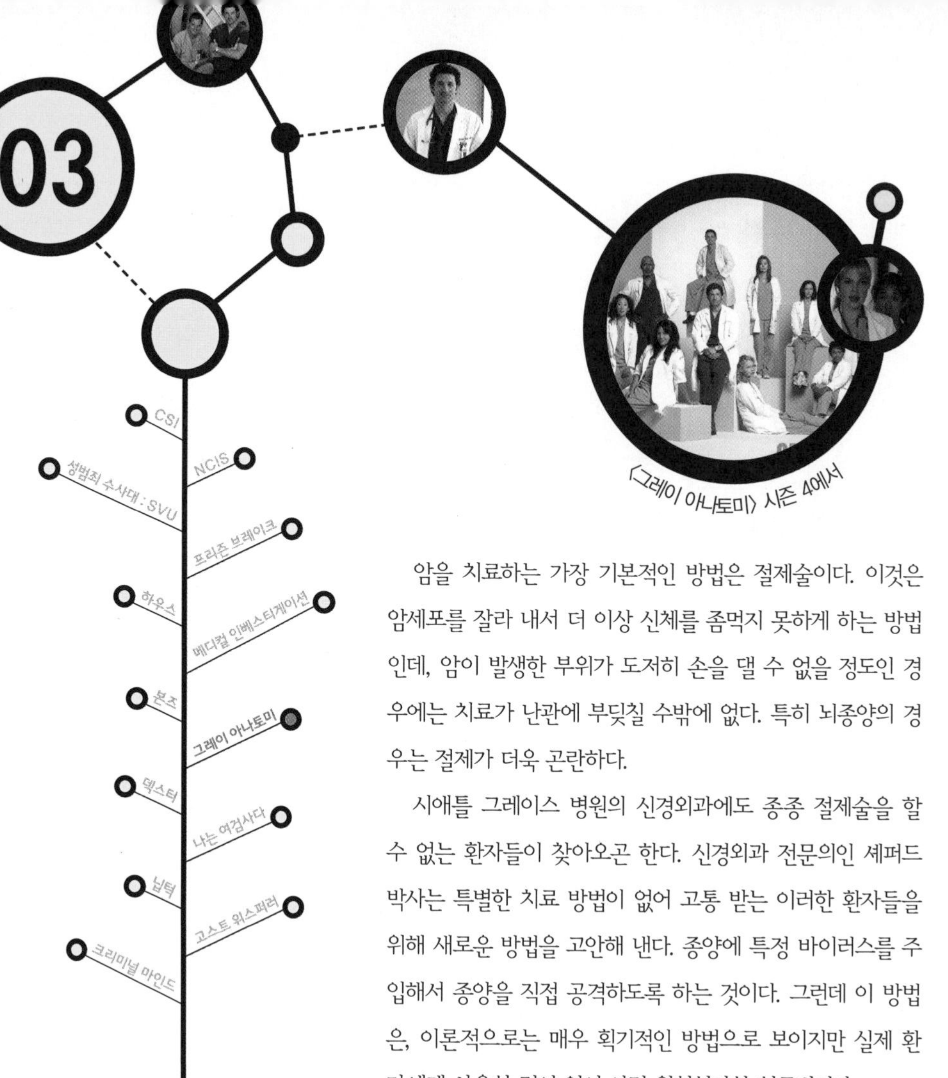

〈그레이 아나토미〉 시즌 4에서

암을 치료하는 가장 기본적인 방법은 절제술이다. 이것은 암세포를 잘라 내서 더 이상 신체를 좀먹지 못하게 하는 방법인데, 암이 발생한 부위가 도저히 손을 댈 수 없을 정도인 경우에는 치료가 난관에 부딪칠 수밖에 없다. 특히 뇌종양의 경우는 절제가 더욱 곤란하다.

시애틀 그레이스 병원의 신경외과에도 종종 절제술을 할 수 없는 환자들이 찾아오곤 한다. 신경외과 전문의인 셰퍼드 박사는 특별한 치료 방법이 없어 고통 받는 이러한 환자들을 위해 새로운 방법을 고안해 낸다. 종양에 특정 바이러스를 주입해서 종양을 직접 공격하도록 하는 것이다. 그런데 이 방법은, 이론적으로는 매우 획기적인 방법으로 보이지만 실제 환자에게 사용한 적이 없어 아직 위험천만한 치료법이다.

이 치료법에 확신을 지닌 셰퍼드 박사는 더 이상 치료가 불가능한 환자 열 명을 대상으로 임상 실험을 하지만 거의 모든 환자가 회복하지 못하고 사망한다. 이 실험이 완전히 실패했다고 여길 즈음 마지막 환자가 죽음의 문턱에서 다시 살아난다. 환자를 고통스럽게 했던 종양도 확연히 줄어든 상태로 말이다.

인체 실험, 용감한 사람들의 의미 있는 희생?

의학의 발전을 짊어진 사람들

의학의 역사를 살펴보면, 의학의 발전은 밤낮 없이 연구에 매달린 학자들의 열정에 많은 부분을 기대고 있습니다. 그래서 새로운 질병이나 치료법에는 그것을 처음 발견한 학자의 이름을 붙여 그 성과를 오래 기리도록 합니다. 이 드라마에서도 마찬가지로, 바이러스를 이용해 뇌종양을 치료하는 방식에 '셰퍼드 방식'이라는 이름을 붙이는 모습이 등장합니다.

그런데 의학의 발전에는 또 다른 중요한 인물들이 있습니다. 바로 환자들이지요. 셰퍼드 방식이 완성되는 과정에는 이 시술을 받다가 죽어간 12명의 환자들이 있었습니다. 이는 가상의 에피소드이지만, 실제로도 자신의 목숨을 담보로 획기적인 실험에 뛰어든 환자들의 희생이 의학의 발전에 커다란 역할을 해 왔다는 것을 알 수 있습니다. 그런데 아무리 완벽한 이론으로 무장되어 있고, 동물 실험에서 수많은 성공을 거두었다고 하더라도, 현실에서는 이론적으로 고려하지 못한 수많은 문제들이 남아 있을 수 있습니다. 또한 동물과 사람의 몸은 내부 메커니즘에서 차이가 있기 때문에, 동물 실험에서 성공했다고 해도 반드시 인간의 몸에 유용하고 안전하리라는 보장은 없습니다.

하지만 의학적 처치들은 결국 인간의 몸에 이루어지는 것이기 때문에, 누군가 최초로 위험을 무릅써야만 이후의 발전도 가능합니다. 그러나 누구든 그 대상이 자신이 된다는 것은 두렵기 마련입니다. 그래서인지 의학적 발전을 이룩하게 한 최초의 환자들은 불행한 희생자들인 경우가 많았습니다.

1822년, 미국 미시간 주에 살던 알렉시스 마르탱이라는 19세 청년이 총기 사고로 복부에 커다란 구멍이 뚫리는 중상을 입었습니다. 사람들은 모두 마르탱이 죽을 것이라고 생각했고, 이 생각은 마르탱을 치료하던 의사 윌리엄 버몬트도 마찬가지였습니다. 당시에는 항생제가 개발되기 전이라, 작은 상처도 쉽게 감염으로 이어져 결국 패혈증으로 사망하는 경우가 많았습니다. 그러니 배에 손바닥 만한 구멍이 뚫린 마르탱이 살아날 것이라고는 아무도 예측하지 못했지요.

하지만 비관적인 예측에도 불구하고, 마르탱은 버몬트의 치료로 건강을 되찾게 됩니다. 당시의 의학 수준을 생각했을 때 거의 기적적

인 일이었지요. 총상은 별다른 감염 없이 아물었고, 총상으로 인해 부러졌던 갈비뼈와 내장 기관도 거의 정상으로 복구되었지요. 다만 복부에 뚫린 구멍이 워낙 컸던지라, 완전히 막히지 않고 지름 3cm 정도의 구멍을 남겼으며, 위장에 생긴 구멍에 새 살이 돋기는 했지만 완전히 달라붙지는 않아서 뚜껑처럼 열리고 닫히게 되었다는 것만 제외하고는 말이죠.

그때 버몬트는 자신이 살려 낸 환자가 새로운 의학적 지평을 열어 줄 것이라는 사실을 깨닫습니다. 당시만 해도 사람이 음식을 먹을 때, 어떤 과정을 통해 소화가 일어나는지에 대해서 거의 알려진 바가 없었습니다. 버몬트는 바로 자신의 눈앞에 이 의문을 해소시켜 줄 사람이 있다는 것을 깨닫습니다. 마르탱은 인간의 소화기관, 특히

위가 하는 일을 보여 줄 수 있는 훌륭한 대상이었으니까요.

버몬트는 마르탱을 설득해서 그의 '위장 구멍'을 이용한 다양한 실험을 했습니다. 버몬트는 고기, 빵, 양배추 등 다양한 음식 재료들에 실을 묶어 마르탱의 위장 구멍에 집어넣고 일정 시간이 지난 후에 다시 꺼내어 그것들의 변화를 관찰했습니다.

때로는 음식을 날것 채로 넣기도 하고, 때로는 소금이나 후추를 쳐서 넣기고 하고, 데치거나 굽거나 삶아서 넣어 보기도 했습니다. 위장에서 어떤 일이 일어나는 지를 살펴보기 위해 다양한 실험을 했습니다. 실험 결과 위장에서는 단백질 소화가 일어나며, 산성인 위산이 분비된다는 사실을 알아냅니다.

버몬트의 실험 결과는 1933년 「위액의 관찰과 소화의 생리」라는 이름의 논문으로 발표되어, 당시까지 비밀에 쌓여 있던 인간의 소화 과정을 전 세계에 알리는 신호탄이 되었습니다. 또한 생리학 분야 중에서 실험을 중요시하는 분야인 실험생리학이 탄생하는 데 중요한 역할을 하였습니다.

전두엽 손상으로 인한 성격 변화

소화기관 연구에 마르탱과 버몬트가 있었다면, 뇌 기능 연구에는 피니어스 게이지가 있었습니다. 1848년 미국의 한 철도 건설 현장에서 현장 주임으로 일하던 피니어스 게이지는 그만 폭발 사고를 당합니다. 당시 25살이었던 게이지는 이 사고로 인해 직경 3cm짜리 쇠말뚝이 왼쪽 광대뼈를 뚫고 들어와 머리를 관통해 정수리 쪽으로 빠져나가는 끔찍한 관통상을 입게 됩니다. 상처가 너무나 심각했기 때문에 누구도 게이지가 살아날 것이라고 생각하지 못했으나 놀랍게도 게이지는 한쪽 눈을 잃기는 했어도 기적적으로 살아나게 됩니다.

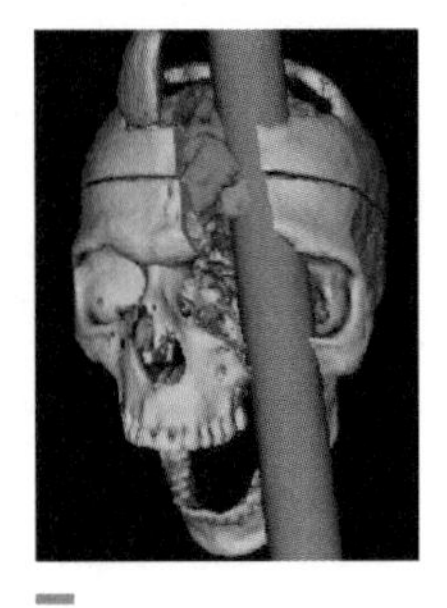

게이지의 머리를 관통한 쇠말뚝의 모습을 재현한 그림.

그러나 사고 이후의 게이지는 이전의 게이지가 아니었습니다. 게이지는 온화하고 사람 좋은 현장 감독이었으나 사고 후 변덕스럽고 폭력적이고 고집 센 심술쟁이가 되어 버렸습니다. 성격이 완전히 바뀐 게이지는 도저히 다른 사람들과 일을 할 수 없는 지경에까지 이르렀지요. 과연 무엇이 착하고 순하던 그를 이렇게 변화시켰을까요?

게이지의 놀라운 생존과 이후의 인성 변화를 지켜보았던 의사는 그의 가족에게, 그가 죽은 후 두개골을 의학 연구에 기증하도록 설득했습니다.

게이지가 생존했을 당시에는 담당 의사와 게이지 본인조차도 인성의 변화가 일어난 이유를 알 수 없었습니다. 그런데 게이지의 사건이 일어나고 130여 년 후, 아이오와대학교의 안토니오 다마지오 교수가 이 사건을 컴퓨터 시뮬레이션을 통해 분석하였습니다. 그리고 게이지는 말뚝에 의해 좌뇌의 전두엽 부분에 손상을 입으면서 성격이 변화했다는 것을 밝혀냈습니다.

실제로 뇌종양이나 다른 기타 사고로 전두엽 부위에 손상을 입은 환자들은 기억과 계산 등의 활동에는 문제가 없었으나 타인과 잘 어울리지 못하고, 자신의 행동이 주변 사람들에게 어떻게 비춰지게 될지를 예측하는 능력이 부족해서 반사회적인 행동을 자주 하게 된다고 합니다. 게이지의 끔직한 사고가 결국 베일에 싸여있던 뇌의 비밀을 살짝 알려 준 것이지요.

마르탱과 게이지는 엄청나게 불행한 사건을 겪었지만 기적적으로 살아났으며, 희생을 통해 의학을 한 단계 발전시키는 데 공헌했습니다. 이들 외에도 의학의 많은 분야에서는 불행한 사고나 질병을 통해 의학 발전에 본의 아니게(?) 기여한 인물들이 꽤 많습니다. 우리가 지금 누리는 의학적 혜택들은 이들에게 빚진 부분이 상당히 많습니다.

뉘른베르크 강령과 인체 실험의 윤리

마르탱과 게이지처럼 부상을 치료하는 과정에서 의학적 발전에 기여한 사람들이 많습니다. 하지만 때로는 의사의 의지에 의해 원치 않은 실험에 강제로 이용된 사람들도 있었습니다.

잘 알려져 있다시피 세계 최초의 백신은 에드워드 제너가 만들어 낸 우두(牛痘) 백신입니다. 제너는 1796년, 우두에 걸린 사라 넬스라는 여인의 종기에서 고름을 짜내서, 이를 제임스 핍스라는 8살짜리 소년의 몸에 접종합니다. 이로 인해 핍스가 우두를 앓고 나자, 제너는 다시 핍스에게 천연두 환자의 몸에서 뽑아 낸 고름을 접종해 그가 면역성을 가지게 되었는지를 실험합니다. 다행히 우두는 인간의 몸에서 천연두에 대한 면역성을 증가시켰기 때문에, 핍스는 천연두에 걸리지 않고 무사히 살아납니다.

세계 최초로 백신을 만든 에드워드 제너.

제너는 이 실험의 성공으로 효과적인 천연두 예방 백신을 개발하였으며, 인간을 위협하는 가장 무서운 질병 중 하나였던 천연두는 결국 1979년 이후 전 세계에서 완전히 사라진 질병이 되었습니다.

이 실험이 다행히 성공을 하면서 제너는 지금까지도 우두법의 발견자로 칭송되고 있지만, 윤리적인 측면에서 본다면 겨우 8살짜리 소년을 실험 대상으로 이용했다는 비난을 피할 길이 없습니다. 만약 제너가 현대의 의학자였다면 이런 실험은 결코 할 수 없었을 것입니다. 제2차 세계대전 이후, 인체를 대상으로 하는 실험은 환자의 자발적인 동의를 얻어야 하는 것이 가장 기본이라는 조항이 '뉘른베르크 강령'을 통해 채택되었기 때문입니다.

[뉘른베르크 강령]

1945년 10월, 제2차 세계대전이 끝난 후 전범(戰犯) 중 특히 무자비한 인체 실험을 자행했던 나치의 의사 및 과학자들을 재판하기 위해 독일의 뉘른베르크에서 재판이 열렸다. 당시 나치의 의사들은 수용소의 유태인들과 전쟁 포로들을 대상으로 잔인한 인체 실험을 한 것으로 악명이 높았다. 이들을 재판하는 과정에서 인체 실험 시행의 적절한 기준에 대해 정의를 내릴 필요가 있었다. 이에 인체 실험의 윤리적 가이드라인을 제시하는 뉘른베르크 강령 10개 조항이 만들어지게 되었다.

1. 인체 실험 대상자의 자발적 동의는 절대적으로 필수적이다. 이것은 실험 대상자가 동의를 할 수 있는 법적 능력이 있어야 한다는 의미이며, 어떠한 폭력, 사기, 속임, 협박, 술책의 요소가 개입되지 않고, 배후의 압박이나 강제가 존재하지 않는 가운데 스스로 자유롭게 선택할 수 있는 권한이 주어진 상태이어야 하며, 이해와 분명한 지식에 근거한 결정을 할 수 있도록 충분한 지식과 주관적 요소들에 대한 이해를 제공해야 한다는 의미이다. 후자를 충족시키기 위해서는 실험 대상자가 내린 긍정적인 결정을 받아들이기 전, 그에게 실험의 성격, 기간, 목적, 실험 방법 및 수단, 예상되는 불편 및 위험, 실험에 참가함으로써 올 수 있는 건강 혹은 개인에게 올 영향에 대해 알려야 한다. 동의의 질(quality)을 보장하기 위한 의무와 책임은 실험을 시작하고 지도하며 참여하는 개인에게 있다. 이것은 타인에게 법적인 책임을지지 않고서는 위임할 수 없는 개인적 의무이자 책임이다.

2. 연구는 사회의 선(善)을 위하여 다른 방법이나 수단으로는 얻을 수 없는 가치 있는 결과를 낼 만한 것이어야 하며, 무작위로 행해지거나 불필요한 연구여서는 안 된다.

3. 연구는 동물 실험 결과와 질병의 자연 경과 혹은 연구 중인 여러 가지 문제에 대한 지식에 근거를 두고 계획되어야 하며, 예상되는 실험

결과가 실험 수행을 정당화할 수 있어야 한다.

4. 연구는 불필요한 모든 신체적, 정신적 고통과 상해를 피하도록 수행되어야 한다.

5. 사망이나 불구를 초래할 것이라고 예견할 만한 이유가 있는 실험의 경우에는 의료진 자신이 피험자로 참여하는 경우를 제외하고는 시행되어서는 안 된다.

6. 실험에서 무릅써야 할 위험의 정도가 그 실험으로 해답을 줄 수 있는 인도적 문제의 중요성보다 커서는 안 된다.

7. 손상과 장애, 사망 등 매우 작은 가능성까지를 대비하여 피험자를 보호하기 위한 적절한 준비와 적합한 설비를 갖추어야 한다.

8. 실험은 과학적으로 자격을 갖춘 사람만이 수행하여야 한다. 실험에 관련되어 있거나 직접 수행하는 사람은 실험의 모든 과정에 있어서 최고의 기술과 주의를 기울여야 한다.

9. 실험을 하는 도중에 피험자는 자기가 육체적, 정신적 한계에 도달했기 때문에 더 이상 실험을 못하겠다는 생각이 들면 실험을 끝낼 자유를 가진다.

10. 실험을 주관하는 과학자는 자신이 가진 우수한 기술과 조심스러운 판단, 성실성에 비추어 실험을 계속하면 피험자에게 손상이나 불구, 사망을 초래할 수 있다고 믿을 만한 이유가 있으면 어떤 단계에서든지 실험을 중단할 준비가 되어 있어야 한다.

※ 구영모 편저, 「임상연구의 윤리」, 『생명윤리연구』(동녘, 2004년)에서 인용.

뉘른베르크 강령 이후, 인체 실험 시 환자의 권리 보호와 윤리적인 책임에 대한 가이드라인은 제시되었습니다. 하지만 환자가 자발적으로 동의했다고 해서 인체 실험이 지닌 문제가 모두 해결되는 것은 아닙니다. 아무리 조심한다고 하더라도 인체 실험에는 여전히 위험이 남아 있기 때문입니다.

최초로 위험을 무릅쓴 사람들

이 에피소드에서 마지막 임상 실험 대상자로 선정된 환자는 한 소년과 소녀였습니다. 소년과 소녀는 보호자의 만류에도 불구하고 자신들을 괴롭히는 병마와 싸워 이기려는 의지를 보이며 실험적인 시술에 동의하는 것으로 드라마에서 그려집니다. 수술 결과, 소녀는 살아갈 날을 좀 더 연장시키는 데 성공하지만, 소년은 얼마 남지 않는 짧은 시간조차 누리지 못한 채 영영 눈을 뜨지 못했습니다. 이 장면을 보면서, 아무리 자발적인 동의를 통해 시술을 했다고는 하지만 아직 어린 소년과 소녀에게 꼭 이런 실험적인 시도를 해야 했을까 하는 의문이 들었습니다.

물론 인체 실험은 어떤 경우에서든 위험한 것이며 의학의 발전을 위해서는 누군가 최초로 위험을 무릅쓸 사람이 존재해야 한다는 것은 알지만, 의학의 발전을 위한 발판이 어린 소년의 목숨이라는 사실은 상당히 우려스러웠습니다.

현대의 인체 실험은 과거에 비해 환자의 권익 보호 및 윤리적인 측면이 많이 개선된 것이 사실입니다. 그리고 자발적으로 나선 용감한 이들의 희생은 여전히 의학 발전의 밑거름이 되고 있습니다. 하지만 개인적으로는, 인체 실험의 위험성을 고려해 볼 때 아무리 자발적으로 나섰다고 하더라도 미성년자까지 참여시키는 것은 무리가 있다고 생각합니다. 우리는 과연 어떤 선택을 해야 하는 것일까요?

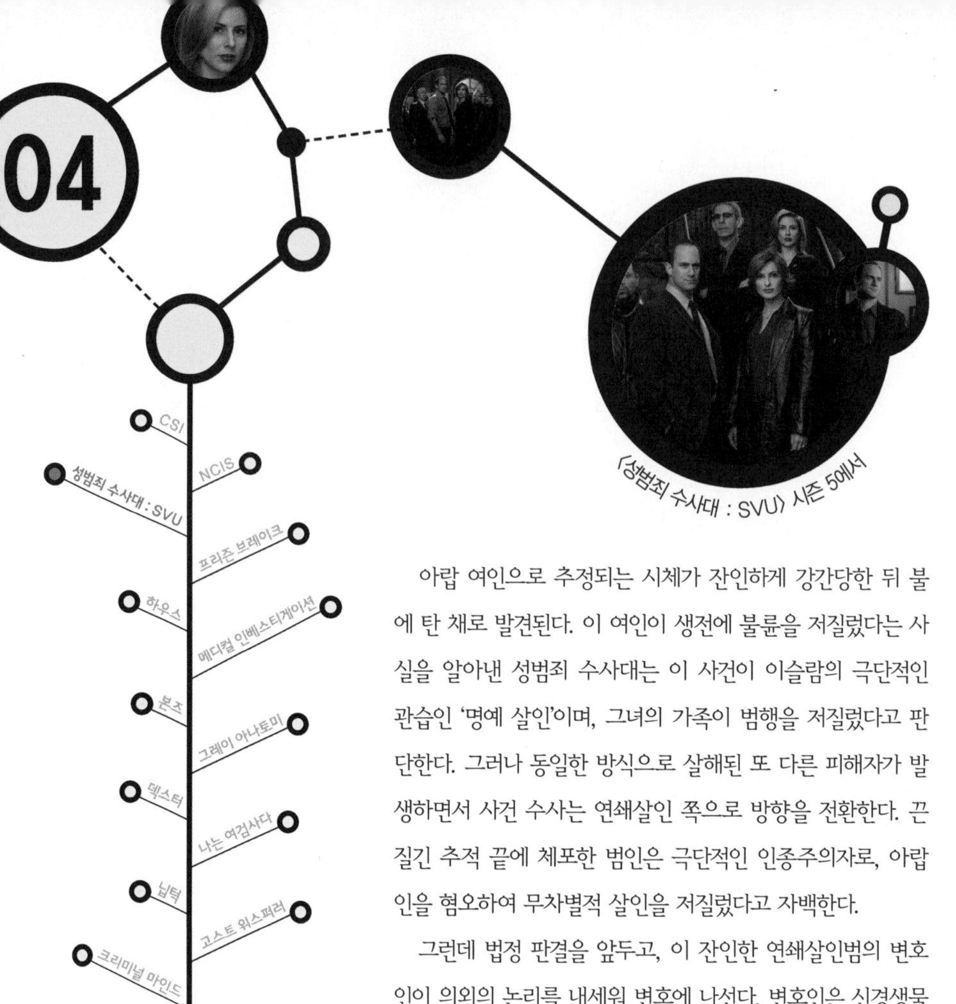

〈성범죄 수사대 : SVU〉 시즌 5에서

아랍 여인으로 추정되는 시체가 잔인하게 강간당한 뒤 불에 탄 채로 발견된다. 이 여인이 생전에 불륜을 저질렀다는 사실을 알아낸 성범죄 수사대는 이 사건이 이슬람의 극단적인 관습인 '명예 살인'이며, 그녀의 가족이 범행을 저질렀다고 판단한다. 그러나 동일한 방식으로 살해된 또 다른 피해자가 발생하면서 사건 수사는 연쇄살인 쪽으로 방향을 전환한다. 끈질긴 추적 끝에 체포한 범인은 극단적인 인종주의자로, 아랍인을 혐오하여 무차별적 살인을 저질렀다고 자백한다.

그런데 법정 판결을 앞두고, 이 잔인한 연쇄살인범의 변호인이 의외의 논리를 내세워 변호에 나선다. 변호인은 신경생물학자의 증언을 바탕으로 범인이 선천적으로 분노와 증오를 제어할 수 없는 유전자를 타고났다고 주장한 것이다. 결국 범인이 저지른 잔인한 범죄는 유전자로 인한 문제이므로 극형을 내리는 건 옳지 않다는 결론으로 이어지는 변호였다. 이에 검사측은 말도 안 되는 말이라고 반발하지만 배심원은 변호인의 주장에 일정 부분 수긍을 하는데…….

범인은 범죄형 유전자를 가지고 태어난다?

유전자와 유전자 돌연변이

언젠가부터 우리는 '유전자'라는 단어와 심심찮게 마주치게 되었습니다. 유전자란 우리 몸을 구성하는 정보가 담긴 DNA에서 실제 기능을 하는 단위를 뜻합니다. DNA에는 약 3만여 개의 유전자가 존재하며 이 유전자에 담긴 코드들이 저마다 독특한 단백질을 만들어 우리 몸을 구성합니다. 사람뿐 아니라 모든 생명체가 이와 같은 메커니즘을 통해 존재합니다.

생명체를 이루는 기본 단위가 유전자라는 것이 밝혀지면서, 유전자상의 문제는 곧 생물체 자체의 문제가 될 수 있다는 것을 더불어 알게 되었습니다. 예를 들어 적혈구가 낫 모양으로 변해 산소 운반 능력이 떨어져서 결국 심한 빈혈을 일으키는, 겸상적혈구빈혈증(鎌狀

赤血球貧血症, sicklecell anemia)이라는 희귀한 유전 질환이 있습니다. 이 질병은 적혈구의 헤모글로빈을 이루는 146개의 아미노산을 지정하는 유전자 코드 중, 여섯 번째 아미노산인 글루탐산(Glutamic acid)이 유전자 돌연변이로 인해 발린(Valine)의 유전자 코드로 변하면서 일어나는 질병입니다.

한 개의 아미노산은 유전자 상의 염기 세 개가 한 쌍으로 구성된 코돈(codon)이라는 단위로 이루어집니다. 이 중 하나의 염기가 돌연변이를 일으키면 코돈이 바뀌고, 이로 인해 아미노산이 변화하면 헤모글로빈의 구조가 바뀌어서 치명적인 유전 질환이 발생합니다.

겸상적혈구빈혈증은 생명까지 잃을 수 있는 심각한 유전 질환입니다. 이렇게 심각한 질환의 원인이 유전자상의 하나의 염기 돌연변이에서 비롯된다는 것이죠.

이를 통해, 유전자가 개체에게 영향을 준다는 사실과 함께 다양한 유전 질환의 원인을 알 수 있게 되었습니다. 예를 들어 낭포성섬유증(囊胞性纖維症, cystic fibrosis)은 7번 염색체 위에 존재하는 CFTR이라는 유전자에 이상이 생겨서 일어나고, 고셰병(Gaucher's disease)은 글루코세레브로시데이즈(glucocerebrosidase)라는 효소를 만드는 유전자에 돌연변이가 생겨서 일어납니다. 현재 이렇게 단일 유전자 이상으로 나타나는 유전병은 수백 종이 알려져 있습니다.

유전자 속에 각인된 위험 신호

유전자의 역할을 알게 되면서, 이제는 신체적인 특징뿐 아니라 행동이나 정신적인 특징 역시도 유전자 연구를 통해 풀어내려는 시도를 하고 있습니다. 한 예로 한국과학기술원의 신희섭 박사팀은 생쥐를 이용하여 흥미로운 실험을 하였습니다. 그것은 생쥐가 고양이를 무서워하는 것은 본능인가, 학습된 결과인가를 알아보는 실험이었습니다.

처음에는 길쭉한 유리관 한 쪽에 생쥐를 넣고 다른 쪽 끝에 생쥐가 좋아하는 먹이를 놓아둡니다. 먹이의 달콤한 냄새를 맡은 생쥐는 곧 유리관을 통과하여 먹이를 찾아갑니다. 이번에는 생쥐와 먹이 사이에 고양이의 털을 한 뭉치 놓아둡니다. 생쥐는 자신이 그렇게 좋아하는 먹이 냄새를 맡고도 고양이 털 냄새 때문에 유리관을 통과할 생각을 하지 않습니다.

이때 생쥐가 고양이에 대해 느끼는 공포는 본능적인 공포입니다. 이 생쥐는 실험실에서 태어나고 사육되어 한 번도 고양이와 대면해 본 적이 없음에도, 본능적으로 고양이를 피해야 한다는 것을 알고 있는 듯이 행동합니다.

생쥐가 방해물이 신경 쓰여 먹이 쪽으로 가지 못하는 것이 아닌가 싶어 고양이 털 대신 헝겊 조각을 넣어 보았습니다. 그런데 이때에는 생쥐가 장애물을 헤치고 먹이를 찾아갔습니다. 확실히 생쥐는 고양이에 대한 공포심을 본능적으로 가지고 있는 듯했습니다.

또한 공포심과 연관된 유전자 알파 1E(alpha 1E)를 제거한 유전자 제거 생쥐(knockout mouse)는 고양이 털에 공포심을 느끼지 않는 것으로 관찰되었습니다. 이 실험의 결과, 특정한 공포심은 유전적으로 가지고 태어난다는 것이 밝혀졌습니다.

정신적인 행위라고 생각되는 공포심이 어떻게 유전될 수 있는지는 진화적인 이유로 설명이 가능합니다. 고양이에 대한 공포심을 본능적으로 지닌 개체와 그렇지 못한 개체가 동시에 생존할 때, 이 두 개체 중 전자의 생존율이 월등히 높아집니다. 공포심이 없는 개체는 주변에서 풍기는 고양이 냄새에도 아랑곳하지 않고 은신처에서 밖으로 나올 테니 그만큼 사냥당할 확률이 높아지니까요.

이런 현상이 몇 세대 지속되다 보면 공포심이 없는 개체는 모조리 고양이에게 잡아먹혀서 결국 절멸하고, 선천적으로 공포심을 지닌 개체만이 살아남아 생명을 유지하겠지요. 이렇게 우연을 거치면서 획득한 선천적 공포심은 이것이 개체의 생존에 도움이 된다는 이유로 우리 유전자 속에 각인되었을 확률이 큽니다.

유전자로 인간의 모든 행동을 설명할 수 있을까?

이처럼 유전자로 인해 행동의 차이가 나타나는 부분은 분명 존재

리처드 도킨스는 인간의 유전자는 설계도가 아니라 레시피와 같은 존재이기 때문에 유전자 코드가 동일해도 능력의 차이가 생긴다고 말한다.

합니다. 그리고 동물 실험에서는 이것만으로도 설명할 수 있는 행동들이 나타납니다. 하지만 인간에게 유전자로 행동을 설명할 수 있다는 '유전자―행동 이론'을 그대로 접목시키는 것은 적어도 현재로서는 무리입니다. 인간은 유전자만으로는 설명될 수 없는, 발달된 뇌를 가지고 있기 때문입니다.

우리의 뇌는 유전자의 명령으로만 구성되는 것이 아닙니다. 뇌세포의 복잡한 네트워크는 유전적으로 결정되어 있는 것이 아니라, 유전적으로 짜인 기본 설계 위에 환경과의 상호작용을 통해 이루어지는 것입니다.

쉬운 예로 유전자 코드가 동일한 일란성 쌍둥이라고 해서 정신적 능력이 동일하지는 않습니다. 만약 뇌의 구조가 유전자에 의한 것이라면 둘의 뇌는 동일할 테고, 때문에 학습 능력이나 사고력은 차이가 없어야 합니다. 하지만 우리는 그렇지 않다는 것을 알고 있지요.

영국의 동물행동학자인 리처드 도킨스는 이러한 현상의 이유가, 유전자는 '설계도'가 아니라 '레시피(조리법)'와 같은 존재이기 때문이라고 했습니다. 설계도에는 집을 짓는 데 필요한 모든 정보가 들어가 있기 때문에 같은 설계도로 집을 짓는다면 누구나 같은 집을 짓게 됩니다. 하지만 레시피가 동일하다고 해도 요리 맛이 같기란 쉽지 않습니다. 완성된 요리의 맛은, 각각의 식재료들이 지닌 맛의 계산된 합이 아니라 모든 식재료와 양념이 어우러진 맛이기 때문입니다. 이때는 미묘한 과정상의 차이가 엄청난 결과로 증폭되는 것이 가능합니다.

이 '어우러짐'이 바로 인간에게 있어서 '뇌의 네트워크'의 특성이라고 할 수 있겠습니다. 레시피에서 한 가지 양념이 없으면 그와 비슷한 다른 양념으로 대치해도 되는 것처럼, 인간도 한 가지 능력이 부족하면 다른 능력으로 이를 보완하는 것이 가능합니다.

이처럼 뇌의 가능성은 고정되어 있지 않습니다. 때문에 유전자만으로 인간을 설명한다는 것이 적어도 현재까지는 불가능한 것입니다.

이 에피소드에서 변호인은 범인의 잔인한 행동이 '폭력 유전자'에 지배된 인간의 나약함 탓이지, 그가 정말로 잔인하기 때문은 아니라고 주장합니다. 그러면서 그는 유전자—행동 이론을 끌어들입니다.

이 드라마를 보면서 든 생각은, 현대의 과학 이론이 이 이론을 교묘하게 이용할 경우 얼마나 심한 왜곡이 가능한가 하는 점이었습니다. 때로는 과학의 발전이 또 다른 편견이나 부당함을 지지하는 근거가 될 수 있다는 말이지요. 이것은 과학의 시대를 살아가는 우리들이 빠지기 쉬운 함정일 것입니다. 과학적 결과물의 일부만을 가지고

섣부른 해석을 하다가는 '장님이 코끼리 만지는 식'의 엄청난 오류에 빠질 수 있다는 사실을 꼭 기억해야 하겠습니다.

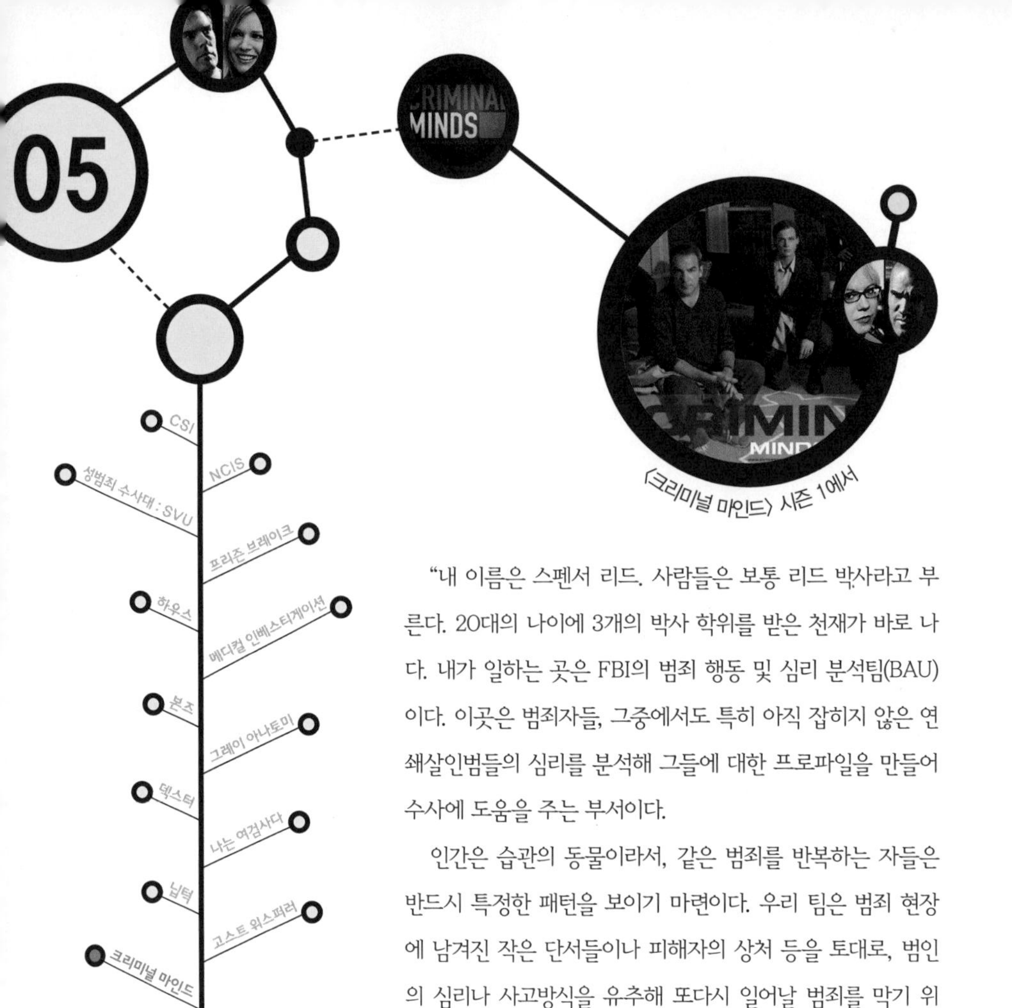

〈크리미널 마인드〉 시즌 1에서

"내 이름은 스펜서 리드. 사람들은 보통 리드 박사라고 부른다. 20대의 나이에 3개의 박사 학위를 받은 천재가 바로 나다. 내가 일하는 곳은 FBI의 범죄 행동 및 심리 분석팀(BAU)이다. 이곳은 범죄자들, 그중에서도 특히 아직 잡히지 않은 연쇄살인범들의 심리를 분석해 그들에 대한 프로파일을 만들어 수사에 도움을 주는 부서이다.

인간은 습관의 동물이라서, 같은 범죄를 반복하는 자들은 반드시 특정한 패턴을 보이기 마련이다. 우리 팀은 범죄 현장에 남겨진 작은 단서들이나 피해자의 상처 등을 토대로, 범인의 심리나 사고방식을 유추해 또다시 일어날 범죄를 막기 위해 노력한다."

점점 더 무너지는 과학의 경계

뚜렷하지 않은 과학과 비과학의 경계

TV에서 우연히 "이제 과학수사의 시대는 갔다."라는 광고 문구를 접했습니다. 다른 이들은 이제부터 본격적인 과학수사의 시대가 열린다고 말하는데, 이게 무슨 소리인가 싶어서 채널을 고정했더니 새로 시작되는 드라마 〈크리미널 마인드〉를 홍보하기 위한 광고 문구였습니다.

이 드라마는 주로 범인들의 심리와 행동을 분석하는 FBI의 특수수사팀을 배경으로 하고 있기 때문에, '범인의 심리적 특징'에 초점을 맞춰 수사한다는 것을 강조하고자 저런 광고 문구를 내세운 듯했습니다. 하지만 막상 드라마를 보니, 과연 이것을 과학수사가 아니라고 말할 수 있는지 의문이 들었습니다.

마이클 셔머. 과학사학자인 그는 비과학이 과학의 탈을 쓰고 사람들을 속이는 것을 경계한다.

의문은 다시 꼬리를 물고 이어졌지요. 과학과 비(非)과학의 경계는 얼마나 뚜렷할까? 과연 어디서부터 어디까지가 과학이라고 말할 수 있을까? 그리고 문득 한 권의 책이 떠올랐습니다. 마이클 셔머의 『과학의 변경 지대』라는 책이었습니다. 과학사학자인 셔머 박사는 오랫동안 과학을 기만하고 사람들을 현혹하는 비과학을 과학과 구분하는 일을 해 온 인물입니다. 그는 비과학이 과학의 탈을 쓰고 사람들을 속이는 것을 매우 경계합니다. 그렇기 때문에 과학의 경계에 대해 매우 엄격할 것 같지만, 오히려 그는 과학의 범위를 묻는 질문에 매우 관용적인 대답을 내놓고 있습니다. 나라 간의 경계에는 뚜렷한 국경선이 있지만, 과학의 경계에는 뚜렷한 기준선이 없다고 말이죠.

고대 그리스의 철학자 아리스토텔레스는 "A는 항상 A이다." 즉 "A는 비(非)A가 될 수 없다."라고 말했습니다. 그가 바라보는 세상에서는 A이면서 동시에 B인 존재는 있을 수 없습니다. 그의 명제대로라면 남성은 언제나 남성일 뿐 여성이 될 수 없지요. 하지만 실제로 우리 주변에는 그런 사람이 존재합니다.

하리수로 대표되는 트랜스젠더들은 일반적으로 남녀의 경계에 서 있는 이들로 받아들여집니다. 그들은 남자(혹은 여자)의 몸을 가지고 태어났지만, 자신들은 스스로 여자(혹은 남자)라고 생각합니다. 또한 남성의 염색체인 XY 염색체를 가졌지만 여성의 성기를 지닌 채 태어나는 스와이어 증후군(Swyer Syndrome)을 지닌 사람도 있고, 조선시대 가장 유명한 섹스 스캔들의 주인공이었던 사방지(舍方知)처럼 남녀의 성기를 모두 가지고 태어나 '시집도 가고 장가도 들었던' 사람들도 있습니다. 그렇다면 도대체 이들은 남자일까요, 여자일까요? 최근에는 의학의 발달로 인해 본인이 느끼는 성과 신체의 성이 다를 경우, 의학의 도움으로 이를 일치시키는 것도 가능해졌습니다. 하지만 과학의 잣대로 보면 이는 또다시 결론 내리기 어려운 문제가 됩니다.

정도를 다루는 학문, 퍼지 논리

세상에는 경계를 가르는 것이 어려운 일들이 존재합니다. 예를 들어 침의 효능을 생각해 봅시다. 현재로서는 침이 어떤 경로를 통해 환자의 질환을 낫게 하는지에 대한 과학적 설명이 부족합니다. 한의학을 이해하기 위해서는 기(氣), 혈(穴), 맥(脈) 등의 개념을 인정해야 하는데 서양의학에서는 이런 개념 자체가 존재하지 않기 때문에 이들이 작동하는 원리를 과학적으로 설명해 낸다는 것은 거의 불가능합니다.

하지만 우리는 침을 맞는 것이 근육이나 관절통 혹은 신경계통의 질환에 상당한 효험이 있다는 것을 경험적으로 알고 있습니다. 이 모든 환자들의 경험을 플라시보 효과(placebo effect, 위약 효과)로 치부하기에는 분명 무리가 따릅니다. 그렇다면 이런 경우에 우리는 이것을 어떻게 받아들여야 할까요? 이것은 과연 과학일까요, 아닐까요?

이에 대해 마이클 셔머 박사는 과학성이란 국경선처럼 뚜렷한 선이 그어지는 것이 아니라서 '퍼지 논리(Fuzzy logic)'에 의해 판단해야 한다고 이야기합니다. 퍼지 논리란 '사실의 정도(degree of truth)'를 다루는 학문입니다.

컴퓨터가 인식하는 세상은 오직 참(1)이나 거짓(0)만으로 이루어진 세상입니다. 디지털 세계가 아날로그 세계와 다른 점은, 디지털 세상에서는 참과 거짓의 분명한 경계가 있다는 것입니다. 하지만 퍼지 논리에서 0과 1의 명확한 구분은 오히려 특별한 경우로 취급됩니다. 퍼지 논리에서는 단정 대신 어떤 사실에 대한 정의를 '정도'로 표현하기 때문입니다. 예를 들어 주황색을 '주황 100%'로 인식하는 것이 아니라, '빨강 0.5+노랑 0.5'로 인식합니다. 같은 원리로 짙은 다홍은 '빨강 0.8+노랑 0.2'로, 초록은 '노랑 0.5+파랑 0.5'로 인식하는 것이죠.

이처럼 퍼지 논리는 모든 것을 확률과 비율로 표현하기 때문에 매우 애매모호하고, 결과 값 역시 어느 정도의 오류를 포함하게 됩니다. 하지만 오히려 이런 방식이 인간의 사고 과정과 더욱 비슷한 계산 값을 이끌어 냅니다. 마이클 셔머 박사는 과학의 경계에도 퍼지 논리가 적용되어야 한다고 생각했습니다. 퍼지 논리에 의해 과학은 주변부에서 중심부로 올수록 과학성의 농도가 짙어진다고 주장하는 것입니다.

중심부 과학으로의 이동

과학의 경계에도 퍼지 논리가 작용한다는 것은 과학이 발달해 온 역사를 살펴보면 쉽게 알 수 있습니다. 역사적 시각으로 본다면 처음에는 비과학적으로 여겨졌던 주변부 주장들, 예를 들어 지각이 움직인다는 판 구조론이나 우주가 팽창한다는 빅뱅 이론 등이 오랜 세월을 통해 쌓인 증거들을 통해 조금씩 과학성 지수가 높아져 중심부 과학으로 이동한 실례가 있기 때문입니다.

이는 과학이란 객관적이고 영원히 변치 않는 것일지는 몰라도, 적어도 '인간이 이해하는 과학'이란 상대적이며 그 기준 역시 시대에 따라 변할 수도 있다는 것을 보여줍니다. 시간이 지나 우리가 더 많은 지식을 축적하여 이전에는 과학이 아닌 쪽에 기울어져 있었던 것들을 다시금 과학의 중심부로 편입시킬 수 있다는 것이지요.

셔머 박사는 과학의 경계에 대해 상당히 관용적인 태도를 보입니

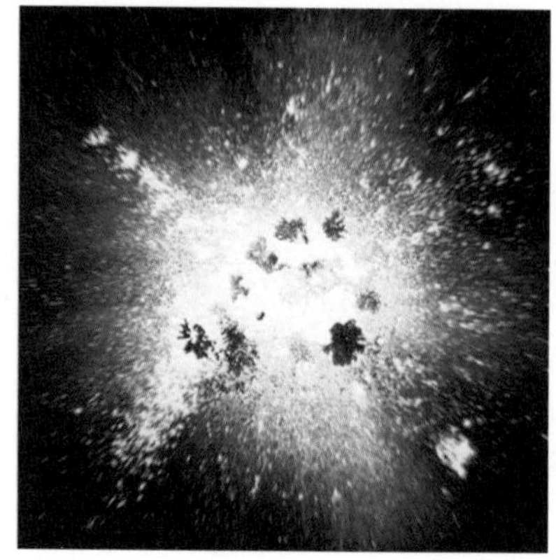

빅뱅 이론은 처음에 허무맹랑한 이야기로 치부되었지만 이제는 정식으로 과학 이론의 명칭을 얻게 되었다.

다. 그는 과학을 탐구하는 인간의 불완전함을 인정하고, 그로 인해 우리가 알아 가야 할 것들에 대한 가능성을 남겨 두지요.

그런데 과학의 경계에 대해 관용적이라고 할 때, 착각하지 말아야 할 것이 있습니다. 인류의 역사에서 처음에는 주변부 과학이었다가 오랜 실험과 관찰과 이론 정립을 통해 이후에 중심부 과학으로 인정받은 경우가 있지만, 그렇다고 해서 모든 이론들이 그러리라고 생각하면 안 된다는 점입니다.

빅뱅 이론이나 판 구조론은 처음 등장했을 때는 모두 허무맹랑한 이야기라고 치부되다가 훗날 정식으로 과학 이론의 명칭을 얻게 되었지만, 실제로는 영원히 중심부 과학으로 편입되지 못하고 변두리에만 머무는 이론들이 더 많습니다. 특히 투시나 사이코메트리(psychometry) 같은 것들은 주변부 과학에 머물 확률이 퍼지 논리상 99%가 넘기 때문에, 이들 역시 시간이 흐르면 중심부 과학으로 편입될 것이라고 지레 짐작하는 것은 곤란합니다.

과학의 경계에 대해서는 관용적인 시각을 가지되, 중심부 과학에 편입할 시점은 엄격한 기준을 가지고 평가하는 것, 그것이 바로 과학과 비과학을 바라보는 바람직한 시선일 테지요.

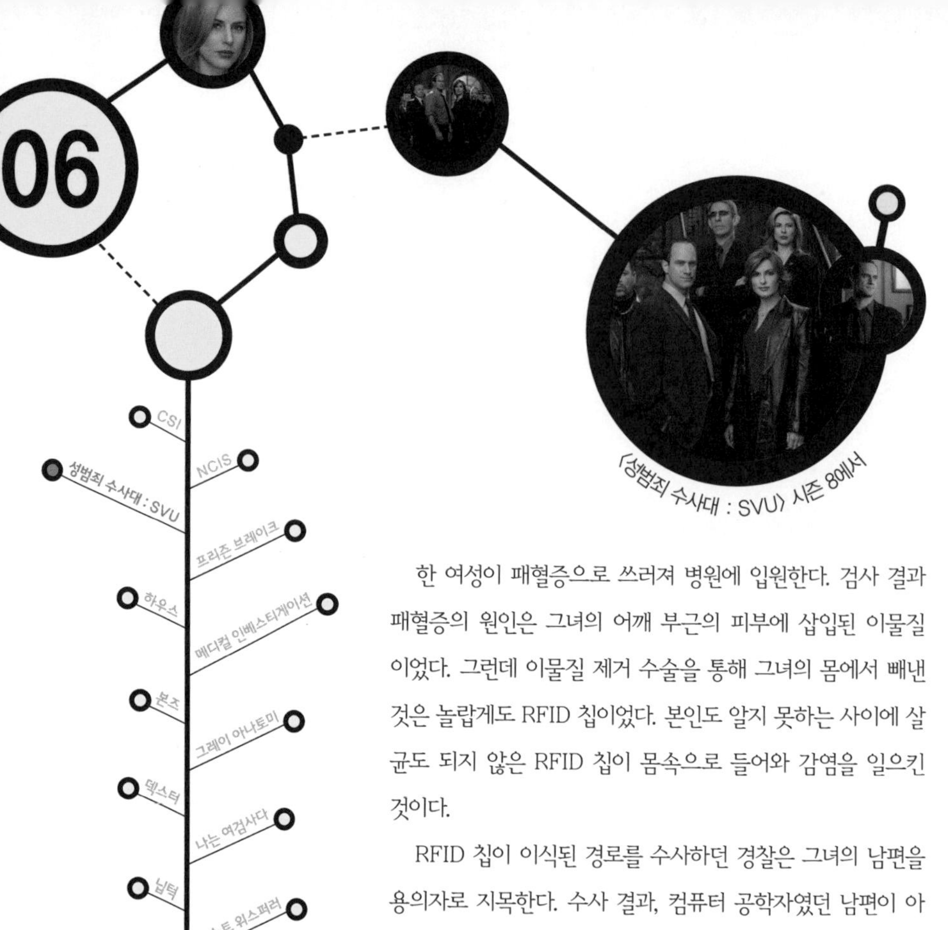

〈성범죄 수사대 : SVU〉 시즌 8에서

한 여성이 패혈증으로 쓰러져 병원에 입원한다. 검사 결과 패혈증의 원인은 그녀의 어깨 부근의 피부에 삽입된 이물질이었다. 그런데 이물질 제거 수술을 통해 그녀의 몸에서 빼낸 것은 놀랍게도 RFID 칩이었다. 본인도 알지 못하는 사이에 살균도 되지 않은 RFID 칩이 몸속으로 들어와 감염을 일으킨 것이다.

RFID 칩이 이식된 경로를 수사하던 경찰은 그녀의 남편을 용의자로 지목한다. 수사 결과, 컴퓨터 공학자였던 남편이 아내의 불륜을 의심한 나머지 아내에게 수면제를 먹여 재운 뒤에 몸속에 RFID 칩을 이식한 것이 밝혀졌다. 그는 이를 이용해 그녀의 동선을 파악하려 했다. 그러나 선천적으로 간 질환을 앓고 있던 부인은 이 칩으로 인한 감염으로 간이 완전히 망가지게 된다. 결국 48시간 내에 간 이식을 받지 못하면 사망할 것이라는 선고를 받게 되는데…….

남편의 의처증이 현대 과학을 만났을 때

의심이 불러일으킨 범죄

이 에피소드에서 남편은 부인에게 RFID 칩을 이식한 뒤, 집과 아내의 직장 그리고 불륜 상대로 의심되는 남자의 집, 이렇게 3군데에 칩 리더기를 달았습니다. 아내가 이 장소들에 있는지의 여부와 머문 시간 등을 체크해 아내의 불륜을 파헤치려 한 것이죠. 그리고 아내의 불륜 사실을 알게 된 남자는 질투심에 사로잡혀 살인을 저지르게 되고 아내마저 죽음의 문턱으로 몰아넣습니다. 아내의 불륜을 의심하는 남자의 질투심과 첨단 과학 기술이 잘못된 목적으로 만났을 때 일어날 수 있는 가장 최악의 상황을 보여 준 에피소드였지요.

패혈증이란 세균 등의 병원성 미생물이 혈액 속으로 유출되어 일어나는 전신성 감염증입니다. 고열, 피로감, 오한 등의 가벼운 증상에서 시작하여 혈압 저하, 무뇨증, 패혈증성 쇼크 등이 일어날 수 있습니다. 항생제의 개발로 인해 치료가 가능해졌으나, 증상이 심하거나 난치성 감염일 경우에는 사망에 이를 수도 있는 무서운 질환이지요.

무선으로 신호를 주고받는 RFID 시스템

RFID란 'Radio Frequency Identification'의 줄임말입니다. 이 말을 단어 그대로 해석하자면 '무선 주파수 인증' 혹은 '무선 ID'라고 번역할 수 있습니다. 간단히 말해, RFID란 특정 주파수의 전파를 이용해 무선으로 신호를 주고받는 시스템이지요. 최근 들어 주변에서도 RFID 칩을 쉽게 볼 수 있게 되었습니다. 열쇠가 필요 없는 도어록(door lock)이나 교통카드가 대표적인 예이지요. 특히 교통카드는 거의 모든 사람들이 이용할 정도로 널리 퍼져 있습니다.

버스나 지하철 같은 대중교통을 이용할 때 많은 이들이 교통카드를 이용하지요. 잔돈을 준비하거나 탑승권을 끊어야 하는 번거로움 없이, 그저 단말기에 갖다 대는 것만으로 요금이 계산되는 편리함 때문이죠. 심지어는 가방에서 지갑을 꺼낼 필요도 없이 그저 통째로 갖다 대기만 해도 됩니다. 또한 환승을 여러 번 하더라도 알아서 처리해 주니 이보다 더 편리할 수가 없습니다. 이렇게 편리하게 사용되는 교통카드 속에는 손톱만한 크기의 RFID 칩이 숨어 있습니다.

RFID 칩. RFID란 특정 주파수의 전파를 이용해 무선으로 신호를 주고받는 시스템을 의미한다.

RFID 시스템은 크게 세 가지로 구성됩니다. 태그(tag), 리더(reader) 그리고 데이터베이스(database)입니다. 태그란 대상의 식별 정보를 무선으로 전송하는 장치를 말하고, 리더는 태그가 전송하는 데이터를 수신하고 다시 태그에 새로운 정보를 보내 주는 장치를 말합니다. 그리고 데이터베이스는 리더가 수집한 태그의 정보를 받아서 개체를 식별하고 정보를 처리해 다시 리더로 보내는 역할을 하지요.

태그를 리더 근처로 가져가면, 태그에서 발산되는 무선 주파수를 리더가 인식하고 이 정보를 데이터베이스로 보내 필요한 처리를 하게 합니다. 데이터베이스에서 처리된 정보는 다시 리더를 통해 수신되고 리더는 이를 다시 태그에 전송해 태그에 들어 있는 정보를 수정합니다.

이해하기 쉽도록 교통카드를 예로 설명해 봅시다. 교통카드 안에 든 칩이 태그이고, 운송 수단에 장착된 것이 리더입니다. 그리고 드러나지는 않지만 이 둘 사이의 정보 교환에 필요한 데이터를 저장하고 처리하는 데이터베이스가 존재합니다.

신촌역에서 버스를 타고 가다가 강남역에서 내리면서 단말기에 교통카드를 접촉했다고 가정해 볼까요? 그럼 이때 교통카드에 들어 있는 칩이 리더기를 단 단말기에게 '이 카드의 주인은 신촌역 정거장에서 12시 10분에 버스를 타서 1시 25분에 강남역에서 내린다. 이 카드에 남은 충전 요금은 4,000원이다.'라는 정보를 보냅니다. 그럼 단말기는 이 정보를 수신해서 데이터베이스로 보내고, 데이터베이스는 신촌과 강남 사이의 거리를 계산하여 추가 요금이 얼마나 되는지를 계산해서 다시 단말기로 보냅니다. 그럼 단말기는 이 정보를 다시 태그로 전송합니다. 태그는 돌아온 정보를 이용해 남아 있는 충전 금액과 마지막으로 교통카드를 이용한 시각을 수정해 다시 저장합니다. 단말기에 교통카드를 갖다 대는, '삑' 소리가 나는 그 짧은 시간 동안 이 모든 것이 순식간에 일어나는 것이죠. 그래서 우리는 교통카드 등에 들어 있는 RFID 칩을 똑똑한 물건이라는 뜻에서 '스마트 칩'이라고도 부르지요.

똑똑한 팔방미인, 스마트 칩

교통카드는 스마트 칩이 손상되지만 않으면 반영구적으로 사용할 수 있습니다. 그런데 여기서 한 가지 의문이 듭니다. 앞서 말했듯이 교통카드 안의 스마트 칩은 전파를 이용해 정보를 주고받는다고 했는데, 칩을 작동시키는 전기는 어디서 얻는 것일까요? 아무리 봐도 카드 안에 건전지는 없는데 말이죠.

실제 교통카드 안에 들어 있는 스마트 칩은 전지가 필요하지 않습니다. 물론 스마트 칩이 작동하기 위해서는 전기 에너지가 필요합니다. 하지만 건전지를 통해 전기를 공급받는 것이 아니라 리더기에서 발생되는 전파를 받아 자체적으로 생성합니다. 앞서 말했듯 스마트 칩은 리더기와 무선 전파의 형태로 정보를 주고받습니다.

이때 리더기에서 흘러나온 전파가 스마트 칩에 닿으면 정보를 전달할 뿐 아니라, 칩 내부에서 자기장을 발생시킵니다. 이 과정에서 스마트 칩은 약간의 전력을 생산합니다. 스마트 칩은 이때 생성되는 소량의 전력만으로 기능할 수 있습니다. 즉 교통카드를 단말기에 갖다 대는 순간, 삑 소리와 함께 정보가 교환될 뿐만 아니라 전력도 충전되는 셈이죠.

물론 모든 스마트 칩이 전지가 필요 없는 것은 아닙니다. 자체에 전지를 지닌 칩도 있습니다. 이렇게 전지를 가지고 있는 칩은 그렇지 않는 칩에 비해 훨씬 더 강력한 전파를 발생시킬 수 있기 때문에, 그만큼 먼 거리까지 정보를 전달할 수 있습니다. 반면 전지가 없는 스마트 칩은 그만큼 발산할 수 있는 에너지가 적기 때문에 근거리에서밖에 작용하지 못합니다. 교통카드 속 스마트 칩은 자체 전력이 없기 때문에 단말기에서 약 10cm 정도만 벗어나도 칩의 신호를 인식하지 못합니다. 그래서 교통카드는 단말기에 가깝게 밀착시켜 주어야만 단말기가 인식하는 것이죠. 그럼에도 불구하고 스마트 칩은 오히려 배터리가 없어 방전될 걱정이 없고, 값이 싸다는 장점이 있어 현재 많은 분야에 사용되고 있답니다.

편리함 속에 든 문제점

이토록 편리한 RFID 칩이지만, 사람들은 RFID 칩의 확산을 두려워하기도 합니다. 이는 RFID 칩이 단순히 교통카드나 도어록 등에만 쓰이는 것이 아니기 때문입니다. 최근에 RFID 칩은 개인 식별 시스템 연구에 도입되고 있습니다.

지금까지 RFID 칩을 생명체에게 이식하는 대상은 동물들에 국한되어 왔습니다. 애완동물이나 희귀한 야생동물 말이죠. 애완견의 귀에 주인의 정보가 담긴 RFID 칩을 이식해 놓으면, 만약 애완견이 주인을 잃고 떠돌이가 되었을 때 쉽게 주인을 찾아 줄 수 있습니다. 또한 희귀 야생동물에게 RFID 칩을 이식하면, 몇 달씩 정글에 숨어서 동물들의 이동과 생태를 파악하지 않아도 보다 쉽게 동물들이 어디를 어떻게 움직이는지를 파악할 수 있지요. 하지만 이런 일이 인간에게 적용되는 경우, 생각지도 못한 곳에서 문제가 생길 수 있습니다.

만약 이런 기술이 인간에게 도입된다면 어떻게 될까요? 한 사람의 의료 정보, 계좌 정보, 신상 정보 등이 모두 RFID 칩에 이식될 테니,

우리는 의료보험증이 없이도 병원에서 진료를 받을 수 있고, 신용카드나 현금이 없어도 슈퍼마켓에서 RFID 칩에 이식된 계좌 정보로 계산할 수 있습니다. 얼핏 보면 이는 매우 편리한 방법입니다. 지갑처럼 잃어버릴 염려도 없고, 출국하는 날에 여권을 가져가지 않아 비행기를 놓치는 일도 일어나지 않을 테니까요.

하지만 부작용도 만만치 않습니다. 이 에피소드에서처럼 RFID 칩을 이용하면 개인의 이동 경로를 파악할 수 있기 때문에 사생활 침해를 할 우려가 있습니다. 또한 RFID 칩이 해킹되는 경우, 개인 신상과 의료 정보가 노출됨은 물론이거니와, 심지어는 내용을 바꿔 버릴 수도 있지요. 그렇게 때문에 RFID 기술을 특정 분야에 도입하기 전에 먼저 보안성 문제를 먼저 해결해야 합니다. 그래야만 RFID 칩에 담긴 나의 정보가 오로지 나만의 것으로 보존될 수 있을 테니까요.

RFID 기술은 분명 복잡한 정보를 빠르게 저장하고 쉽게 업데이트할 수 있게 해 주는 편리한 기술입니다. 하지만 아무리 편리한 기술이라고 하더라도, 도입됐을 경우에 일어날 수 있는 문제점을 다각도로 철저하게 검토한 후 적용하는 것이 언제 생겨날지 모르는 피해자를 줄일 수 있는 방법이랍니다.

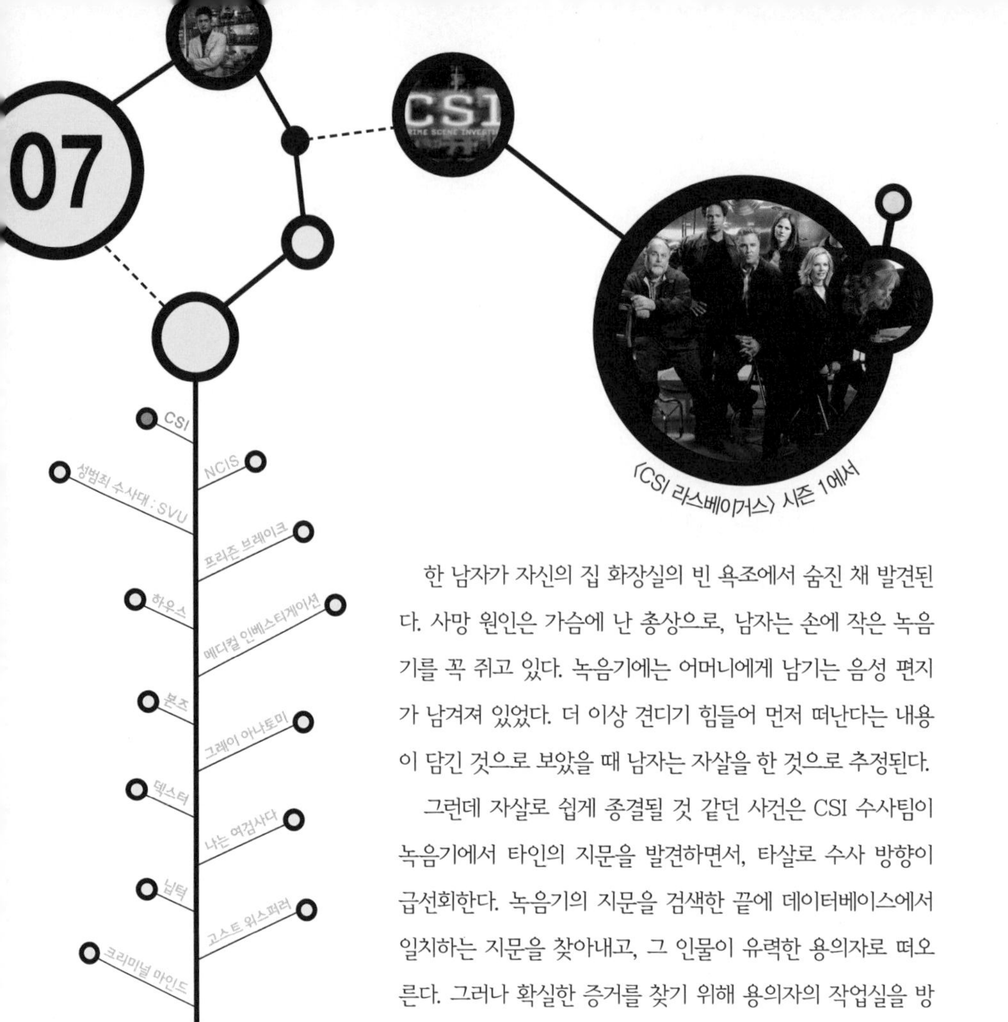

〈CSI 라스베이거스〉 시즌 1에서

한 남자가 자신의 집 화장실의 빈 욕조에서 숨진 채 발견된다. 사망 원인은 가슴에 난 총상으로, 남자는 손에 작은 녹음기를 꼭 쥐고 있다. 녹음기에는 어머니에게 남기는 음성 편지가 남겨져 있었다. 더 이상 견디기 힘들어 먼저 떠난다는 내용이 담긴 것으로 보았을 때 남자는 자살을 한 것으로 추정된다.

그런데 자살로 쉽게 종결될 것 같던 사건은 CSI 수사팀이 녹음기에서 타인의 지문을 발견하면서, 타살로 수사 방향이 급선회한다. 녹음기의 지문을 검색한 끝에 데이터베이스에서 일치하는 지문을 찾아내고, 그 인물이 유력한 용의자로 떠오른다. 그러나 확실한 증거를 찾기 위해 용의자의 작업실을 방문한 그리섬 반장은 그곳에서 어떤 물건을 발견하고는 갑자기 그가 범인이 아니라고 주장한다. 수사는 다시 미궁 속으로 빠져드는데…….

범인은 반드시 현장에 흔적을 남긴다

지문을 통한 범인 검거

범죄 현장에 남겨진 지문을 채취해서 범인을 검거하는 방법은 일반인에게도 매우 익숙한 수사 방법입니다. 알다시피 지문은 사람마다 다른 모양이기 때문에 오랫동안 신원을 식별하는 데 사용되어 왔습니다. 이를 이용해서 어떤 범죄자들은 다른 사람의 지문을 현장에 남겨 놓고 자신은 용의자 선상에서 벗어나는 수법을 사용하기도 했었지요. 이는 매우 고전적인 속임수로 심지어 1890년대를 배경으로 하는 코난 도일의 추리소설 『노우드의 건축업자』에서도 등장합니다. 그 내용을 잠깐 소개해 볼까요?

어느 살인 사건 현장, 신고를 받고 출동한 경찰은 창문 아래쪽 벽에서 피 묻은 엄지 손가락 지문을 발견합니다. 이에 경찰은 현장에

남아 있는 지문을 증거로 맥팔레인이라는 남자를 유력한 용의자로 체포합니다. 그런데 명탐정 셜록 홈즈는 다른 사람을 범인으로 지목하지요. 벽에 묻은 지문이 너무나 선명하여 일부러 묻혀 놓은 티가 역력했기 때문입니다. 물론 홈즈의 명성에 걸맞게 그의 추리가 맞았음이 나중에 밝혀지지요. 진짜 범인은 맥팔레인에게 편지 봉투를 밀랍으로 봉하는 일을 시킨 뒤에 밀랍에 남은 그의 지문을 현장 벽에 찍어 놓아 맥팔레인이 범인으로 지목되도록 한 것이었죠.

그런데 이번 에피소드에서는 이 이야기를 한 번 더 비틀었습니다. CSI 과학수사대는 현장에 남아 있는 지문이 폴 밀랜더의 것임을 밝히고 동시에 지문에 라텍스 고무와 레시틴 성분이 남아 있다는 사실도 알아냅니다. 폴의 직업은 마네킹을 만드는 것이었습니다. 신체 부위를 본뜬 모형을 만들어 판매하는 일이었지요. 폴의 작업장을 찾아간 그리섬 반장은 폴이 만든 할로윈용 장난감 고무손을 발견합니다. 폴의 손과 팔을 본떠서 만든 고무손에는 폴의 지문이 그대로 남아 있었습니다. 그리섬 반장은 폴을 체포하는 대신 누군가가 폴을 곤경에 빠뜨리기 위해 일부러 고무손에 있는 지문을 현장에 남겨 놓았다고 판단하게 됩니다. 녹음기에서 발견된 지문에서 라텍스 고무와 레시틴 성분이 발견되자 그의 판단은 더욱 굳어집니다. 고무손은 라텍스로 만들어져 있었고, 레시틴은 지문을 떠낼 때 사용하는 물질이었거든요.

하지만 충격적인 것은 이 사건의 진짜 범인이 폴 밀랜더였다는 것입니다. 그는 일부러 고무손을 만들고, 그 고무손의 지문을 현장에 남겨 놓음으로써 수사선상에서 교묘히 빠져나간 것이었지요.

지문이란 무엇인가?

범인을 검거하거나 신원을 파악하는 용도로 사용되는 지문(指紋, fingerprint)에 대해서 자세히 알아봅시다. 지문이란 말 그대로 손가락 안쪽 끝의 살갗의 무늬나 또는 그것을 찍은 흔적을 말합니다. 지

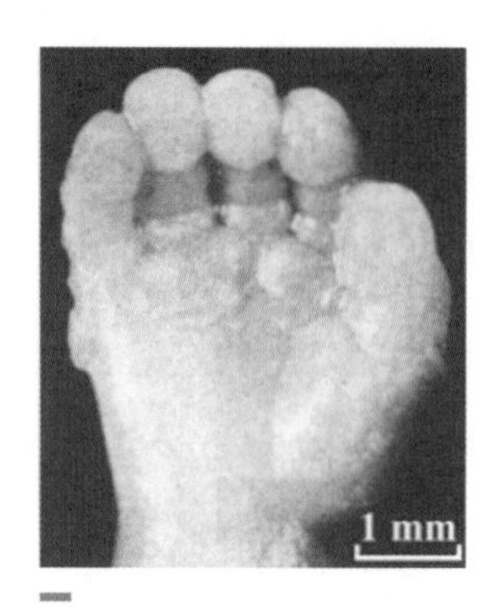

10주 된 태아의 손에 형성된 볼라 패드의 모습. 이 시기에 태아의 손은 약 3~5mm 정도밖에 안 되지만 이미 지문이 형성될 부위가 만들어지고 있다.

문은 아주 어릴 적부터 생겨납니다. 태어나기도 전인 태아 시절에 생겨나지요. 처음에는 그저 하나의 세포였던 수정란은 거듭되는 세포분열과 분화를 통해 신체 각 부분을 형성합니다. 임신 10주경이 되면 태아의 손가락과 손바닥 그리고 발바닥 부위에 볼라 패드(volar pad)라는 매끈한 판이 나타납니다. 이는 혈관과 중간엽 조직이 결합해 팽창하기 때문에 생겨납니다. 이 시기가 지나면 볼라 패드는 성장을 멈추는 반면 손은 계속해서 자라나는 탓에, 볼라 패드가 피부에 흡수되며 흔적을 남깁니다. 이것이 바로 지문의 시초입니다.

일단 이렇게 자리 잡기 시작한 초기 지문은 태아가 성장함에 따라서 주변 피부의 성장이나 혈관의 발달에 따라서 약간의 영향을 받게 되지만, 전체적인 틀은 변하지 않습니다. 임신 중기가 지나면 지문은 완전한 형태로 자리 잡으며, 한번 생긴 지문은 평생 변하지 않게 됩니다. 지문의 형태가 결정되는 데는 볼라 패드가 형성되고 퇴화하는 과정에서 일부 유전적인 영향이 작용하지만, 세부적인 지문 형태가 결정되는 것은 순전히 우연에 의해 일어납니다. 가느다란 모세혈관이 어떻게 뻗어나갈지는 유전적 요인보다는 환경적인 요인에 의해 결정됩니다. 따라서 똑같은 유전자를 지니고 있는 일란성 쌍둥이라고 할지라도 지문은 다른 것입니다.

지문 인식, 세심한 배려가 필요하다

지문이 사람들을 구별하는 수단으로 이용될 수 있다는 사실이 알려진 것은 19세기 말입니다. 1888년 부에노스아이레스의 경찰서 직원이던 후안 부세티가 지문을 이용해 사람들을 구별할 수 있다는 사실을 알아낸 뒤, 1901년 영국의 런던 경찰국에서 공식적으로 지문을 범죄자의 신상을 분류하는 기록으로 이용하기 시작했습니다. 이후 지문이 신원을 확인하는 데 매우 간단하고 유용한 수단이라는 사실이 널리 알려지면서 지금까지 범죄 수사나 신원 확인 수단으로 이용되고 있습니다.

지문은 이처럼 개인을 구별하는 수단으로 범죄 수사나 신원 확인 등에 유용하게 사용될 수 있지만, 자칫 잘못하면 타인의 정보를 도용할 때 악용되어 불특정 다수에 대한 감시 자료로 쓰일 수도 있습니다. 그렇기 때문에 지문 정보를 모으고 보관하는 것에는 세심한 주의와 감독이 반드시 필요합니다.

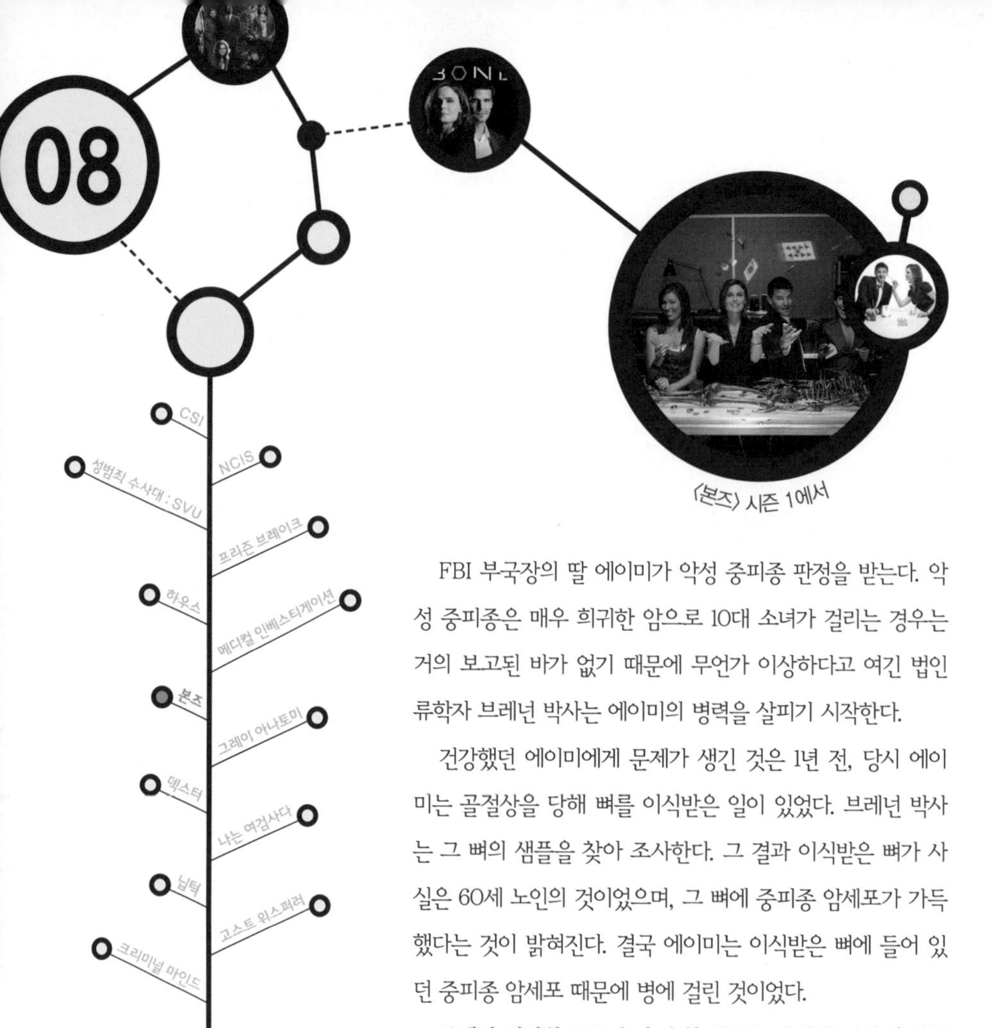

〈본즈〉 시즌 1에서

FBI 부국장의 딸 에이미가 악성 중피종 판정을 받는다. 악성 중피종은 매우 희귀한 암으로 10대 소녀가 걸리는 경우는 거의 보고된 바가 없기 때문에 무언가 이상하다고 여긴 법인류학자 브레넌 박사는 에이미의 병력을 살피기 시작한다.

건강했던 에이미에게 문제가 생긴 것은 1년 전, 당시 에이미는 골절상을 당해 뼈를 이식받은 일이 있었다. 브레넌 박사는 그 뼈의 샘플을 찾아 조사한다. 그 결과 이식받은 뼈가 사실은 60세 노인의 것이었으며, 그 뼈에 중피종 암세포가 가득했다는 것이 밝혀진다. 결국 에이미는 이식받은 뼈에 들어 있던 중피종 암세포 때문에 병에 걸린 것이었다.

브레넌 박사와 FBI 수사 요원 부스는 오염된 뼈의 출처를 찾던 중 '바이오테크'라는 유령 회사가 장의사와 결탁하여 사체의 뼈와 조직을 적출해 불법적으로 판매해 왔다는 사실을 알게 된다. 더욱 놀라운 것은 에이미가 이식받은 중피종 환자의 사체가 열 명이 넘는 사람들에게 이식되었으며, 이미 몇 명은 사망을 했다는 사실이다. 이제 수사는 이토록 파렴치한 범죄를 저지른 일당을 찾는 것으로 초점이 모아지는데…….

이식받은 뼈에 암세포가 가득!

현실에서도 일어날 수 있는 신체 이식의 폐해

우리는 신체 이식이라고 하면 주로 신장이나 심장, 간과 같은 내장 기관의 이식만을 떠올립니다. 그러나 신체 이식의 종류는 보다 다양합니다. 내장 기관 외에 각막, 뼈, 연골, 피부, 모발, 지방, 혈관, 골수 및 조혈모 세포도 이식이 가능합니다. 수혈은 이제 흔해진 신체 조직이식이라고 할 수 있지요. 지금은 영화 〈페이스 오프〉에서처럼 타인의 얼굴을 이식하는 일도 실제도 행해지고 있습니다.

신체 이식은 다치거나 병든 신체의 일부를 건강한 것으로 대체하면서 환자의 목숨을 구하고 삶의 질을 높이는 고도의 의학적 방법입니다. 신체 이식으로 새 생명을 얻고 세상을 살아갈 새로운 힘을 얻는 사람이 많습니다. 그러나 빛이 있으면 어둠이 있듯이, 신체 이식

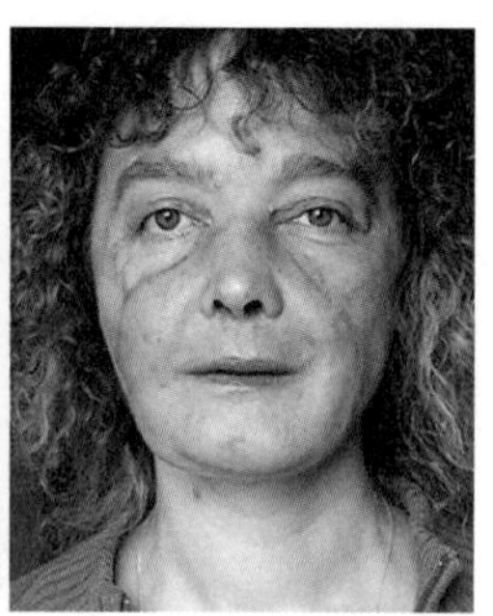

최초의 안면 이식 성공자로 화제를 모았던 이자벨 디누아르의 모습. 왼쪽부터 원래 모습, 이식 수술 직후의 모습(화장함), 이식 수술 18개월 후의 모습이다. 디누아르의 이식 성공으로 인해, 뼈나 피부와 같은 단일 조직만이 아니라 피부와 그에 붙은 근육, 혈관, 신경을 한꺼번에 이식하는 것도 가능해졌다.

이 활성화되면서 신체를 기증하는 사람에 비해 이식을 원하는 사람들이 많아지자 문제가 생기기 시작했습니다. 가장 큰 문제는 신체의 일부가 거래되는 '인체 시장'이 형성되었다는 것이며, 또 하나는 이 방법이 질병의 새로운 전염 경로가 되었다는 것입니다.

이번 에피소드의 결론은 장의사와 병원의 직원이 결탁하여, 화장을 부탁받은 사체에서 불법적으로 신체 조직을 채취하여 비싼 값에 각 병원의 이식 센터에 팔아넘긴 것이 밝혀지면서 끝이 납니다. 의학에 대한 지식이 없는 비전문가들이 조직을 채취하는 과정에서 반드시 거쳐야 하는 여러 가지 검사를 하지 않았기 때문에 에이미와 같은 피해자가 생겨난 것이었지요.

물론 이 에피소드는 허구입니다만 현실에서도 이와 비슷한 일이 가끔씩 일어납니다. 대표적인 사례가 인체성장호르몬 투여로 인한 크로이츠펠트야코프병(Creutzfeldt-Jakob disease)의 감염 사례입

니다. 성장호르몬은 뇌하수체 전엽에서 분비되는 호르몬으로 뼈와 근육을 성장시키는 데 중요한 역할을 하는 물질입니다. 말 그대로 몸을 성장시키는 호르몬이기 때문에 성장호르몬이 과도하게 분비되면 거인증이, 부족하면 왜소증이 나타납니다.

특히 왜소증을 지닌 사람들 중에서, 성장호르몬 부족으로 키가 더디 자라는 아이들에게 성장호르몬의 투여는 매우 중요한 역할을 합니다. 1980년대부터 왜소증 완화를 위해 성장호르몬을 투여하는 방법이 제시되었습니다. 성장호르몬 투여는 매우 성공적이었고, 적절한 시기에 호르몬 요법을 받은 아이들은 일상생활에 지장이 없을 정도까지 자라날 수 있었지요.

그 당시에는 아직 인공적으로 합성된 성장호르몬이 상품화되어 있지 않은 시기였습니다. 따라서 기증받은 사체의 뇌하수체에서 직접 추출한 성장호르몬을 사용할 수밖에 없었습니다. 그러나 뇌하수체에서 추출된 성장호르몬은 매우 소량이었기 때문에 구하기 힘들었을 뿐 아니라 매우 고가라는 단점이 있었습니다. 그러나 일단은 부작용이 보이지 않기 때문에 성장호르몬 치료를 실시했습니다.

문제는 몇 년 뒤에 나타났습니다. 성장호르몬 치료를 받은 어린이들이 성인이 된 후에, 매우 희귀한 질환(100만 명당 0.5~1명꼴로 발병)인 크로이츠펠트야코프병에 걸리기 시작한 것입니다.

불행한 질병, 크로이츠펠트야코프병

크로이츠펠트야코프병은 프리온의 자연적인 돌연변이로 인해 일어나는 희귀한 질환입니다. 프리온이란 원래 척추동물의 중추신경조직, 즉 뇌와 척수에 존재하는 단백질로서 구리 이온의 항상성을 유지시키는 일을 하는 것으로 알려져 있지요. 정상상태의 프리온은 인체에 아무런 해를 미치지 않지만, 돌연변이로 모양이 바뀌게 되면 문제를 일으킵니다.

돌연변이 변형 프리온은 첫째로 뇌세포를 파괴하여 뇌에 스펀지처럼 구멍이 뚫리게 만들며, 둘째로 정상 프리온과 결합해 이들을 변형 프리온으로 바꾸는 성질을 통해 뇌세포 파괴 과정을 가속화

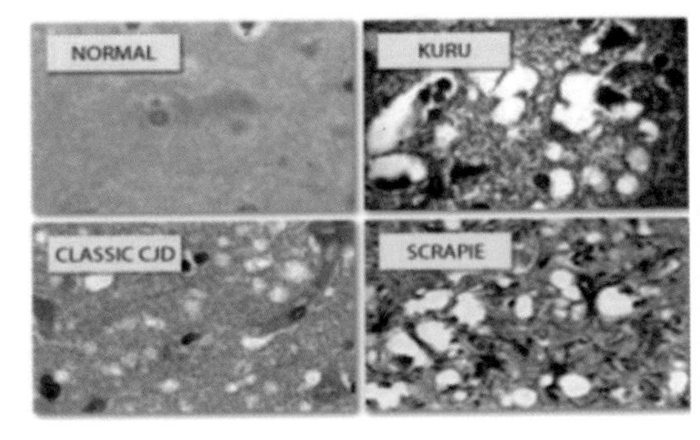

프리온 유발 질환에 전염된 뇌의 조직. 왼쪽부터 시계방향으로 정상 뇌, 쿠루병에 전염된 뇌, 진전병에 전염된 뇌, 크로이츠펠트야코프병에 전염된 뇌의 조직 사진이다.

시키는 특징을 가집니다. 또한 변형 프리온은 종간 장벽을 뛰어넘어 한 종에서 다른 종으로도 전파가 가능한 특징을 지니지요.

변형 프리온에 의해 일어나는 질환인 광우병[정식 명칭은 소의 해면상 뇌증(Bovine spongiform encephalopathy, BSE)]은 역시나 프리온 유발 질환인 양의 스크래피(Scrapie)에서 유래되었습니다.

또한 최근 문제가 되는 인간 광우병[정식 명칭은 변형 크로이츠펠트야코프병(Variant Creutzfeldt-Jakob disease, vCJD)]이 소의 광우병에서 유래된 것이라는 사실은, 프리온에게는 생물종의 차이가 문제되지 않는다는 것을 나타냅니다.

이 아이들이 크로이츠펠트야코프병에 걸린 것은 불행한 사고였습니다. 왜소증 치료를 위해 뇌하수체 속 성장호르몬을 추출하는 과정에서 우연히 변형 프리온이 같이 추출되었고, 이 때문에 크로이츠펠트야코프병이 전염된 것이죠. 조사 결과 성장호르몬 치료를 받은 아이들 중 111명이 크로이츠펠트야코프병에 걸렸고, 이들은 결국 짧은 생을 마감하고 말았습니다.

1971년에는 각막 이식 수술을 받은 여성에게서 크로이츠펠트야코프병이 발병한 사례도 있었습니다. 인간의 눈은 '제2의 뇌'라고 할 정도로 뇌와 직접적으로 연결되어 있어서 기증자의 뇌 속에 존재하던 변형 프리온이 시신경을 타고 눈으로까지 전달되었던 탓에, 그 눈의 일부를 이식받은 여성에게 이런 비극이 벌어졌던 것이죠. 신체 기증과 이식은 소중한 생명을 살린다는 고귀한 목적으로 이루어졌지만, 뜻하지 않은 사고로 그 취지가 변형되어 버린 사건이었습니다.

이렇듯 인간의 신체조직을 직접 사용하는 것, 특히나 뇌신경조직에서 추출한 물질을 그대로 사용하는 것을 통해 질병이 전파될 수 있다는 사실이 알려지면서, 인간에게서 추출한 성장호르몬을 사용하는 것은 금지되었습니다. 따라서 현재 사용되고 있는 인간성장호르몬은 사람에게서 채취한 것이 아니라, 유전자 재조합을 통해 실험실에서 생산된 합성호르몬들이거나 성장호르몬 분비를 자극하는 유도제들입니다. 그러니 최근에는 성장호르몬 치료를 받은 적이 있다고 해서 크로이츠펠트야코프병의 발병을 걱정할 필요는 없습니다

이처럼 이식을 할 때 여러 가지 질병이나 병력 테스트를 모두 거쳤음에도 불구하고 이러한 불행한 결과가 나타날 수도 있습니다. 우리는 모든 과정을 다 알지 못하기 때문입니다. 어쩌면 이런 일련의 불행한 사건들이 우리에게 말하고자 하는 바는 '겸손하고 신중한 자세'의 요청이 아닐까 하는 생각이 듭니다. 인체를 대상으로 실험을 할 때에는 아무리 조심한다고 하더라도 예견치 못한 결과가 나타날

수 있다는 것을 충분히 인지해야 하고, 그렇기에 더욱 신중하고 조심스러운 자세로 접근해야 한다는 것이죠. 이번 에피소드는 생명 과학 분야의 연구 성과가 실제 사람들에게 적용될 때 왜 신중에 신중을 기해야 하는지를 다시금 생각하게 하는 이야기였습니다.

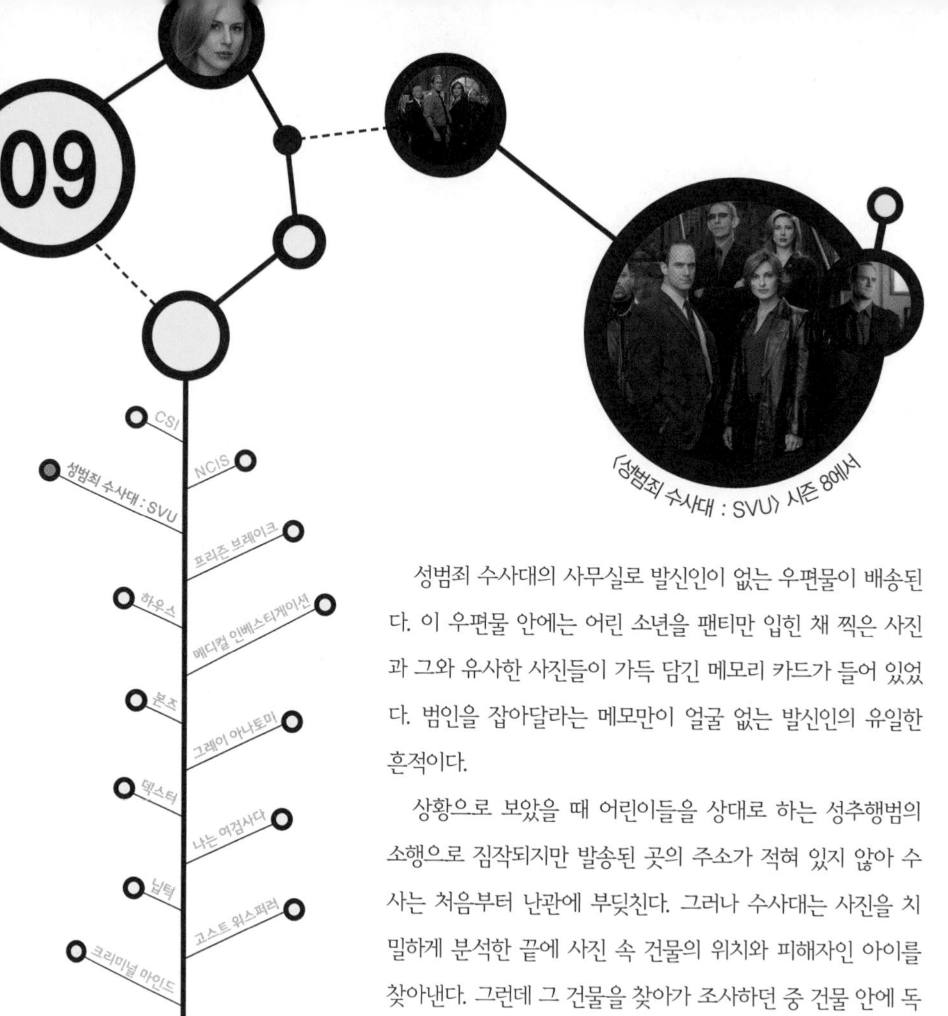

〈성범죄 수사대 : SVU〉 시즌 8에서

성범죄 수사대의 사무실로 발신인이 없는 우편물이 배송된다. 이 우편물 안에는 어린 소년을 팬티만 입힌 채 찍은 사진과 그와 유사한 사진들이 가득 담긴 메모리 카드가 들어 있었다. 범인을 잡아달라는 메모만이 얼굴 없는 발신인의 유일한 흔적이다.

상황으로 보았을 때 어린이들을 상대로 하는 성추행범의 소행으로 짐작되지만 발송된 곳의 주소가 적혀 있지 않아 수사는 처음부터 난관에 부딪친다. 그러나 수사대는 사진을 치밀하게 분석한 끝에 사진 속 건물의 위치와 피해자인 아이를 찾아낸다. 그런데 그 건물을 찾아가 조사하던 중 건물 안에 독가스가 유출되어 형사와 주민들이 쓰러지는 사건이 발생한다.

현장에 출동한 독극물 처리반이 건물의 지하실에서 테러에나 사용될 법한 치명적인 독극물을 발견한다. 이제 사건 담당은 성범죄 수사대가 아니라 테러 전담반으로 넘어가고 수사의 초점은 독극물의 정체를 밝히는 것으로 바뀌게 된다. 그런데 테러리스트의 소행을 의심하고 수사를 진행하는 동안, 병원 치료를 받던 사진 속 아이들에게서 뇌종양이 발견되는 등 사건은 점점 이상하게 꼬여간다.

살충제가 해충만 죽이는 것은 아니다

살충제 개발 회사의 음모

성범죄 수사를 전담하는 형사들의 이야기를 다루는 〈성범죄 수사대: SVU〉의 소재는 주로 성 관련 범죄들입니다. 그래서 이 에피소드 또한 처음에는 어린이 성추행범을 찾는 사건인 듯했지요. 그러나 이 에피소드는 예상치 못한 방향으로 전개되었습니다. 중반 즈음에는 사회 붕괴를 노리는 테러리스트가 범죄의 주인공인 듯했습니다. 하지만 결론에 이르자, 이 모든 사건의 배후에는 오로지 이윤만을 추구하는 비양심적인 사람들이 있었다는 것이 밝혀집니다. 이 사건은 새로운 살충제를 개발하던 회사의 임원 중 하나가 대규모 임상 실험에 들어가는 비용을 줄이기 위해 편법을 사용하기 시작하면서 벌어진 일이었습니다.

살충제 개발 회사에서 주로 불법 이민자나 저소득층이 모여 사는 허름한 아파트의 관리인을 매수하여, 아파트 소독이라는 명목하에 개발 중인 살충제들을 대량으로 집집마다 살포하도록 지시한 것입니다. 아파트 관리인은 뒷돈을 받고 정기적으로 집집마다 살충제를 뿌렸고, 살충제가 갖고 있을 인체 위해성에 대한 정보를 제공하기 위해 아파트에 사는 어린아이들을 푼돈으로 꼬여서 속옷만 입힌 채 사진을 찍었습니다. 그러고는 살충제의 부작용으로 인해 아이들 피부에 발진이나 홍반 등의 증상이 나타나는 것을 확인한 뒤 다시 회사에 보고한 것이지요.

이런 실험은 수년간이나 계속되었는데, 마지막에 실험한 살충제가 특히 독성이 강해서 형사와 주민들까지 모두 쓰러지게 만들면서 추악한 전모가 드러난 것입니다. 몇몇 아이들에게서 뇌종양이 나타난 것 역시 유독한 살충제의 부작용이었습니다.

이 에피소드는 이윤만을 추구하는 추악한 인간들이 양심을 팔아버렸을 때 어떤 결과가 나타날 수 있는지를 극명하게 보여 주는 사건이었습니다. 이 에피소드를 보면서 내내 떠오르는 한 사람이 있었습니다. 바로 1960년대 중반, 살충제인 DDT의 위험성을 세상에 알렸던 인물, 레이첼 카슨이었습니다.

20세기는 많은 부분에 있어서 이전 세기와는 다른 시대였습니다. 20세기 이후 인간의 생활 방식은 이전과는 매우 달라졌는데, 농업 분야 역시 마찬가지였습니다. 이전까지 농업은 자급자족을 위한 식량 생산의 기반이었습니다. 그래서 사람들은 자신의 농지 안에 다양한 작물들을 섞어 심곤 하였지요. 그러나 이런 농경 방식은 근대화라는 명목하에 한 가지 작물만을 대량으로 재배하는 방식으로 대체되기 시작했습니다. 사람들은 한 가지 작물에만 집중했고, 이들을 시장에 내다 팔아 얻은 수익금으로 다른 작물들을 사들였지요.

한 가지 작물만 재배하는 방식은 분명 생산량의 증가라는 측면에서는 이익을 가져다주었습니다. 하지만 농부들은 해충과의 전쟁에 이전보다 더 많은 노력을 투자해야 했습니다. 모든 작물을 섞어 심을 경우에는 벼멸구에 의해 피해를 입어도 콩과 옥수수는 수확할 수 있었지만, 오로지 벼만 재배할 경우에는 전체 농사를 모조리 망치게 되기 때문입니다.

생태계를 교란하는 살충제

그러나 이런 단점을 알면서도 단일 품종의 대량 재배 방식은 단기간에 생산량을 증대할 수 있다는 이유로 널리 퍼져 나가기 시작했지요. 대량 생산을 포기할 수 없었던 사람들이 선택한 방법은 해충을 제거하는 화학물질을 개발하는 것이었습니다.

화학 회사들은 다양한 합성 물질을 찾아냈고, 1940년대 이후 약 200여 종의 화학물질이 살충제로 개발되어 팔려 나가게 됩니다. 살

DDT를 사람 몸에 직접 뿌려 벼룩이나 이를 잡는 모습.

충제는 단기간에 해충들을 박멸하여 농업 생산량을 증가시켰습니다. 처음에는 모든 것이 순조롭게 흘러가는 것처럼 보였지요. 하지만 문제는 살충제에는 해충과 익충을 구별하는 눈이 없다는 것이었습니다.

살충제로 인해 해충보다 더 많은 익충들이 사라졌습니다. 땅으로 스며든 살충제가 지렁이를 죽이고, 개울로 흘러든 살충제가 수중 곤충과 물고기를 죽이면서 생태계를 교란시키기 시작했습니다. 마치 적군을 죽이기 위해 개발되었지만, 아군에게 더 많은 피해를 입히고 마는 폭탄처럼 말이죠.

상황이 이렇게 되자 카슨은 당시에 가장 많이 사용되던 살충제인 DDT에 관심을 갖기 시작했습니다. DDT는 6각형의 벤젠 고리 2개와 염소가 결합한 유기 염소 화합물로서 대표적인 살충제입니다. DDT는 1874년 오트마 자이들러에 의해 발견되었으나, 당시에는 이

물질이 어떤 능력을 가지고 있는지 알지 못했지요.

제2차 세계대전이 발발한 시대적 상황은 많은 과학자들을 수많은 파괴적 화학물질을 개발하는 데로 내몰았다고 합니다. 수많은 유기 화합물 중 하나에 불과했던 DDT를 인류 역사에 매우 중요한 물질로 끌어올린 이는 스위스의 과학자 폴 뮐러였습니다.

지금은 생쥐나 토끼 등이 동물 실험에 많이 이용되지만, 폴 뮐러가 연구하던 당시에는 곤충이 많이 이용되었습니다. 뮐러가 실험해 본 화학물질 중에서는 곤충에게는 유해하지만 인간에게는 별다른 위해가 없다고 판단되는 물질도 발견되곤 했지요.

이런저런 실험을 하던 과정에서 뮐러는 이미 60여 년 전에 발견된 DDT가 강력한 살충 효과를 지니고 있다는 것을 알아냈습니다. 그는 이를 이용해 살충제를 개발하기에 이릅니다.

1939년에 있었던 뮐러의 발견은 농업과 보건 분야에서 거의 혁명적이었습니다. 논밭에 뿌려진 DDT는 해충들을 박멸하여 농업 생산력의 증대를 가져왔으며, 모기 등 사람들에게 해를 주는 곤충을 죽이는 데도 탁월하여 말라리아 발병률을 극적으로 낮추기도 했지요.

스리랑카에서는 1948년부터 1962년까지 DDT를 사용한 결과, 연간 250만 명이 넘던 말라리아 환자 수가 연간 31명으로까지 줄어드는 기적적인 일이 벌어집니다. 이는 DDT로 인해 말라리아를 옮기는 모기와 그 유충이 박멸되면서 생긴 효과였지요. DDT는 사람 몸에 기생하는 이나 벼룩 등을 퇴치하는 데도 효과가 좋아서 심지어 사람 몸에 직접 뿌리기도 할 정도로 널리 이용되었습니다.

지방이 풍부한 장기에 축적되는 DDT

DDT의 효과가 너무나도 놀라웠던 덕분에 뮐러는 1948년 노벨 생리의학상을 받았습니다. DDT의 사용량은 갈수록 늘어갔지요. DDT가 곤충을 죽이는 이유는, 곤충의 신경세포에 존재하는 나트륨 이온(Na+)의 흐름을 방해하여 곤충의 신경을 마비시키기 때문인 것으로 알려졌습니다. 그런데 문제는 곤충뿐 아니라 다른 동물 심지어 인간의 신경세포에도 나트륨 이온이 매우 중요한 역할을 한다는 것입니다.

DDT가 인간에게 해가 없어 보이는 것은, 어쩌면 DDT가 인간에게 무해한 것이 아니라 곤충에 비해 인간이 매우 크기 때문에 신경마비 효과가 더디게 나타나기 때문일지도 모른다는 우려가 제기되기 시작했습니다. 실제 연구 결과 DDT가 곤충 외의 동물들에게 덜 해로워 보인 이유는, DDT가 가루 형태로 뿌려지기 때문에 동물의 피부 속으로 바로 스며들지 않은 덕분이었다는 것이 밝혀졌습니다.

기관(氣管)을 통해 숨을 쉬는 곤충의 경우에는, 몸 표면에 붙은 DDT 가루가 기관을 통해 몸속으로 들어가서 효과가 금방 나타난 것일 뿐, DDT가 곤충 외의 다른 동물에게는 무해한 것이 아니라는 사실이 밝혀진 것입니다.

비록 DDT는 당장에는 곤충 외에 다른 동물들에게는 해가 없는 것처럼 보일지라도, 오랜 시간 동안 이를 흡입하면 문제가 일어날 수 있습니다. 특히나 지방에 잘 녹는 특성을 지닌 DDT는, 체내에 유입된 뒤 부신, 갑상선, 고환 등 지방이 풍부한 장기에 축적되어 독성의 피해를 입히기 시작했습니다. 엎친 데 덮친 격으로 물에 잘 녹지 않는 DDT는 일단 체내에 한 번 축적되면 소변 등을 통해 몸 밖으로 잘 배설되지도 않아서 체내 DDT의 축적량은 시간이 갈수록 점점 더 많아졌습니다. 이처럼 초반에는 DDT의 체내 유입량이 적어 건강에 별다른 영향을 미치지 않더라도 오랜 시간 축적되다 보면 건강을 위협하는 수준에 이른다는 것이 DDT의 무서운 점이지요.

이 에피소드에 등장하는 피해자 아이의 경우도 이런 관점에서 볼 수 있습니다. 한두 번 접촉할 때는 살충제의 양이 미미하다고 해도 몇 년간 꾸준하게 접촉하면 이들이 몸속에 쌓여 결국에는 암을 일으킬 정도의 독성을 발휘하는 것입니다.

멸종 위기에 처한 대머리수리

그렇다면 DDT는 과연 생물체에 어떤 영향을 미칠까요? 완전히 밝혀지지는 않았지만, DDT가 생물체에게 어떤 방식으로든 해를 끼

DDT는 새들의 알껍데기를 약화시켜 정상적인 부화를 못하게 한다.

친다는 점에는 현재 이견이 없습니다. 곤충이나 작은 물고기는 DDT의 독성에 의해 죽음에 이르며, 조금 큰 농병아리나 설치류의 경우에는 DDT의 독성으로 체내의 호르몬 시스템이 교란되어 알이나 새끼를 낳지 못하게 되거나, 알껍데기가 약화되면서 정상적인 부화를 못하게 됩니다.

대표적인 것이 20세기 중반에 일어났던 미국의 대머리수리 멸종 위기 사건입니다. 미국을 대표하는 새였던 대머리수리는 1800년대에는 그 수가 무려 50만 마리에 달해서 고개만 들면 보일 정도였지만, 1963년경에는 단 800마리만이 관찰될 정도로 그 수가 급감했습니다. 학자들은 그 원인이 무분별하게 뿌려진 DDT가 대머리수리의 알껍데기를 약화시켰기 때문이라고 추정하고 있습니다.

사람은 DDT를 뒤집어쓰더라도 물고기처럼 떼죽음을 당하지는 않습니다. 그래서 사람에 대한 DDT의 독성은 간과되곤 했었지요. 이런 생각에 반기를 든 카슨은 DDT가 눈에 보이지 않는 교묘한 방식으로 인간을 죽이고 있다고 생각했습니다. 그것은 바로 DDT가 암을 유발시킨다는 생각이었지요.

인공적인 물질로 인해 암이 유발된다는 것은 이미 18세기에 알려진 사실입니다. 1775년 영국의 의사였던 퍼시벌 포트는 젊은 굴뚝 청소부들이 음낭암으로 사망하는 일이 많다는 사실을 발견합니다. 땔감을 연료로 썼던 당시에는 집 안의 원활한 환풍과 따뜻한 난방을 위해서 주기적으로 굴뚝을 청소해 줘야 했습니다. 그래서 굴뚝 청소부라는 신종 직업이 등장했고, 가난한 가정의 소년들이 사다리와 청소용 솔을 들고 다니며 굴뚝을 청소해 주곤 했습니다.

대부분이 어린 소년이었던 굴뚝 청소부 중에는 유난히 젊은 나이에 음낭암으로 사망하는 경우가 많았다.

굴뚝을 청소하는 과정에서 온몸에 숯검정을 뒤집어쓰는 굴뚝 청소부들은 젊은 나이에 음낭암에 걸리는 비율이 다른 직업군에 비해 유난히 높았습니다. 이에 포트 박사는 숯검정에 포함된 독성물질이 특히 피부가 얇은 음낭과 직접 접촉하면서 암을 일으키는 것으로 추측하였지요. 이후 조사 결과 굴뚝의 숯검정 속에는 발암물질인 벤조피렌(benzopyrene)이 많이 들어 있는 것이 확인되었습니다. 결국 포트의 추측이 맞았다는 것이 증명된 것입니다.

굴뚝 청소부와 음낭암의 연관성이 드러난 이후, 화학물질과의 접촉이 암과 연관 있다는 보고가 속속 제기되었습니다. 구리 제련소에서 일하는 노동자들은 비소 증기에 의해 피부암에 잘 걸렸고, 광산 노동자들은 폐암에 잘 걸렸습니다. 그 외에도 타르, 석면, 염화비닐,

아플라톡신, 벤젠 등이 발암물질로 알려졌습니다. 그리고 카슨은 이 발암물질 리스트에 살충제를 유력한 후보로 올려야 한다고 주장했습니다.

여전히 '잘 팔리는' 독성 물질, 살충제

현재 DDT는 미국 내에서는 판매되지 않지만 다른 많은 나라들에서는 여전히 사용되고 있습니다. 농업이 계속되는 한 살충제에 대한 수요도 끊임없이 있을 것입니다. 여전히 살충제는 가장 흔히 팔리는 독성 물질 중 하나지요. 다행히 최근에는 환경오염 가능성이 적고 독성이 낮은 물질을 선호하는 경향 덕분에, 살충제 개발에도 엄격한 임상 실험 기준을 요구하고 있습니다. 하지만 임상 실험은 돈이 매우 많이 드는 대규모 실험입니다.

그래서 이 에피소드에 나온 악덕 업자는 비용을 아끼고자 법적 보호를 제대로 받지 못하는 사회적 약자들을 대상으로 싼 값에 임상 실험을 실시한 것이죠. 그리고 그 실험에서 독성을 나타내지 않은 물질만 골라서 정식으로 임상 실험을 실시하도록 하여 개발 비용을 줄였던 것입니다. 이로 인해 비용은 절감할 수 있었겠지만, 그 과정에서 죄 없는 아이들의 인생은 마구 짓밟히고 말았습니다.

이 에피소드는 현실에서는 결코 있어서는 안 될 사건입니다. 그래서 드라마가 끝나고도 한참 동안 가슴이 저린 한편, 이런 일이 현실에서 절대로 일어나지 않을 방법은 없을지 궁금했습니다.

참고문헌

Season 1

인체의 미스터리를 밝혀라!

01 _ 냄새 맡는 전자 코에 꼬리 밟힌 범인

다이앤 애커먼, 백영미 옮김, 『감각의 박물학』, 작가정신, 2004.

"전자 코로 지뢰 찾는다", 「한겨레」 2001년 10월 28일자.

"'후각 메커니즘' 밝혀 노벨상 탔다는데", 「동아일보」 2006년 12월 5일자.

"환자가 내뱉는 날숨 속 벤젠화합물 포착 '암(癌) 판정'… 전자 코 개발", 「조선일보」 2009년 9월 23일자.

• 전자 코 '피도'를 소개하는 노마딕스 사(社) 웹사이트 : http://www.tha.co.th/eng/eds_fido.htm

02 _ 그놈 목소리의 정체

폴 휴이트, 엄정인 외 옮김, 『수학 없는 물리』, 에드텍, 1994.

노영해, 「서양 음악사에서의 전환기 : 벨칸토 역사에서 카스트라토(Castrato)의 역할, 그 입체적 이해」, 『한국서양음학회지』 제2호.

문기영, 「생체인식기술 현황 및 전망」, 『TTA Journal』 제98호, 2005.

이대종 외, 「홍채와 음성을 이용한 고도의 개인 확인 시스템」, 『한국퍼지및지능시스템학회 논문지』 제13권 제3호, 2003.

최민주, 「초음파를 이용한 진단법의 기본 원리 및 의학적 유용성」, 『한국소음진동공학회지』 제10권 제4호, 2000.

"당신의 청력 나이는 몇 살입니까?", 「과학향기」 제504호, 2006.

• 가청주파수 테스트 웹사이트 : http://www.ultrasonic-ringtones.com

03 _ 죽음을 부르는 수상한 기체

송정섭, 「호흡성 산증 및 알칼리증의 해석」, 『대한중환자의학회지』 제17권 제2호, 2002.

천화영 외, 「일산화탄소 중독 후의 지연성 운동장애」, 『대한신경과학회지』 제17권 제4호, 1999.

04 _ 무지한 수혈이 부른 살인 사건
빌 헤이스, 박중서 옮김, 『5리터 : 피의 역사 혹은 피의 개인사』, 사이언스북스, 2008.
배시현, 「A Case of Hemolysis in ABO-unmatched Liver Transplantation」, 『대한소화기학회지』 제45권 제5호, 2005.
• 보건복지가족부 질병관리본부 및 대한 수혈학회, 「2009년 수혈 가이드라인」 : http://health.jeju.go.kr/hnews/hnews_files/p091008171041.pdf

05 _ 소변에서 사건 해결의 단서를 찾다
정희선 외, 「소변 중 약물검사에 대한 가이드라인」, 『한국법과학회지』 제2권 제3호, 2001.
최규현, 「소변 검사 이상에서의 진단적 접근」, 『대한내과학회지』 제61권 부록 2호, 2001.
• 과학교육연구소 웹사이트 '오르니틴 회로 편' : http://science.kongju.ac.kr/highschool/bio/bio2/cont225104.html

06 _ 문신은 새기는 것보다 지우는 것이 어렵다
장경애 외, 「Alexandrite 레이저를 이용한 눈썹 문신 제거」, 『대한피부과학회지』 제37권 제4호, 1997.
조성원, 「C형 간염의 국내 현황과 임상적 특성」, 『대한간학회지』 제9호, 2003.
조현설, 「동아시아 문신의 유래와 그 변이에 관한 시론」, 『한국민속학』 제35호.
"문신하면 덜 아프다?", 「과학동아」 2006년 11월호.
"'문신 피어싱 열풍' 빛과 그림자", 「동아일보」 2007년 4월 18일자.

07 _ 발작을 일으킨 원인은 바로 기생충
매트 리들리, 김윤택 옮김, 『매트 리들리의 붉은 여왕』, 김영사, 2002.
"Healthy Life(47) 기생충", 「서울신문」 2009년 10월 26일자.

08 _ 임신부를 유산시킨 아이스크림의 정체
류현미 외, 「한국 임신부의 풍진 감염 시 중합효소 연쇄반응(Polymerase chain reaction)을 이용한 선천성 풍진 감염의 산전 진단」, 『대한산부인과학

회지』 제41권 제2호, 1998.
백승희 외, 「신생아의 선천성 거대세포 바이러스 감염증에 대한 임상적 고찰」, 『대한주산회지』 제13권 제4호, 2002.
소은정 외, 「임신 말기의 쌍둥이 임신부에서 다발성장기부전증후군 및 심내막염을 유발한 리스테리아 감염증 1예」, 『대한산부인과학회지』 제51권 제5호, 2008.
"리스테리아균 '공포' … 美서 감염 우유 마신 노인 3명 사망", 「국민일보」 2008년 10월 10일자.
• 「임신 및 식품 안전」 : http://www.foodauthority.nsw.gov.au/_Documents/consumer_pdf/pregnancy_brochure_Korean.pdf

09 _ 평화로운 시골 마을을 덮친 전염병

마이크 데이비스, 정병선 옮김, 『조류 독감』, 돌베개, 2008.
김우주, 「대유행 신종 인플루엔자 A(H1N1)의 역학, 임상 소견 및 치료」, 『대한내과학회지』 제77권 제2호, 2009.
임정희, 「Avian Influenza의 현황」, 『InterVest』, 2006.
"슈퍼 독감의 조상, 조류 인플루엔자 사망자 1억 명, 판데믹은 오는가?", 「과학동아」 2007년 1월호.
• 글락소 스미스클라인 웹사이트 : http://www.gsk-korea.co.kr
• 생물학정보연구센터(BRIC)의 신종 인플루엔자 정보 모음 I : http://bric.postech.ac.kr/myboard/read.php?id=301&Page=1&Board=report&FindIt=&FindText=
• 생물학정보연구센터(BRIC)의 신종 인플루엔자 정보 모음 II : http://bric.postech.ac.kr/myboard/read.php?id=481&Page=1&Board=report&FindIt=&FindText=
• 한국 로슈 웹사이트 : http://www.roche.co.kr

10 _ 사랑받지 못한 유년 시절이 흉악범을 만든다?

데버러 블룸, 임지원 옮김, 『사랑의 발견 : 사랑의 비밀을 밝혀낸 최초의 과학자 해리 할로』, 사이언스북스, 2005.
토머스 루이스·패리 애미니, 김한영 옮김, 『사랑을 위한 과학』, 사이언스북스, 2001.
김성애·박성연, 「유아에 대한 양육자의 애착, 유아의 정서 조절 능력 및 공격성 간의 관계 : 시설 보호 유아와 일반 유아의 비교」, 『아동학회지』 제30권 제1호, 2009.
"아기를 돌보는 '사랑의 호르몬'", 「한겨레21」 제375호, 2001.

"진화를 거쳐 뇌에 남은 모성애의 비밀", 「과학향기」 제795호, 2008.

11 _ 소변에 숨은 달콤한 악마, 당뇨병

안유배, 「당뇨병의 병태 생리」, 『기초간호자연과학회 학술대회 자료집』, 2007.

안지윤, 「비만과 당뇨」, 『Bulletin of Food Technology』 제20권 제2호, 2007.

"한국형 당뇨의 기습(1) : 한국형 당뇨의 아우성", 「주간동아」 제702호, 2009.

Season ❷

숨어 있는 화학을 찾아라!

01 _ 엽산 때문에 밝혀진 임신부의 비밀

김창규 외, 「신경관 결손증의 임상 및 역학적 고찰」, 『대한산부회지』 제30권 제6호, 1987.

"임신부 엽산 많이 먹으면 '신경관기형' 50% 예방", 「메디컬투데이」 2007년 7월 12일자.

Gerald E. Gaull etc., "Fortification of the Food Supply with Folic Acid to Prevent Neural Tube Defects Is Not Yet Warranted", *The Journal of Nutrition* vol.126 No.3, 1996.

02 _ 다시 불거진 육식 위주 식단 논란

최경단, 「트랜스지방」, 『대한소화기영양학회지』 제10권 부록1호, 2007.

"포화지방에 대하여", 「한국논단」 2007월 2월호.

• 식품의약품안전청 웹사이트 '트랜스지방 정보' : http://transfat.kfda.go.kr/info/retrieveMainList.do;jsessionid=EI8D96QLcsMa5TWfJEmJk0bLUUmMumKtvCfRJ8KZIvPXvKQwRGpis8zw9pqUuGBE

03 _ 통증을 잠재우는 진통제의 두 얼굴

김상수 외, 「선천성 통각 무반응증—증례 보고」, 『대한정형외과학회지』 제2권 제5호, 1988.

김선오, 「통증의 기전에 관한 연구」, 『BioWave』 제8권 제3호, 2006.

김수현, 「만성 비암성 통증에서 마약성 진통제의 사용」, 『가정의학회지』 제

26권 제4호, 2005.
조선영·최병옥, 「통증의 약물적 치료」, 『Korean Journal of Headache』 제9권 제1호, 2008.
"알고 먹는 소염진통제", 「BIT News」 제40호, 2009.
• 약물에 관한 정보를 제공하는 드러그인포 웹사이트 : www.druginfo.co.kr

04 _ 스토커가 마취제를 몰래 먹이면?
김계민, 「마취제의 약물 유전학」, 『대한마취과학회지』 제55권 제5호, 2008.
이일옥, 「흡입마취제와 관계된 마취 후 부작용—섬망과 오심, 구토에 대하여」, 『대한마취과학회지』 제52권 제1호, 2007.

05 _ 신부의 웨딩드레스에 독극물이?
박수현, 「폐 대식세포주에서 포름알데히드에 의한 세포 사멸 효과에 대한 산화성 스트레스 관련성」, 『한국환경농학회지』 제28권 제3호, 2009.
박헌 외, 「요소-멜라민 공축합 수지의 요소와 멜라민 혼합 비율이 합판의 포름알데히드 방출과 접착성에 미치는 영향」, 『한국가구학회지』 제11권 제1호, 2000.
• 국립환경과학원 발간 자료 「생물 표본의 보존·관리 기법에 관한 연구(Ⅱ)」 : http://library.me.go.kr/DLiWeb25/comp/search/viewer.aspx?type=F&cid=151445&id=22645&url=

06 _ 뼈에 드리운 시대의 그림자
김낙배 외, 「방사성 탄소 연대 측정법」, 『분석과학』 제3권 제2호, 1990.
"방사성 동위원소 연대 측정법—물질의 나이테를 찾아서", 「과학동아」 2006년 6월호.
• 주기율표 : http://www.ptable.com

07 _ 보톡스로 여자 꼬신 바람둥이 의사
울리히 렌츠, 박승재 옮김, 『아름다움의 과학』, 프로네시스, 2008.
정경태 외, 「국내 최초 보툴리누스 중독증 발생 1예」, 『대한임상미생물학회지』 제6권 제2호, 2003.
"보톡스, 알고 보면 기특한 명약", 「동아일보」 2004년 6월 20일자.

08 _ 눈에 보이지 않는 살인자, 방사능
프란츠 부케티츠, 도복선 옮김, 『이타적 과학자』, 서해문집, 2004.

Godoy JM, etc., "Cesium-137 in the Goiania waterways during and after the radiological accident", *Health Phys*, Jan. 1991, pp.99~103.
"체르노빌 원전 폭발 그 후 23년", 「중앙일보」 2009년 4월 28일자.
• 세계핵연합(WNA)의 체르노빌 원전 폭발 관련 자료 : http://world-nuclear.org/info/chernobyl/inf07.html

09 _ 환경오염이 부른 잠수부의 죽음
김준호, 「대기산성강하물 : 한국과 세계의 산성비 실태」, 『한국생태학회지』 제28권 제3호, 2005.
장남기 외, 「배기가스로 만든 인공 산성우에 의한 식물의 형태적 증상」, 『한국생태학회지』 제16권 제1호, 1993.
"도시 숲의 토양장해 요인-산성화", 「산림」 2007년 6월호.
• 미국 재난 관리국(FEMA)의 캘리포니아 산불 관련 자료 : http://www.fema.gov/about/regions/regionix/ca_fires.shtm
• 산림청 '어린이의 숲' 웹사이트 : http://kids.forest.go.kr

10 _ 뺑소니 용의자 검거에 도움을 준 옥수수
박년배, 「수송용 바이오연료의 지속가능성 논쟁과 제안」, 2009.
엄동섭 외, 「바이오디젤-에탄올 혼입 연료의 분무 및 연소 특성」, 『한국자동차공학회논문집』 제17권 제3호, 2009.
진상현·한준, 「신 재생에너지의 개념 및 정책적 타당성에 관한 연구」, 『한국정책학회보』 제18권 제1호, 2009.
"바이오에너지와 바이오가스플랜트 기술현황", 「KIC News」, 제11권 제6호, 2008.

Season ❸
현대 과학의 치명적인 유혹을 물리쳐라!

01 _ 식물인간의 영혼이 요구한 안락사
마이클 리프·미첼 콜드웰, 금태섭 옮김, 『세상을 바꾼 법정』, 궁리, 2006.
이준일, 「대법원의 존엄사 인정(大判 2009다17417)과 인간의 존엄 및 생명권」, 『고시계』 2009년 7월호.
홍석영, 「말기환자의 연명 치료 유보에 대한 의료 윤리적 고찰」, 『Biowave』

제6권 제7호, 2004.
"존엄사 시도, 예상 밖 결과 … 논란의 판도라 열렸다", 「중앙일보」 2009년 6월 25일자.

02 _ 성 정체성 혼란의 중심에 있는 뇌

앤 무어·데이비드 제슬, 곽윤정 옮김, 『브레인 섹스—일하는 뇌와 사랑하는 뇌의 남녀 차이』, 북스넛, 2009.
존 콜라핀토, 이은선 옮김, 『타고난 성, 만들어진 성』, 바다출판사, 2002.
이성호, 「수컷 생식에서 옥시토신의 역할」, 『발생과 생식』 제13권 제2호, 2009.
• 바소프레신과 부성애의 관계에 관한 자료 : http://bric.postech.ac.kr/myboard/read.php?Board=news&id=74779

03 _ 인체 실험, 용감한 자들의 의미 있는 희생?

구영모 편저, 『생명윤리연구』, 동녘, 2004.
리타 카터, 양영철 옮김, 『뇌 맵핑 마인드』, 말글빛냄, 2007.
예병일, 『내 몸 안의 과학』, 효형출판, 2007.
김옥주, 「뉘른베르크 강령과 인체 실험의 윤리」, 『의료·윤리·교육』 제5권 제1호, 2002.
• 피니어스 게이지에 관한 자료 : http://www.deakin.edu.au/hmnbs/psychology/gagepage/index.htm

04 _ 범인은 범죄형 유전자를 가지고 태어난다?

스티븐 핑커, 김한영 옮김, 『빈 서판』, 사이언스북스, 2004.
테오 콜본 외, 권복규 옮김, 『도둑맞은 미래』, 사이언스북스, 1997.
안성조, 「사이코패스의 범죄 충동과 통제 이론」, 『경찰법연구』 제6권 제1호, 2008.
이수정·김혜진, 「사이코패스의 전두엽 집행 기능 및 정서 인식력 손상 기전」, 『한국심리학회지』 제23권 제3호, 2009.
Kent A. Kiehl, etc., "Limbic Abnormalities in Affective Processing by Criminal psychopaths as Revealed by Functional Magnetic Resonance Imaging", *Biol. Psychiatry*, Vol.50, 2001.
• 신희섭 박사의 연구실 웹사이트 : http://brain.kist.re.kr/korean/portal.php

05 _ 점점 더 무너지는 과학의 경계
김용규, 『설득의 논리학』, 웅진지식하우스, 2007.
마이클 셔머, 김희봉 옮김, 『과학의 변경 지대』, 사이언스북스, 2005.

06 _ 남편의 의처증이 현대 과학을 만났을 때
김형자, 『과학에 둘러싸인 하루』, 살림, 2008.
안영화·이강호, 「스마트 카드를 이용한 사용자 인증 스킴의 안전성 분석」, 『한국컴퓨터정보학회논문지』 제14권 제3호, 2009.
최길영 외, 「RFID 기술 및 표준화 동향」, 『전자통신동향분석』 제22권 제3호, 2007.

07 _ 범인은 반드시 현장에 흔적을 남긴다
아서 코난 도일, 백영미 옮김, 『셜록 홈즈의 귀환』, 황금가지, 2002.
유영기·오춘석, 「지문 이미지 획득 장치 기술」, 『정보처리』 제6권 제4호, 1999.
"손에 땀을 쥐게 하는 손의 비밀", 「과학향기」 제 522호.

08 _ 이식받은 뼈에 암세포가 가득!
니콜라스 틸니, 김명철 옮김, 『트랜스플란트 : 장기이식의 모든 것』, 청년의사, 2009.
리처드 로즈, 안정희 옮김, 『죽음의 향연』, 사이언스북스, 2006.
• 국립장기이식관리센터 웹사이트 : www.konos.or.kr

09 _ 살충제가 해충만 죽이는 것은 아니다
레이첼 카슨, 김은령 옮김, 『침묵의 봄』, 에코리브르, 2002.
임현술, 『유리섬유 폐기물에서 조류 인플루엔자까지』, 글을읽다, 2005.

하리하라, 미드에서 과학을 보다

펴낸날 초판 1쇄 2010년 1월 25일
초판 17쇄 2018년 12월 3일

지은이 이은희
펴낸이 심만수
펴낸곳 (주)살림출판사
출판등록 1989년 11월 1일 제9-210호

주소 경기도 파주시 광인사길 30
전화 031-955-1350 팩스 031-624-1356
홈페이지 http://www.sallimbooks.com
이메일 book@sallimbooks.com

ISBN 978-89-522-1318-1 04400
살림Friends는 (주)살림출판사의 청소년 브랜드입니다.

※ 값은 뒤표지에 있습니다.
※ 잘못 만들어진 책은 구입하신 서점에서 바꾸어 드립니다.